7天快速学会建筑工程造价

姜学成　张会宾　主编

机 械 工 业 出 版 社

本书通过建筑工程的24个工程量计算实例、3个招标工程量清单编制实例以及1个贯穿施工图预算、招标控制价、投标报价、竣工结算编制过程的综合性实例，引导读者逐步了解、熟悉建设工程计量计价的基本程序、方法、计算过程和相关表样的编制等内容，为进一步学会和掌握工程造价打下坚实的基础。

本书包括工程量的计算基础及实例、招标工程量清单的编制及实例、施工图预算的编制及实例、招标控制价的编制及实例、投标报价的编制及实例、竣工结算的编制及实例、BIM在工程计量与计价中的应用等内容，具有依据明确、内容新颖、通俗易懂、查阅方便、可操作性强、实用性和知识性兼备等特点。

本书可供审计、财政、工程造价管理部门，建设单位、施工单位、工程造价咨询单位等从事造价工作的人员学习参考，也可作为造价从业人员短期培训、继续教育以及大专院校相关专业师生的参考用书。

图书在版编目（CIP）数据

7天快速学会建筑工程造价/姜学成，张会宾主编. —北京：机械工业出版社，2020.5

ISBN 978-7-111-65237-3

Ⅰ.①7… Ⅱ.①姜… ②张… Ⅲ.①建筑造价管理 Ⅳ.①TU723.3

中国版本图书馆CIP数据核字（2020）第052779号

机械工业出版社（北京市百万庄大街22号 邮政编码100037）
策划编辑：关正美 责任编辑：关正美
责任校对：陈 越 封面设计：陈 沛
责任印制：李 昂
北京京丰印刷厂印刷
2020年7月第1版第1次印刷
184mm×260mm · 12.25印张 · 300千字
标准书号：ISBN 978-7-111-65237-3
定价：49.00元

电话服务	网络服务
客服电话：010-88361066	机 工 官 网：www.cmpbook.com
010-88379833	机 工 官 博：weibo.com/cmp1952
010-68326294	金 书 网：www.golden-book.com
封底无防伪标均为盗版	机工教育服务网：www.cmpedu.com

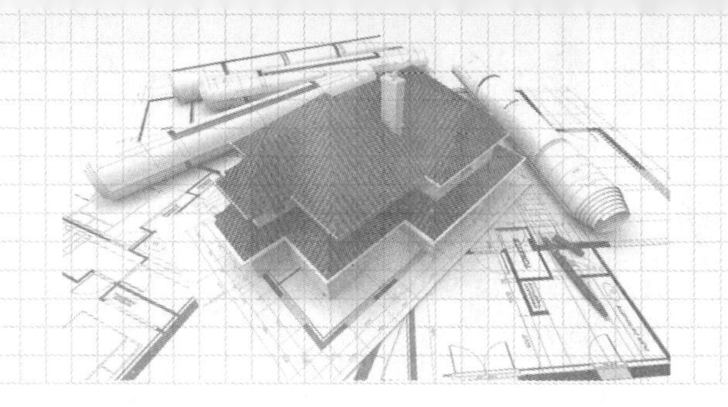

前 言

基于工程造价的工程项目经济管理、工程造价控制是工程建设的核心任务之一，是工程建设项目节能降耗、降低成本、控制造价的基本手段，能给建设方和施工方创造更多的价值。

工程计价以工程量为基本依据，工程量是构成工程造价的基本数据，是工程项目建设活动价值体现的基础，是我国现行工程建设项目工程定额计价和工程量清单计价的根本出发点和联系纽带，是编制工程量清单的依据，是推进工程量清单计价的基础。工程建设项目的工程计量与计价活动贯穿工程建设项目概预算、招标投标、合同价款约定、工程计量、价款支付与调整、工程索赔、竣工结算、计价争议处理等各个过程。理解和掌握工程量计算及工程计价的内容和方法并应用于工程造价的工作实践中，是新形势下工程造价从业人员做好本职工作的关键，是工程造价手算和机算的基础，也是从业人员职业技能培训和考核的重点和难点。

为了使广大工程造价从业人员和相关专业工程技术人员深入学习、理解和掌握工程造价的内容和方法，满足工程造价工作的实际需要，切实提高工程造价的工作的能力和整体水平，本书以工程量计算为基础，兼顾工程定额计价和工程量清单计价两种计价模式，以工程量在编制招标工程量清单、施工图预算、招标控制价、投标报价和竣工结算等方面的具体应用为主线，以建筑工程的24个工程量计算实例、3个招标工程量清单编制实例以及1个贯穿施工图预算、招标控制价、投标报价、竣工结算编制的综合性实例的详解为手段，辅以相应的计算公式和知识要点，方便读者学以致用。

本书由姜学成和张会宾主编。王景文、王景怀、王春武、王青海、薛颖卓、贾小东、孟健、于忠伟和刘新园参加了编写。

由于编者的水平有限，书中若有不妥和疏漏之处，恳请广大读者批评指正。

编者

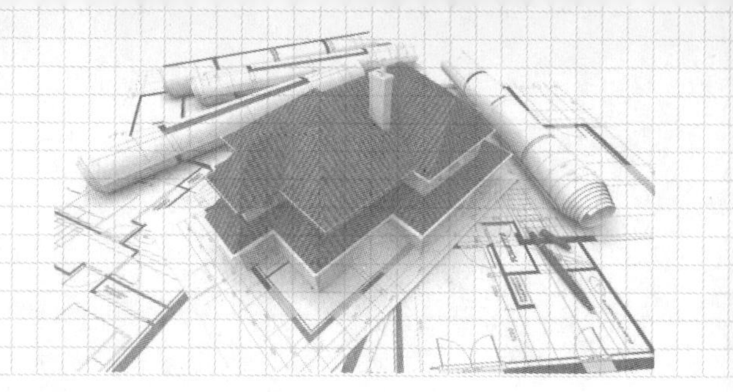

目 录

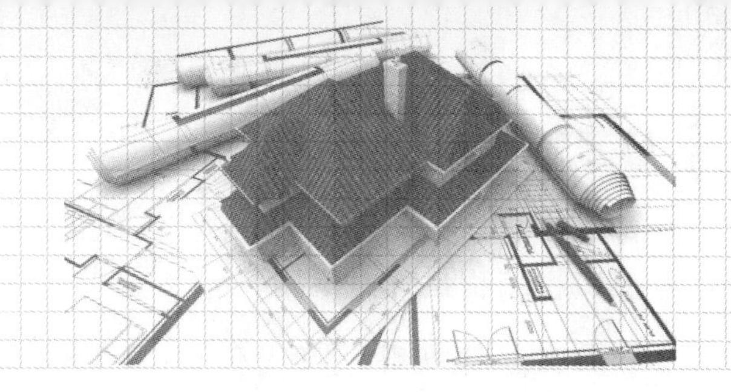

第一天

工程量的计算基础及实例

第一节　工程量计算基础

一、工程量计算与工程量

1. 工程量计算

工程量计算是工程计价活动的重要环节，是指建设工程项目以工程设计图纸、施工组织设计或施工方案及有关技术经济文件为依据，按照相关工程国家标准的计算规则、计量单位等规定，进行工程数量的计算活动，在工程建设中简称工程计量。

由于工程计价的多阶段性和多次性，工程计量也具有多阶段性和多次性。工程计量不仅包括招标阶段工程量清单编制中工程量的计算，也包括投标报价以及合同履约阶段的变更、索赔、支付和结算中工程量的计算和确认。工程计量工作在不同计价过程中有不同的具体内容，如在招标阶段主要依据施工图纸和工程量计算规则确定拟完工分部分项工程项目和措施项目的工程数量；在施工阶段主要根据合同约定、施工图纸及工程量计算规则对已完成工程量进行计算和确认。

2. 工程量

工程量是工程计量的结果，是指按一定规则并以物理计量单位或自然计量单位所表示的建设工程各分部分项工程、措施项目或结构构件的数量。物理计量单位是指以公制度量表示的长度、面积、体积和重量等计量单位。自然计量单位是指建筑成品表现在自然状态下的简单点数所表示的个、条、樘、块等计量单位。

准确计算工程量是工程计价活动中最基本的工作。一般来讲，工程量具有以下几方面作用：

（1）工程量是确定建筑安装工程造价的重要依据。只有准确计算工程量，才能正确计算工程相关费用，合理确定工程造价。

（2）工程量是承包方生产经营管理的重要依据。工程量是编制项目管理规划，安排工程施工进度，编制材料供应计划，进行工料分析，编制人工、材料、机具台班需要量，进行工程统计和经济核算的重要依据。也是编制工程形象进度统计报表，向工程建设发包方结算工程价款的重要依据。

（3）工程量是发包方管理工程建设的重要依据。工程量是编制建设计划、筹集资金、编制工程招标文件、编制工程量清单、编制建筑工程预算、安排工程价款的拨付和结算、进行投资控制的重要依据。

二、工程量计算规则

工程量计算规则是工程计量的主要依据之一，是工程量数值的取定方法。采用的规范或定额不同，工程量计算规则也不尽相同。在计算工程量时，应按照规定的计算规则进行，我国现行的工程量计算规则主要有以下两类。

1. 工程量计算规范中的工程量计算规则

2013年7月1日起实施的《房屋建筑与装饰工程工程量计算规范》GB 50854、《仿古建筑工程工程量计算规范》GB 50855、《通用安装工程工程量计算规范》GB 50856、《市政工程工程量计算规范》GB 50857、《园林绿化工程工程量计算规范》GB 50858、《矿山工程工程量计算规范》GB 50859、《构筑物工程工程量计算规范》GB 50860、《城市轨道交通工程工程量计算规范》GB 50861、《爆破工程工程量计算规范》GB 50862九个专业的工程量计算规范（以下简称工程量计算规范），用于规范工程计量行为，统一各专业工程量清单的编制、项目设置和工程量计算规则。采用该工程量计算规则计算的工程量一般为施工图的净量，不考虑施工余量。

2. 消耗量定额中的工程量计算规则

现行2015年9月1日起实施的《房屋建筑与装饰工程消耗量定额》（TY 01—31—2015）、《通用安装工程消耗量定额》（TY 02—31—2015）（以下简称消耗量定额），在各消耗量定额中规定了分部分项工程和措施项目的工程量计算规则。采用该计算规则计算工程量除了依据施工图纸外，一般还要考虑采用施工方法和施工方案施工余量。

除了由住房和城乡建设部统一发布的定额外，还有地方省市或行业发布的相关定额，其中也都规定了与之相对应的工程量计算规则。

三、工程量计算依据

工程量的计算需要根据施工图纸及其相关说明，技术规范、标准、定额，有关的图集，有关的计算手册等，按照一定的工程量计算规则逐项进行的。主要依据如下：

（1）国家发布的工程量计算规范和国家、地方和行业发布的消耗量定额及其工程量计算规则。

（2）经审定的施工设计图纸及其说明。施工图纸全面反映了建筑物（或构筑物）的结构构造、各部位的尺寸及工程做法，是工程量计算的基础资料和基本依据。除了施工设计图纸及其说明外，还应配合有关的标准图集进行工程量计算。

（3）经审定的施工组织设计（项目管理实施规划）或施工方案。施工图纸主要表现拟建工程的实体项目，分项工程的具体施工方法及措施应按施工组织设计（项目管理实施规划）或施工方案确定。

（4）经审定通过的其他有关技术经济文件。如工程施工合同、招标文件的商务条款等。

四、工程量计算规范

工程量计算规范包括正文、附录和条文说明三部分。正文部分包括总则、术语、工程计量、工程量清单编制。附录对分部分项工程和可计量的措施项目的项目编码、项目名称、项目特征描述的内容、计量单位、工程量计算规则及工作内容做了规定；对于不能计量的措施项目则规定了项目编码、项目名称和工作内容及包含范围。

1. 项目编码

项目编码是指分部分项工程和措施项目清单名称的阿拉伯数字标识。工程量清单项目编码采用十二位阿拉伯数字表示，一至九位应按计量规范附录规定设置，十至十二位应根据拟建工程的工程量清单项目名称设置，同一招标工程的项目编码不得有重码。当同一标段（或合同段）的一份工程量清单中含有多个单位工程且工程量清单是以单位工程为编制对象时，在编制工程量清单时应特别注意对项目编码十至十二位的设置不得有重码的规定。

项目编码十二位数字的含义是：一位、二位为专业工程代码（01—房屋建筑与装饰工程；02—仿古建筑工程；03—通用安装工程；04—市政工程；05—园林绿化工程；06—矿山工程；07—构筑物工程；08—城市轨道交通工程；09—爆破工程）；三位、四位为附录分类顺序码；五位、六位为分部工程顺序码；七至九位为分项工程项目名称顺序码；十至十二位为清单项目名称顺序码。

2. 项目名称

工程量清单的分部分项工程和措施项目的项目名称应按工程量计算规范附录中的项目名称结合拟建工程的实际确定。工程量计算规范中的项目名称是具体工作中对清单项目命名的基础，应在此基础上结合拟建工程的实际，对项目名称具体化，特别是归并或综合性较大的项目应区分项目名称，分别编码列项。

3. 项目特征

项目特征是表征构成分部分项工程项目、措施项目自身价值的本质特征，是对体现分部分项工程量清单、措施项目清单价值的特有属性和本质特征的描述。从本质上讲，项目特征体现的是对清单项目的质量要求，是确定一个清单项目综合单价不可缺少的重要依据，在编制工程量清单时，必须对项目特征进行准确和全面的描述。工程量清单项目特征描述的重要意义在于：项目特征是区分具体清单项目的依据；项目特征是确定综合单价的前提；项目特征是履行合同义务的基础。如实际项目实施中施工图纸中特征与分部分项工程项目特征不一致或发生变化，即可按合同约定调整该分部分项工程的综合单价。

项目特征应按工程量计算规范附录中规定的项目特征，结合拟建工程项目的实际予以描述，能够体现项目本质区别的特征和对报价有实质影响的内容都必须描述。

为达到规范、简捷、准确、全面描述项目特征的要求，在描述工程量清单项目特征时应按以下几个原则进行：

（1）项目特征描述的内容应按工程量计算规范附录中的规定，结合拟建工程的实际，能满足确定综合单价的需要。

（2）若采用标准图集或施工图纸能够全部或部分满足项目特征描述的要求，项目特征描述可直接采用详见××图集或××图号的方式。对不能满足项目特征描述要求的部分，仍应用文字描述。

4. 计量单位

清单项目的计量单位应按工程量计算规范附录中规定的计量单位确定。规范中的计量单位均为基本单位。工程量计算规范附录中有两个或两个以上计量单位的，应结合拟建工程项目的实际情况，选择使用其中一个。在同一个建设项目（或标段、合同段）中，有多个单位工程的相同项目计量单位必须保持一致。

不同的计量单位汇总后的有效位数也不相同，根据工程量计算规范规定，工程计量时每一项目汇总的有效位数应遵守下列规定：

（1）以“t”为单位，应保留小数点后三位数字，第四位小数四舍五入。

（2）以“m”“m^2”“m^3”“kg”为单位，应保留小数点后两位数字，第三位小数四舍五入。

（3）以“个”“件”“根”“组”“系统”为单位，应取整数。

5. 工程量计算规则

工程量计算规范统一规定了工程量清单项目的工程量计算规则。其原则是按施工图纸图示尺寸（数量）计算清单项目工程数量的净值，一般不需要考虑具体的施工方法、施工工艺和施工现场的实际情况而发生的施工余量。

6. 工作内容

工作内容是指为了完成工程量清单项目所需要发生的具体施工作业内容。工程量计算规范附录中给出的是一个清单项目可能发生的工作内容，在确定综合单价时需要根据清单项目特征中的要求、具体的施工方案等确定清单项目的工作内容，它是进行清单项目组价的基础。

7. 清单项目的补充

随着工程建设中新材料、新技术、新工艺等不断涌现，工程量计算规范附录所列的工程量清单项目不可能包含所有项目。在编制工程量清单时，当出现工程量计算规范附录中未包括的清单项目时，编制人应作补充，并报省级或行业工程造价管理机构备案，省级或行业工程造价管理机构应汇总报住房和城乡建设部标准定额研究所。

工程量清单项目的补充应涵盖项目编码、项目名称、项目特征、计量单位、工程量计算规则以及包含的工作内容，按工程量计算规范附录中相同的列表方式表述。不能计量的措施项目，需附有补充项目的名称、工作内容及包含范围。

补充项目的编码由专业工程代码（工程量计算规范代码）与B和三位阿拉伯数字组成，并应从××B001起顺序编制，同一招标工程的项目不得重码。

五、消耗量定额

《房屋建筑与装饰工程消耗量定额》（TY 01—31—2015）章节的划分与《房屋建筑与装饰工程工程量计算规范》（GB 50854—2013）基本保持一致，从而使消耗量定额与工程量计算规范有机结合。消耗量定额的主要内容包括文字说明、工程量计算规则、定额项目表及附录。

1. 文字说明

文字说明包括总说明和各章说明。总说明主要说明定额的编制依据、适用范围、用途、工程质量要求、施工条件，有关综合性工作内容及有关规定和说明。各章说明主要说明本章的施工方法、消耗标准的调整，有关规定及说明。

2. 工程量计算规则

消耗量定额中的工程量计算规则综合考虑了施工方法、施工工艺和施工质量要求，计算出的工程量一般要考虑施工中的余量，与定额项目的消耗量指标相互配套使用。如在消耗量定额中“一般土石方”项目的工程量计算规则为“按设计图示基础（含垫层）尺寸，另加工作面宽度、土方放坡宽度或石方允许超挖量乘以开挖深度，以体积计算”。

3. 定额项目表

定额项目表是消耗量定额的核心内容，包括工作内容、定额编号、定额项目名称、定额计量单位及消耗量指标。

其中，工作内容是说明完成定额项目所包括的施工内容；定额编号为两节编号，如基底钎探的定额编号为1—125；定额项目的计量单位一般为扩大一定倍数的单位，如基底钎探的计量单位为$100m^2$。

4. 附录

附录部分附在消耗量定额的最后。如《房屋建筑与装饰工程消耗量定额》（TY 01—31—2015）的附录是“模板一次使用量表”，其包括现浇构件模板一次使用量表和预制构件模板一次使用量表。

六、工程量计算顺序

工程量的计算应按照一定的顺序进行，以避免漏算或重算，从而提高计算的准确程度。具体的计算顺序应根据具体工程和个人习惯来确定，一般有单位工程计算顺序和单个分部分项工程计算顺序两类。

1. 单位工程计算顺序

一个单位工程，其工程量计算顺序一般有以下几种：

（1）按图纸顺序计算。根据图纸排列的先后顺序，由建施到结施；每个专业图纸由前向后，按“平面→立面→剖面”及“基本图→详图”的顺序计算。

（2）按消耗量定额的分部分项顺序计算。按消耗量定额的章、节、子目次序，由前向后，逐项对照，定额项与图纸设计内容能对应上时计算。

（3）按工程量计算规范顺序计算。按工程量计算规范附录先后顺序，由前向后，逐项对照计算。

（4）按施工顺序计算。按施工顺序计算工程量，可以按先施工的先算，后施工的后算的方法进行。

2. 单个分部分项工程计算顺序

（1）按照顺时针方向计算法。即先从平面图的左上角开始，自左至右，然后再由上而下，最后转回到左上角为止，这样按顺时针方向依次进行计算。

（2）按“先横后竖→先上后下→先左后右”计算法。即在平面图上从左上角开始，按“先横后竖→从上而下→自左到右”的顺序计算工程量。

（3）按图纸分项编号顺序计算法。即按照图纸上所标注结构构件、配件的编号顺序进行计算。

（4）按照图纸上细单点长画线编号计算。对于造型或结构复杂的工程，为了计算和审核方便，可以根据施工图轴线编号来确定工程量计算顺序。

第二节　工程量计算实例

一、土石方工程

实例 1-1

【背景资料】

某单层工业厂房基础平面布置图和剖面图，如图 1-1 所示。三类土，无地下水。设计室外地坪为-0.300m。基础底标高为-2.000m，基础为 C20 钢筋混凝土独立基础，C10 素混凝土垫层，柱截面尺寸为 420 mm×420mm。

施工方案确定该工程采用人工挖土，人工回填土夯填至设计室外地坪。混凝土均采用泵送商品混凝土。80%土方进行现场运输、堆放，弃土、取土运距由投标人根据施工现场实际情况执行考虑。

计算说明：

1. 计算时，工作面和放坡增加的工程量，并入各土方工程量中。

2. 场地平整按轴线各边外延 2m 计算，人工挖土从垫层下表面起放坡，放坡系数为 1∶0.33。

3. 增加工作面宽度为 300mm。

4. 计算结果保留两位小数。

【问题】

根据以上背景资料及现行国家标准《建设工程工程量清单计价规范》GB 50500、《房屋建筑与装饰工程工程量计算规范》GB 50854，试列出场地平整、土方开挖、土方回填、余土弃置等项目的分部分项工程量清单。

【参考答案】

（一）平整场地

$S=(6.2+6.2+2\times2)\times(8.2+2\times2)=200.08(\text{m}^2)$

（二）挖基坑土方

1. J1 体积

基坑开挖深度：$h=2.2+0.1-0.3=2.0(\text{m})$

基坑下底边长：$0.65\times2+0.1\times2+0.3\times2=2.1(\text{m})$

基坑上底边长：$2.1+2\times0.33\times2=3.42(\text{m})$

基坑体积：
$$
\begin{aligned}
V_1&=1/3\times h\times[S_{上}+S_{下}+(S_{上}\times S_{下})^{0.5}]\\
&=1/3\times2.0\times[2.1\times2.1+3.42\times3.42+(2.1\times2.1\times3.42\times3.42)^{0.5}]\\
&=1/3\times2.0\times[4.41+11.70+2.1\times3.42]\\
&\approx1/3\times2.0\times23.29\\
&\approx15.53(\text{m}^3)
\end{aligned}
$$

2. J2 体积

基坑开挖深度：$h=2.2+0.1-0.3=2.0(\text{m})$

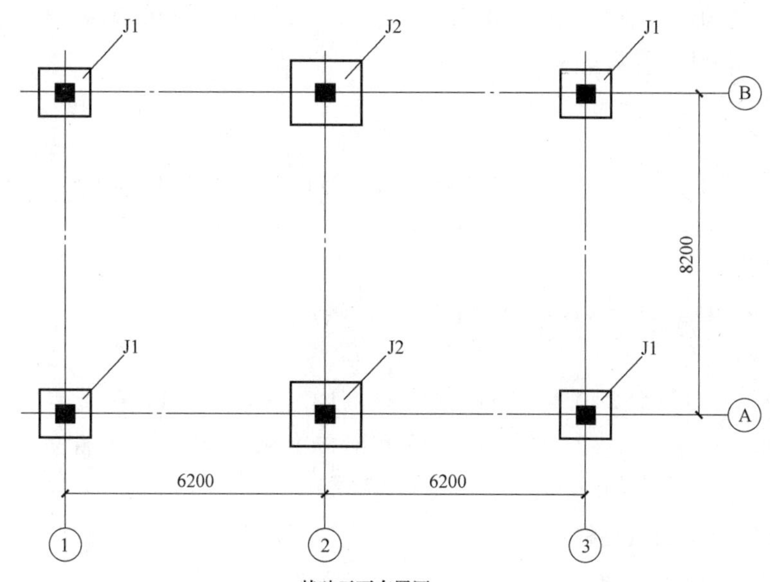

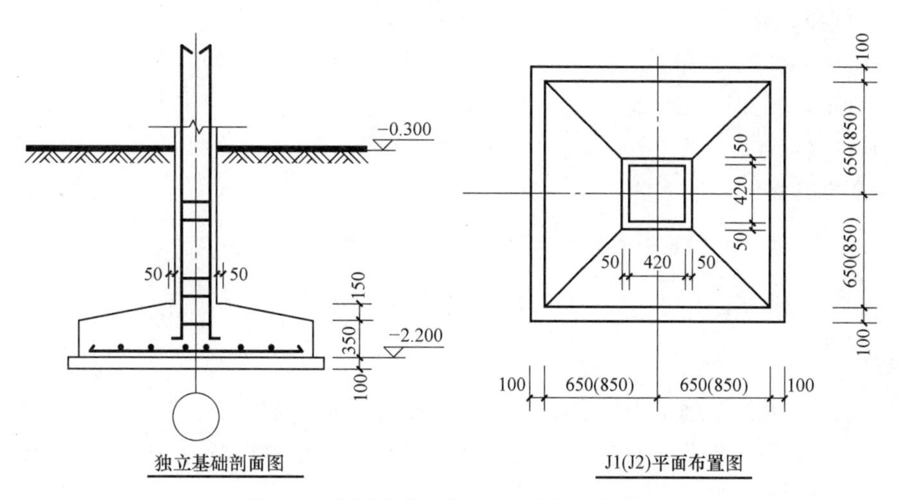

图 1-1　某厂房基础平面布置图和剖面图

基坑下底边长：0. 85×2+0. 1×2. 0+0. 3×2＝2. 5(m)

基坑上底边长：2. 5+2×0. 33×2. 0＝3. 82(m)

基坑体积：$V_2=1/3\times h\times[S_{上}+S_{下}+(S_{上}\times S_{下})^{0.5}]$

$=1/3\times2.0\times[2.5\times2.5+3.82\times3.82+(2.5\times2.5\times3.82\times3.82)^{0.5}]$

$\approx1/3\times2.0\times[6.25+14.59+2.5\times3.82]$

$\approx20.26(m^3)$

3. 小计

$V_{挖}=4V_1+2V_2=4\times15.53+2\times20.26=102.64(m^3)$

(三) 回填方

1. 独立基础体积

(1) J1 体积：

$V_1=1.3\times1.3\times0.35+1/3\times0.15\times[0.52\times0.52+1.3\times1.3+(0.52\times0.52\times1.3\times1.3)^{0.5}]$

$\approx0.59+1/3\times0.15\times2.64$

$\approx0.72(m^3)$

（2）J2 体积：

$V_2=1.7\times1.7\times0.35+1/3\times0.15\times[1.7\times1.7+0.52\times0.52+(1.7\times1.7\times0.52\times0.52)^{0.5}]$

$\approx1.01+1/3\times0.15\times4.04$

$\approx1.21(m^3)$

小计：$V_{独基}=4V_1+2V_2=4\times0.72+2\times1.21=5.30(m^3)$

2. 垫层体积

4 个 J1：$V_{1垫}=(0.65\times2+0.1\times2)\times(0.65\times2+0.1\times2)\times0.1\times4=0.90(m^3)$

2 个 J2：$V_{2垫}=(0.85\times2+0.1\times2)\times(0.85\times2+0.1\times2)\times0.1\times2\approx0.72(m^3)$

小计：$V_{垫}=V_{1垫}+V_{2垫}=0.90+0.72=1.62(m^3)$

3. 室外地坪以下混凝土柱体积

$V_{柱}=0.42\times0.42\times(2.2-0.3-0.15-0.35)\times6\approx1.48(m^3)$

4. 基坑回填土体积

$V_{回}=V_{挖}-V_{独基}-V_{垫}-V_{柱}$

$=102.64-5.30-1.62-1.48$

$=94.24(m^3)$

（四）余方弃置

余方弃置体积：$V_{余}=V_{挖}-V_{回}=102.64-94.24=8.40(m^3)$

实例 1-2

【背景资料】

图 1-2 为某工程的基础平面图及剖面图，已知-1.500m 标高之上为二类土，-1.500m 标高之下为三类土；设计室内地坪标高为±0.000，设计室外地坪标高为-0.300m；土方在场内予以平衡，堆放运距 200m；工程要求采用商品混凝土。

采用人工挖土、人工场内运土；基础和垫层分别采用 C30 泵送商品混凝土和 C10 非泵送商品混凝土。

计算说明：

1. 计算时，工作面和放坡增加的工程量，并入各土方工程量中。

2. 土类别不同，分别按其放坡起点、放坡系数，依不同土类别厚度加权平均计算，放坡深度自垫层上表面计算。

3. 平整场地按墙体外边线外延 2m 计算。

4. 挖土增加工作面宽度按 300mm 计算。

5. 计算结果保留两位小数。

【问题】

根据以上背景资料及现行国家标准《建设工程工程量清单计价规范》GB 50500、《房屋建筑与装饰工程工程量计算规范》GB 50854，试列出该工程平整场地、挖沟槽等项目分部分项工程量清单。

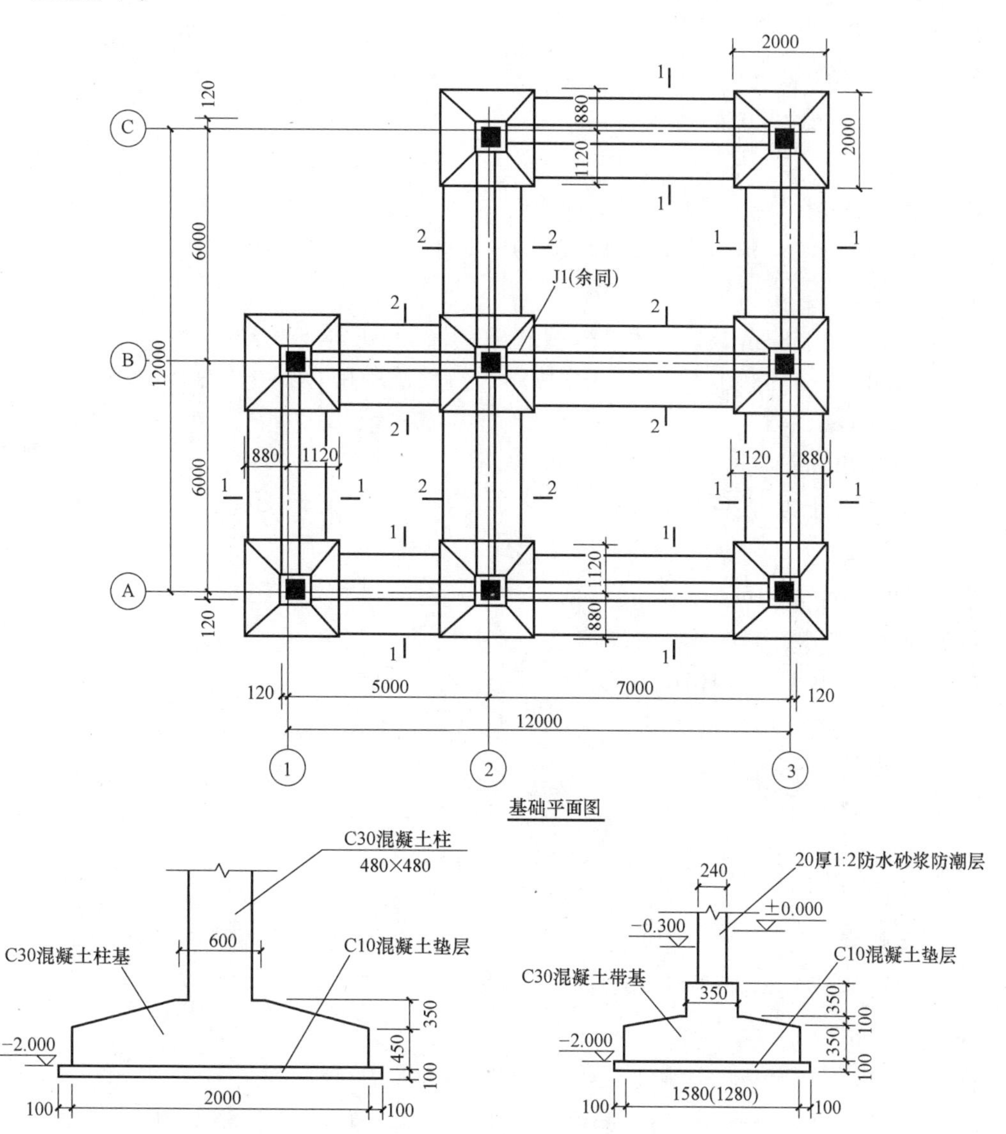

图 1-2　基础平面图及剖面图

【参考答案】

（一）平整场地

$S=(12.0+0.12\times2+2)\times(12.0+0.12\times2+2)\approx202.78(m^2)$

（二）挖沟槽土方（1—1 剖面图）

1. 挖土深度

垫层厚度 $H_1=0.1m$

放坡深度：$H_2=2.0-0.3=1.7(m)$

$H_{三类土}=2.0+0.1-1.5=0.6(m)$

$H_{二类土}=1.5-0.3=1.2(m)$

2. 放坡系数

$k=(k_{二类土}\times H_{二类土}+k_{三类土}\times H_{三类土})/H_{总}$

$=(0.5\times1.2+1.5\times0.6)/1.8$

≈0.83

3. 挖土长度

$L_{1-1}=(7.0-1.12\times2)+2\times(12-1.12\times2-2)+(6-1.12\times2)=24.04(m)$

4. 挖土体积

$V_{1-1}=L_{1-1}\times[(1.58+0.3\times2+k\times H_2)H_2+(1.58+0.1\times2+0.3\times2)\times H_1]$

$=24.04\times[(1.58+0.3\times2+0.83\times1.7)\times1.7+(1.58+0.1\times2+0.3\times2)\times0.1]$

$\approx24.04\times6.343$

$\approx152.49(m^3)$

（三）挖沟槽土方（2—2 剖面图）

1. 挖土深度

垫层厚度：$H_1=0.1m$

放坡深度：$H_2=2.0-0.3=1.7(m)$

$H_{三类土}=2.0+0.1-1.5=0.6(m)$

$H_{二类土}=1.5-0.3=1.2(m)$

2. 放坡系数

$k=(k_{二类土}\times H_{二类土}+k_{三类土}\times H_{三类土})/H_{总}$

$=(0.5\times1.2+1.5\times0.6)/1.8$

≈0.83

3. 挖土长度

$L_{2-2}=(12-1.12\times2-2)\times2=15.52(m)$

4. 挖土体积

$V_{2-2}=L_{2-2}\times[(1.28+0.3\times2+k\times H_2)H_2+(1.28+0.1\times2+0.3\times2)\times H_1]$

$=15.52\times[(1.28+0.3\times2+0.83\times1.7)\times1.7+(1.28+0.1\times2+0.3\times2)\times0.1]$

$=15.52\times[3.29\times1.7+2.08\times0.1]$

$\approx15.52\times5.8$

$\approx90.02(m^3)$

实例 1-3

【背景资料】

某建筑物地下室基础平面图、剖面图如图 1-3 所示。设计室外地坪标高-0.300m，场地已做好三通一平，土质为三类土，采取施工排水措施。

施工方案确定基坑 1—1 剖面边坡按放坡系数 0.25 放坡开挖，其余边坡均采用坑壁支护垂直开挖，采用挖掘机坑内作业。基础土方回填采用打夯机夯实，除基础回填所需土方外，余土全部用自卸汽车外运 1km 至弃土场。假设施工坡道等附加挖土忽略不计。

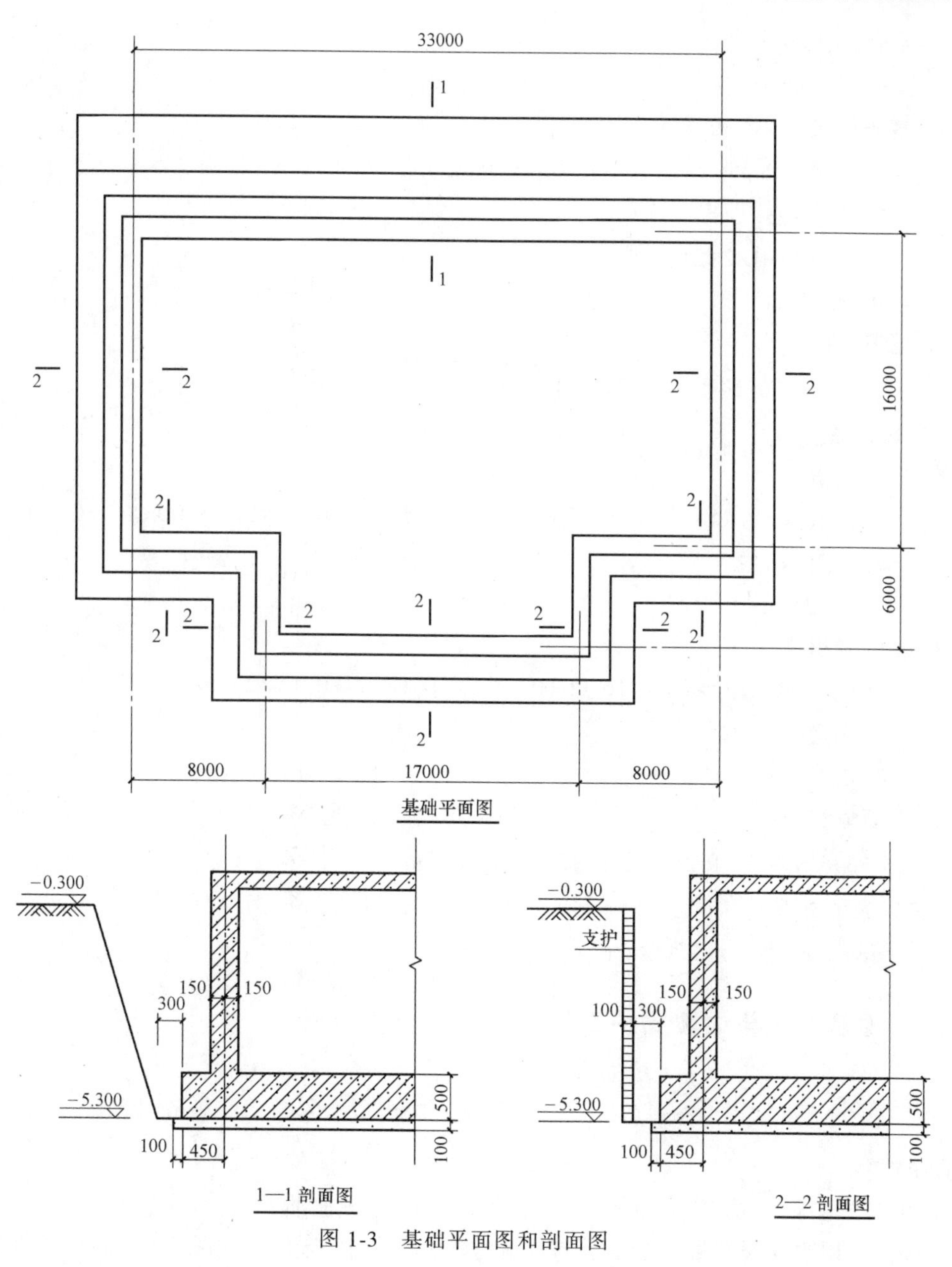

图 1-3　基础平面图和剖面图

【问题】

根据以上背景资料及现行国家标准《建设工程工程量清单计价规范》GB 50500、《房屋建筑与装饰工程工程量计算规范》GB 50854，试计算该工程土方挖、填及余土弃置各项目的工程量。

【参考答案】

（一）挖基坑土方

1. 垫层体积

$V_{垫}=[(33+0.55\times2)\times(16+0.55\times2)+(17+0.55\times2)\times5]\times0.1$

$=(583.11+90.5)\times0.1$

$=673.61\times0.1$

$\approx67.36(m^3)$

2. 基础体积（不含垫层）

$V_{基}=[(33.00+0.85\times2)\times(16.00+0.75+0.85)+(17.00+0.85\times2)\times5]\times5+1/2\times(33+0.85\times2)\times5\times0.25\times5$

$\approx704.22\times5+1/2\times216.88$

$=3629.54(m^3)$

3. 挖方体积

$V_{挖}=67.36+3629.54=3696.9(m^3)$

（二）回填方

1. 底板体积

$V_{底板}=[(33.00+0.45\times2)\times(16.00+0.45\times2)+(17.00+0.45\times2)\times5.00]\times0.50$

$=662.41\times0.5$

$\approx331.21(m^3)$

2. 基础体积

$V_{基础}=[(33.00+0.15\times2)\times(16.00+0.15\times2)+(17.00+0.15\times2)\times5.00]\times4.50$

$=629.29\times4.50$

$\approx2831.81(m^3)$

3. 回填体积

$V_{回填}=3696.90-(331.21+2831.81)=533.88(m^3)$

（三）余方弃置

$V_{余}=3696.90-533.88=3163.02(m^3)$

二、地基处理与边坡支护工程

实例 1-4

【背景资料】

某基坑围护设计方案，如图 1-4 所示。施工现场土质为三类土，自然地坪标高为 -0.300m，采用水泥搅拌桩全断面套打连续施工。设计桩径为 0.86m，设计桩长为 18m，设计桩顶标高-0.600m，桩轴（圆心）距为 0.7m，强度等级为 32.5 级的普通硅酸盐水泥掺量为 20%。

【问题】

根据以上背景资料及现行国家标准《建设工程工程量清单计价规范》GB 50500、《房屋建筑与装饰工程工程量计算规范》GB 50854，试计算该围护工程项目的工程量。

【参考答案】

1. 单根空桩长度

$0.6-0.3=0.3(m)$

总空桩长度：$0.3\times80=24(m)$

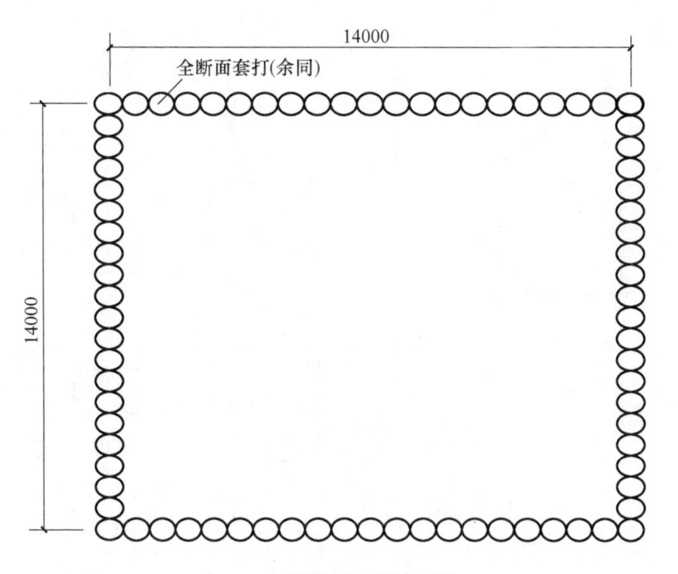

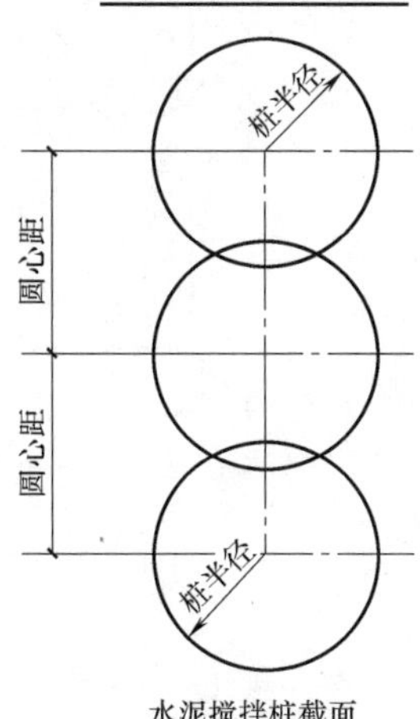

图 1-4　水泥搅拌桩平面布置图及截面

单根桩长：18m

2. 桩截面尺寸

3.14×0.43×0.43≈0.58(m^2)

3. 工程量

18×80=1440(m)

实例 1-5

【背景资料】

某工程采用水泥粉煤灰碎石桩进行地基处理，桩径为400mm，桩体混凝土强度等级为C20，桩数为48根，设计桩长为12m，桩端进入坚硬红黏土土层不少于1.6m，桩顶在地面以下1.2~1.8m，水泥粉煤灰碎石桩采用振动沉管灌注桩施工，桩顶采用200mm厚人工级配砂石（砂：碎石=3：7，最大粒径30mm）作为褥垫层，如图1-5和图1-6所示。

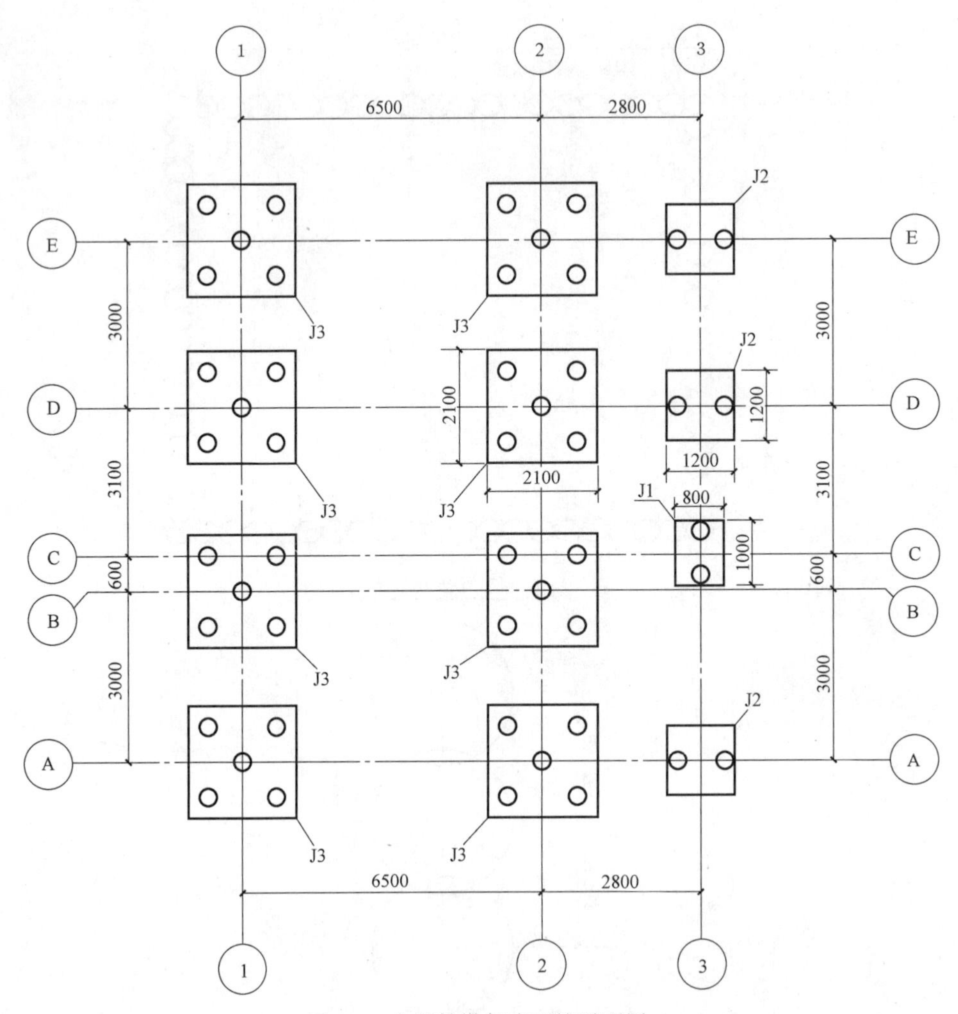

图 1-5　水泥粉煤灰碎石桩平面图

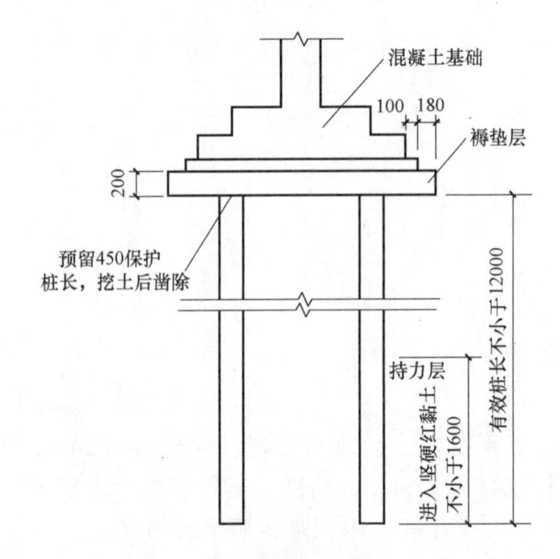

图 1-6　水泥粉煤灰碎石桩详图

【问题】

根据以上背景资料及现行国家标准《建设工程工程量清单计价规范》GB 50500、《房屋建筑与装饰工程工程量计算规范》GB 50854，试计算该工程地基处理分部水泥粉煤灰碎石桩和褥垫层的工程量。

【参考答案】

（一）水泥粉煤灰碎石桩

$L=48\times12=576(m)$

（二）褥垫层

1. J1

$(1.0+0.56)\times(0.8+0.56)\times1\approx2.12(m^2)$

2. J2

$(1.2+0.56)\times(1.2+0.56)\times3\approx9.29(m^2)$

3. J3

$(2.1+0.56)\times(2.1+0.56)\times8\approx56.6(m^2)$

4. 褥垫层总面积

$S=2.12+9.29+56.6=68.01(m^2)$

三、桩基础工程

实例 1-6

【背景资料】

某工程采用混凝土灌注桩，采用人工挖孔施工。现场自然地坪标高-0.300m，土壤为三类土，桩径1000mm，扩底高1200mm，扩底上部直径1200mm，扩底下部直径1600mm，平底；单桩长度9m；桩芯采用商品混凝土，强度等级为C30，桩顶标高-1.600m，桩数为35根，超灌高度不少于1m。根据地质情况，护壁采用钢筋混凝土预制护壁，外径1.2m，平均厚度100mm，弃土运距1km。

【问题】

根据以上背景资料及现行国家标准《建设工程工程量清单计价规范》GB 50500、《房屋建筑与装饰工程工程量计算规范》GB 50854，试计算该桩基工程挖孔桩土（石）方、人工挖孔灌注桩、截（凿）桩头的工程量。

【参考答案】

（一）挖孔桩土（石）方

1. 直桩芯挖土

$$V_1=\pi\times(1.3)^2\times(9+1.6-0.3)$$
$$=3.14\times(1.3)^2\times(9+1.6-0.3)$$
$$=3.14\times1.69\times10.3$$
$$=54.66(m^3)$$

2. 扩底圆台挖土

$$V_2=1/3\times1.2\times\pi\times(0.6^2+0.8^2+0.6\times0.8)$$

$=1/3\times1.2\times3.14\times1.48$

$\approx1.86(m^3)$

3. 挖土小计

$V_3=35\times(V_1+V_2)$

$=35\times(54.66+1.86)$

$=1978.20(m^3)$

(二) 人工挖孔灌注桩

1. 护壁部分

$V=35\times\pi\times[(1.2/2)^2-(1.1/2)^2]\times(9+1.6-0.3-1.2)$

$=35\times3.14\times0.058\times9.1$

$\approx35\times1.657$

$\approx57.995(m^3)$

2. 桩芯部分

$V=1978.2-57.995\approx1920.21(m^3)$

(三) 截(凿)桩头

$V=\pi\times0.5\times0.5\times1.0\times35$

$=3.14\times0.25\times1.0\times35$

$\approx27.48(m^3)$

实例 1-7

【背景资料】

某混凝土灌注桩,人工挖孔,共 20 根,如图 1-7 所示。现场土质为三类土,桩长 14m,桩径 1000mm,桩底标高-14.500m;自然地坪标高-0.600m;桩芯采用商品混凝土,强度等级为 C25;护壁混凝土采用现场搅拌,强度等级为 C20,土方外运,运距 1km。

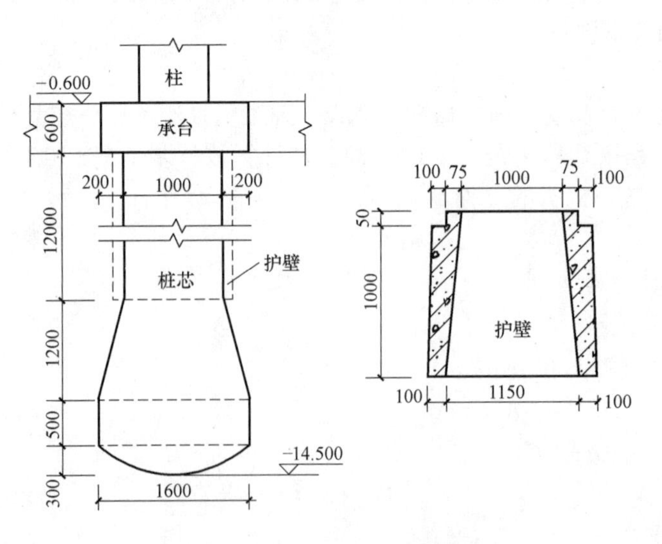

图 1-7 某混凝土灌注桩示意图

【问题】

根据以上背景资料及现行国家标准《建设工程工程量清单计价规范》GB 50500、《房屋建筑与装饰工程工程量计算规范》GB 50854，试列出该桩基础分部分项工程量清单。

【参考答案】

（一）挖孔桩土（石）方

1. 直芯部分

$V_1=\pi\times(1.350/2)^2\times12.0=3.14\times(1.350/2)^2\times12.0\approx17.17(m^3)$

2. 扩大头

$V_2=1/3\times1.2\times\pi\times(0.5^2+0.8^2+0.5\times0.8)$

$=1/3\times1.2\times3.14\times(0.5^2+0.8^2+0.5\times0.8)$

$\approx1.62(m^3)$

3. 扩大直芯部分

$V_3=\pi\times0.8^2\times0.5=3.14\times0.8^2\times0.5\approx1.0(m^3)$

4. 扩大头球冠部分

$R=(0.8^2+0.3^2)/(2\times0.3)=0.73/0.6\approx1.22(m)$

$V_4=\pi\times0.3^2\times(R-0.3/3)$

$=3.14\times0.3^2\times(1.22-0.3/3)$

$=3.14\times0.09\times1.12$

$\approx0.32(m^3)$

5. 总挖土（石）工程量

$V=20\times(V_1+V_2+V_3+V_4)$

$=20\times(17.17+1.62+1.0+0.32)$

$=20\times20.11$

$=402.20(m^3)$

（二）人工挖孔灌注桩

1. 护桩壁 C20 混凝土

$V=\pi\times[(1.350/2)^2-(1.075/2)^2]\times12\times20$

$=3.14\times(0.675^2-0.538^2)\times12\times20$

$\approx3.14\times0.166\times12\times20$

$\approx125.10(m^3)$

2. 桩芯混凝土

$V=402.20-125.10=277.10(m^3)$

四、砌筑工程

实例 1-8

【背景资料】

某工程基础平面图和剖面图，如图 1-8 所示。现场土质为三类土，无地下水，采用人工挖土，土方场内周转运距 40m，余土场外运距 5km。

室外自然地坪标高为-0.300m，室内地坪标高为±0.000，防潮层标高为-0.100m。

砖基础及墙体采用 M7.5 水泥砂浆砌标准砖 MU25，钢筋混凝土带形基础采用商品混凝土，强度等级为 C20。

防潮层采用抗渗混凝土，强度等级为 C20，抗渗等级为 P10。

混凝土构造柱截面尺寸为 240mm×240mm，从钢筋混凝土带形基础中伸出，构造柱马牙槎平均放出长度 30mm。

计算结果保留两位小数。

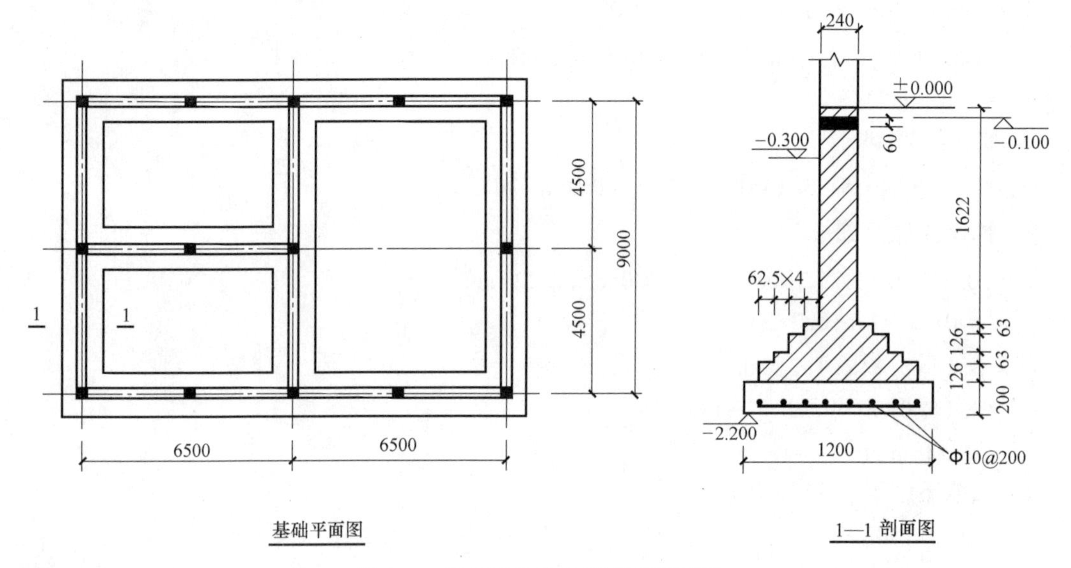

图 1-8 某工程基础平面图和剖面图

【问题】

根据以上背景资料及现行国家标准《建设工程工程量清单计价规范》GB 50500、《房屋建筑与装饰工程工程量计算规范》GB 50854，试列出该工程土方（开挖、回填、余方弃置）、混凝土基础、砖基础等项目的工程量清单。

【参考答案】

（一）挖沟槽土方

挖土深度 2.2-0.3=1.9(m)

三类土，人工挖土，放坡系数 0.33。

$V=[(13.00+9.00)\times2+7.20+4.70]\times(1.2+0.3\times2+0.33\times1.9)\times1.9$

$\approx55.9\times2.43\times1.90$

$\approx258.09(m^3)$

（二）带形基础

$V=[(13.00+9.00)\times2+5.3+7.80]\times1.20\times0.20$

$=57.1\times1.20\times0.20$

$\approx13.70(m^3)$

（三）砖基础

1. 不等高大放脚基础折加高度=大放脚断面面积/墙厚

$=(0.063\times0.0625\times8+0.126\times0.0625\times6\times2)/0.24$

$=0.525(\mathrm{m})$

2. 砖基础（含构造柱、马牙槎）

$V_1=[(13.00+9.00)\times2+8.76+6.26]\times0.24\times(1.84+0.525)$

$=59.02\times0.24\times2.365$

$\approx33.50(\mathrm{m}^3)$

3. 构造柱主体

$V_2=0.24\times0.24\times1.84\times14\approx1.48(\mathrm{m}^3)$

4. 构造柱马牙槎

$V_3=0.24\times0.03\times1.84\times(10\times2+4\times3)\approx0.42(\mathrm{m}^3)$

5. 砖基础（扣除构造柱、马牙槎）

$V=V_1-V_2-V_3$

$=33.50-1.48-0.42$

$=31.60(\mathrm{m}^3)$

（四）回填方

$V=258.09-[(13.00+9.00)\times2+8.76+6.26]\times0.24\times(1.7+0.525)-13.70$

$=258.09-59.02\times0.24\times2.225-13.70$

$=258.09-31.517-13.70$

$\approx212.87(\mathrm{m}^3)$

（五）余方弃置

$V=258.09-212.87=45.22(\mathrm{m}^3)$

实例 1-9

【背景资料】

某单层砖混建筑平面图，如图 1-9 所示，层高 4.0m，室内外高差 450mm。

（一）施工说明

1. 门窗洞口尺寸 C1：1850mm × 1250mm；M1：950mm × 2150mm；M2：1250mm × 2150mm；M3：1550mm×2150mm。

2. M5.0 混合砂浆砌筑 MU20 标准砖，240mm 厚墙，外墙面勒脚水泥砂浆；内墙面用混合腻子乳胶漆两遍。

3. 现浇混凝土平屋面板，混凝土强度等级 C30，板厚为 100mm。

4. 地面采用 M2.5 砂浆卧铺标准砖，厚度为 120mm；3 : 7 灰土垫层厚度为 50mm。

5. 天棚底面采用混合腻子乳胶漆两遍成活。

6. 台阶水泥砂浆面层，强度等级为 C15。

7. 散水采用 M2.5 砂浆铺砌标准砖，3 : 7 灰土垫层平均厚度 50mm，散水平均厚度 120mm，宽 600mm。

(二) 计算说明

1. 墙体工程量计算时，不考虑门窗过梁所占的体积。

2. 计算结果保留两位小数。

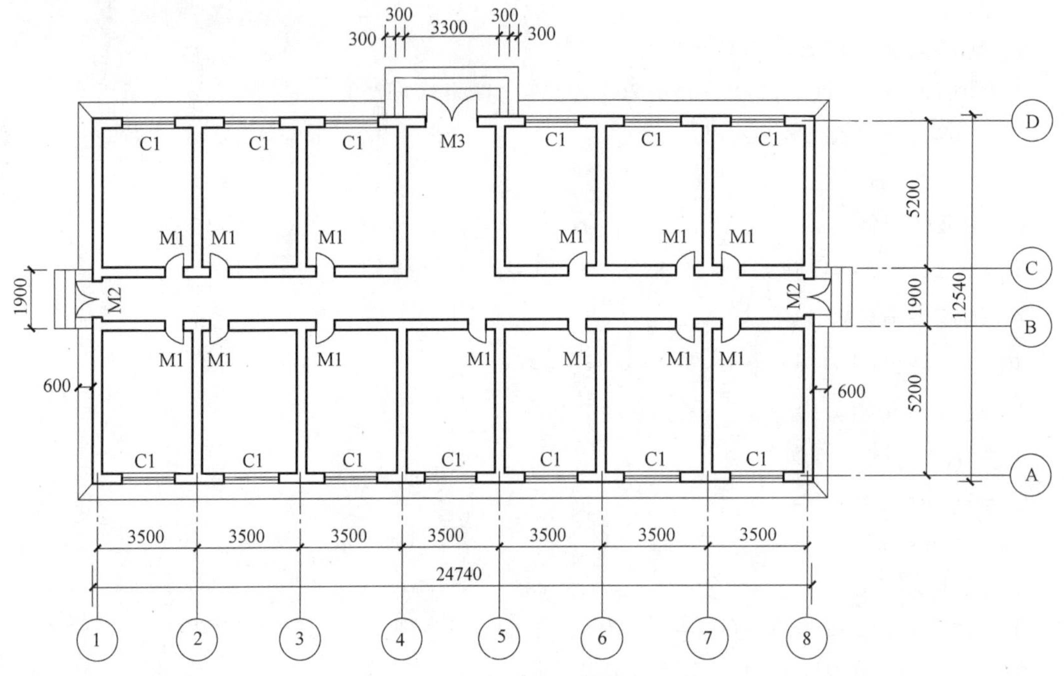

图 1-9　某单层砖混建筑平面图

【问题】

根据以上背景资料及现行国家标准《建设工程工程量清单计价规范》GB 50500、《房屋建筑与装饰工程工程量计算规范》GB 50854，试列出该工程墙体分部分项工程量清单。

【参考答案】

(一) 实心砖墙 (外墙)

1. 门窗洞口面积

M1：$0.95\times2.15\times13\approx26.55(m^2)$

M2：$1.25\times2.15\times2\approx5.38(m^2)$

M3：$1.55\times2.15\times1\approx3.33(m^2)$

C1：$1.85\times1.25\times13\approx30.06(m^2)$

2. 外墙

$V=(24.5+12.3)\times2\times(4-0.1)-5.38-3.33-30.06$

$=287.04-5.38-3.33-30.06$

$=248.27(m^3)$

(二) 实心砖墙 (内墙)

$V=[(5.2-0.24)\times6\times2+(24.74-0.24\times2)\times2-3.26]\times3.9-26.55$

$=104.78\times3.9-26.55$

$\approx382.09(m^3)$

（三）砖地坪

$S_{地坪}=24.26\times12.06-(4.96\times12+24.26\times2-3.26)\times0.24+(0.95\times13+1.25\times2+1.55)\times0.24$

$\approx292.58-25.15+3.94$

$=271.37(\text{m}^2)$

（四）砖散水

M2 和 M3 处台阶占用的散水面积应予以扣除。

方法一：先算出散水中心线的长度，利用中心线长度计算外墙转角处散水面积，可抵消重叠和未计算的部分。

$L_{散中心线}=2\times(24.74+0.6)+2\times(12.54+0.6)=76.96(\text{m})$

$S_{散}=(L_{散中心线}-1.9\times2-4.5)\times0.6=(76.96-1.9\times2-4.5)\times0.6=41.196(\text{m}^2)$

方法二：利用散水外围面积扣除外墙外围所占面积及台阶所占散水面积，可快速求解。散水外围尺寸：24.74+0.6×2 和 12.54+0.6×2。

$S_{散}=(24.74+0.6\times2)\times(12.54+0.6\times2)-24.74\times12.54-1.9\times2\times0.6-4.5\times0.6=41.196(\text{m}^2)$

实例 1-10

【背景资料】

图 1-10 为某单层砖混结构平面图和墙体剖面图。室外自然地坪标高-0.300m，室内地坪标高±0.000。

基础混凝土垫层采用 C10 预拌混凝土，钢筋混凝土带形基础采用 C25 预拌混凝土。砖基础采用 M5.0 水泥砂浆砌筑 MU20 页岩标准砖，墙身用 M7.5 混合砂浆砌筑 MU20 标准砖 240mm 厚，两种材料分界线在标高-0.200m 处，防潮层标高为-0.060m。

屋面结构为 120mm 厚现浇钢筋混凝土板，门窗洞口上现浇混凝土过梁每边伸入墙内 250mm。

屋面沿外墙设置女儿墙，屋面防水做法：1∶3 水泥砂浆找平层 15mm 厚，刷冷底子油一道，石油沥青玛蹄脂卷材二毡三油防水层，女儿墙与屋面交接处泛水反边 300mm。

地面：C10 混凝土垫层 80mm 厚，水泥砂浆面层 20mm 厚，水泥砂浆踢脚线高 200mm。

内墙面、天棚面：1∶0.3∶3 混合砂浆打底、抹面，白色乳胶漆刷两遍。

门窗洞口尺寸，M1：900mm×2100mm；C1：1500mm×1500mm；C2：2100mm×1500mm；门窗框厚为 100mm，均按墙中心线设置。

【问题】

根据以上背景资料及现行国家标准《建设工程工程量清单计价规范》GB 50500、《房屋建筑与装饰工程工程量计算规范》GB 50854，试列出该工程基础与墙体的分部分项工程量清单。

【参考答案】

（一）垫层

1. 外墙中心线长

$L_1=3.5\times3\times2+4.0\times2+1.8\times4+4.2\times2=44.60(\text{m})$

2. 内墙净长

$L_2=(4.2+1.8-0.24)\times1+(4.2-0.24)\times2=13.68(\text{m})$

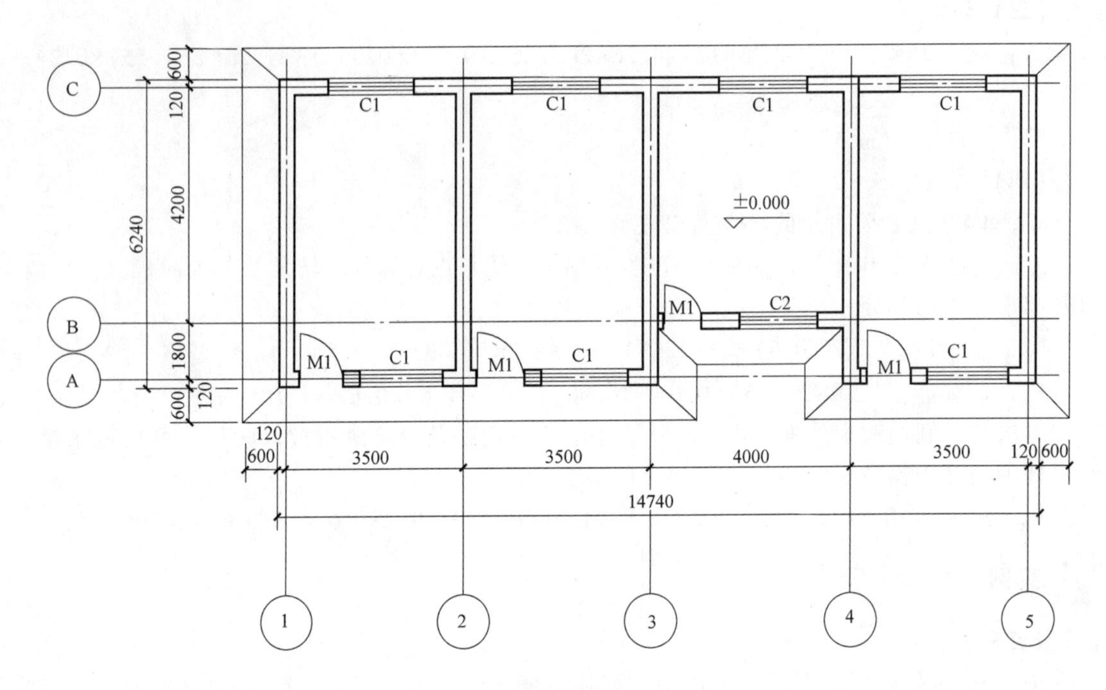

建筑平面图

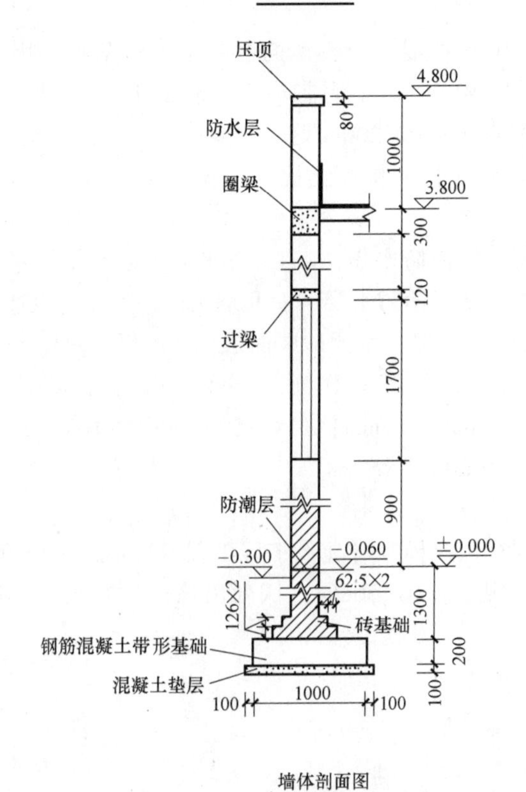

墙体剖面图

图 1-10　某单层砖混结构平面图和墙体剖面图

3. 内墙下混凝土垫层中心线长

$L_3=(4.2+1.8-1.2)\times1+(4.2-1.2)\times2=10.8(\text{m})$

4. 内墙下混凝土带形基础中心线长

$L_4=(4.2+1.8-1)\times1+(4.2-1)\times2=11.4(\text{m})$

5. 内墙下砖带形基础上层中心线长

$L_5=L_2=(4.2+1.8-0.24)\times1+(4.2-0.24)\times2=13.68(\text{m})$

6. 垫层

$V=1.2\times(44.6+10.8)\times0.1\approx6.65(\text{m}^3)$

（二）带形基础

$V=1\times(44.6+11.4)\times0.20=11.20(\text{m}^3)$

（三）砖基础

方法一：直接计算大放脚横截面面积 $S_{大放脚截面面积}=(0.126\times3\times0.0625\times2)$

$V=[(0.126\times3\times0.0625\times2)+(1.3-0.2)\times0.24]\times(44.6+13.68)\approx18.14(\text{m}^3)$

方法二：利用大放脚折加高度

1. 砖基础大放脚折加高度

$h=(0.126\times3\times0.0625\times2)/0.24\approx0.197(\text{m})$

2. 砖基础

$$V=0.24\times(1.30-0.2+0.197)\times(44.6+13.68)$$
$$\approx18.14(\text{m}^3)$$

（四）实心砖墙（外）

1. 外墙（含女儿墙、门窗、过梁、圈梁）

$V_1=0.24\times44.6\times(4.8-0.08+0.2)=52.66(\text{m}^3)$

2. 扣除门窗

$$V_2=(0.9\times2.1\times4+1.5\times1.5\times7+2.1\times1.5\times1)\times0.24$$
$$\approx6.35(\text{m}^3)$$

3. 扣除过梁

$$V_3=0.12\times0.24\times[(0.9+0.25\times2)\times4+(1.5+0.25\times2)\times7+(2.1+0.25\times2)\times1]$$
$$=0.12\times0.24\times22.2$$
$$\approx0.64(\text{m}^3)$$

4. 扣除圈梁

$V_4=(0.3-0.12)\times0.24\times44.6\approx1.93(\text{m}^3)$

5. 外墙（含女儿墙）

$V=V_1-V_2-V_3-V_4=52.66-6.635-0.64-1.93\approx43.46(\text{m}^3)$

（五）实心砖墙（内墙）

扣除圈梁：$(0.3-0.12)\times0.24\times13.68\approx0.59(\text{m}^3)$

$$V=0.24\times13.68\times(3.8+0.2)-0.59$$
$$=13.13-0.59$$
$$=12.54(\text{m}^3)$$

五、混凝土及钢筋混凝土工程

实例 1-11

【背景资料】

图 1-11 为某工程基础平面图及剖面图。根据地质勘察报告，三类土，无地下水。设计

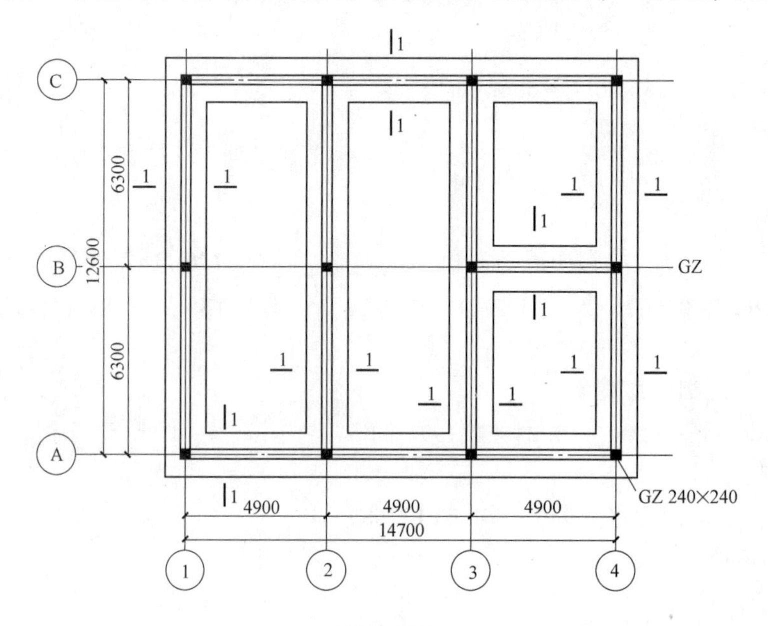

基础平面图

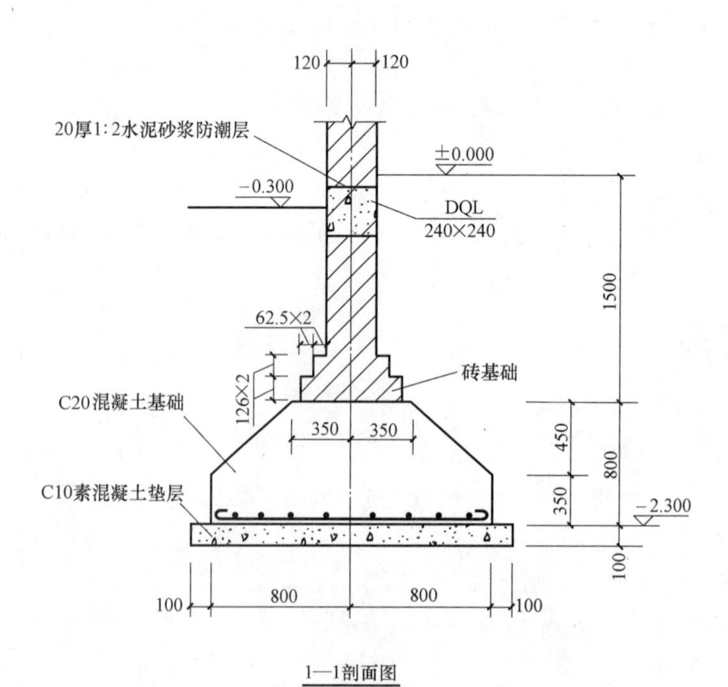

1—1剖面图

图 1-11　某工程基础平面图及剖面图

室外地坪标高为-0.300m。

基础为C20钢筋混凝土带形基础，C10素混凝土垫层，±0.000以下墙身采用M5.0水泥砂浆砌筑MU20页岩混凝土标准砖，C20钢筋混凝土地圈梁截面尺寸为240mm×240mm，混凝土采用泵送商品混凝土。

基础防潮层采用20mm厚1：2水泥砂浆。

该工程采用人工挖土，从垫层下表面起放坡，放坡系数为0.33，工作面自垫层两边各增加200mm，弃土运距200m。

计算结果保留两位小数。

【问题】

根据以上背景资料及现行国家标准《建设工程工程量清单计价规范》GB 50500、《房屋建筑与装饰工程工程量计算规范》GB 50854，试计算挖沟槽土方、带形基础、垫层、圈梁、砖基础的工程量。

【参考答案】

（一）挖沟槽土方

沟槽下底长：1.6+2×0.3=2.2(m)

沟槽上底长：1.6+2×0.3+(2.3-0.3+0.1)×0.33×2≈3.59(m)

挖土深度：2.3-0.3+0.1=2.1(m)

挖土外墙长：(14.7+12.6)×2=54.6(m)

挖土内墙长：(12.6-2.2)×2+4.9-2.2=23.5(m)

挖土方：$V_{挖}=(2.2+0.33\times2.1)\times2.1\times(54.6+23.5)\approx474.48(m^3)$

（二）带形基础

1. 下部（基础截面矩形部分）

外墙长：54.6m

内墙基础的下部长：$L_1=(12.6-1.6)\times2+4.9-1.6=25.3(m)$

$V_1=0.35\times1.6\times(54.6+25.3)=44.74(m^3)$

2. 上部（基础截面梯形部分）

外墙长：54.6m

梯形中位线长：0.35×2+2×(0.8-0.35)×1/2=1.15(m)

内墙基础的上部长：

$L_2=(12.6-1.15)\times2+4.9-1.15=26.65(m)$

$V_2=1/2\times(0.7+1.6)\times(54.6+26.65)\times0.45\approx42.05(m^3)$

3. 基础体积

$V_{基础}=V_1+V_2=44.74+42.05=86.79(m^3)$

（三）垫层

外墙长：54.6m

内墙垫层长：(12.6-1.6-0.1×2)×2+4.9-1.6-0.1×2=24.7(m)

垫层：

$V_{垫层}=(54.6+24.7)\times0.1\times(1.6+0.1\times2)\approx14.27(m^3)$

(四) 圈梁

外墙长：54.6m

内墙长：$L=(12.6-0.24)\times2+4.9-0.24=29.38(m)$

地圈梁：

$V_{地圈梁}=0.24\times0.24\times(54.6+29.38)\approx4.84(m^3)$

(五) 砖基础

外墙长：54.6m

内墙长：$(12.6-0.24)\times2+4.9-0.24=29.38(m)$

大放脚折加高度：$0.0625\times0.126\times6/0.24\approx0.1969(m)$

砖基础高度：1.5m

扣除地圈梁：$4.84m^3$

扣除防潮层：$0.24\times0.02\times(54.6+29.38)\approx0.40(m^3)$

砖基础：

$$V_{砖基础}=0.24\times(1.5+0.1969)\times(54.6+29.38)-4.84-0.40$$
$$\approx0.24\times1.697\times83.98-4.84-0.40$$
$$\approx28.96(m^3)$$

实例 1-12

【背景资料】

图 1-12 为某工程现浇钢筋混凝土有梁板平面图及剖面图。

该有梁板采用 C30 商品混凝土，板厚为 100mm，板上表面标高 3.700m。②轴、③轴梁截面尺寸为 240mm × 350mm，其余梁截面尺寸为 240mm × 500mm，柱截面尺寸为 400mm×400mm。

模板工程量按模板与混凝土接触面积计算。

计算结果保留两位小数。

【问题】

根据以上背景资料及现行国家标准《建设工程工程量清单计价规范》GB 50500、《房屋建筑与装饰工程工程量计算规范》GB 50854，试计算该工程有梁板混凝土和模板的工程量。

【参考答案】

(一) 有梁板混凝土

1. 板

$V_{板}=11.64\times7.74\times0.10\approx9.01(m^3)$

2. 梁

$$V_{梁}=0.24\times(0.50-0.10)\times(11.4\times2+7.5\times2)+(7.5-0.24)\times0.24\times(0.35-0.10)\times2$$
$$\approx3.63+0.87=4.50(m^3)$$

3. 小计

$V_{有梁板}=9.01+4.5=13.51(m^3)$

(二) 有梁板模板

方法一：

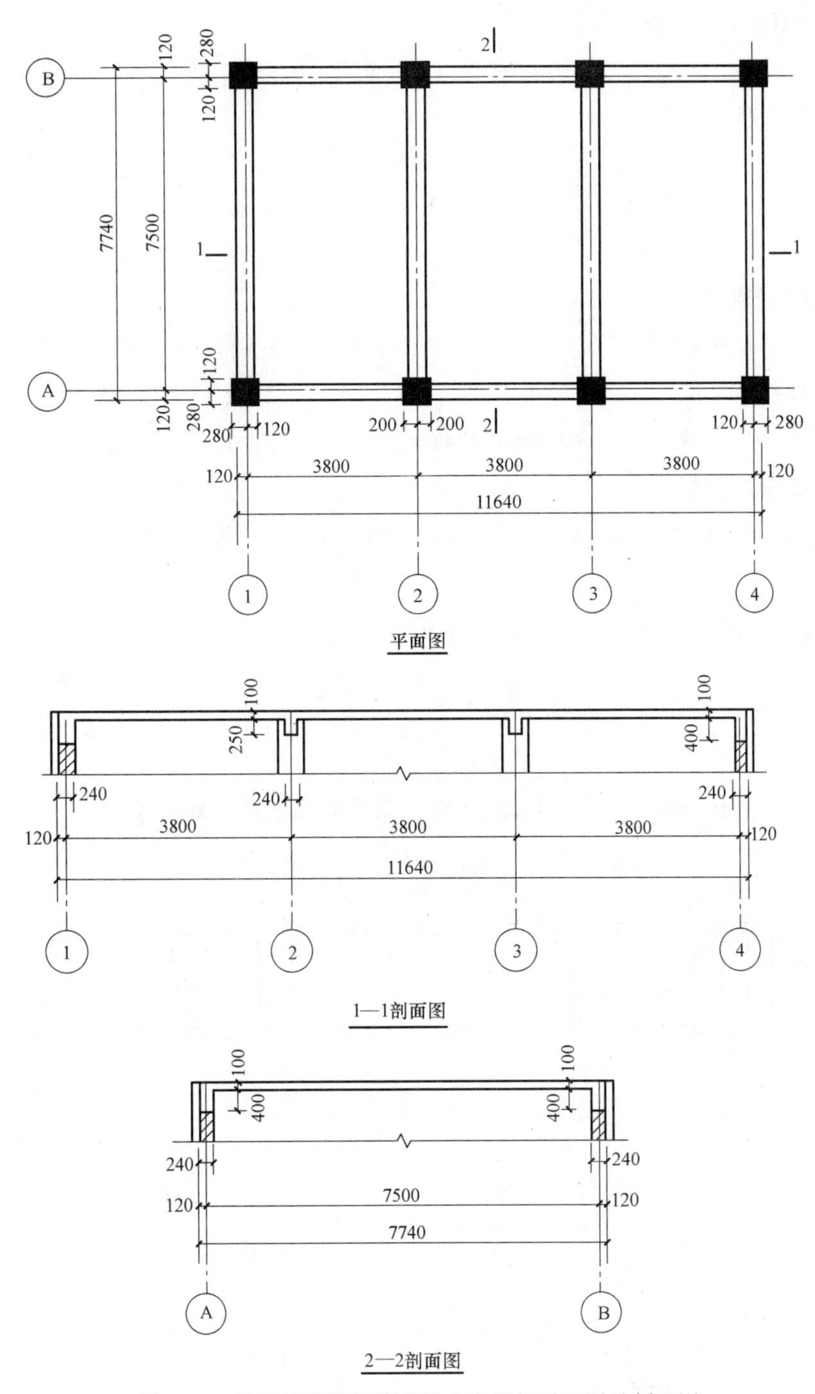

图 1-12 某工程现浇钢筋混凝土有梁板平面图及剖面图

1. 板底模板

$S_{板底模板}=(3.8-0.24)\times(7.5-0.24)\times3\approx77.537(\mathrm{m}^2)$

2. 梁底模板

$S_{梁底模板}=(11.4-0.12\times2-0.4\times2)\times0.24\times2+(7.5-0.24)\times0.24\times4\approx11.942(\mathrm{m}^2)$

3. 梁侧模板（含板侧模板）

$S_{梁侧模板}=(7.5-0.24)\times(0.5+0.4)\times2+(11.4-0.24-0.4\times2)\times(0.5+0.4)\times2+(7.5-0.24)\times0.25\times2\times2=38.976(m^2)$

4. 小计

$S_{有梁板模板}=77.537+11.942+38.976\approx128.455\approx128.46(m^2)$

方法二：

1. 梁板底模板

$S_{梁板底模板}=11.64\times7.74-(0.4\times0.24\times4+0.24\times0.24\times4)\approx89.479(m^2)$

2. 板侧模板

$S_{板侧模板}=(10.36+7.26)\times2\times0.1=3.524(m^2)$

3. 板下口梁侧模板

$S_{下口梁侧模板}=7.26\times0.25\times4+(10.36+7.26)\times2\times0.4\times2=35.452(m^2)$

4. 小计

$S_{有梁板模板}=89.479+3.524+35.452=128.455\approx128.46(m^2)$

实例 1-13

【背景资料】

某工程现浇钢筋混凝土单梁，共计 10 根，其配筋及剖面图如图 1-13 所示。

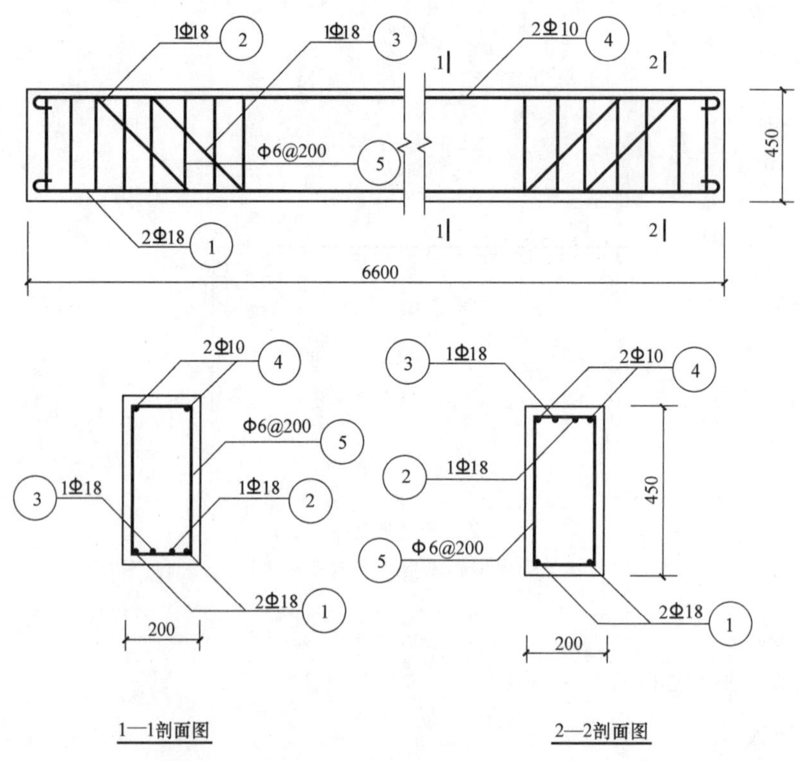

图 1-13 某梁配筋及剖面图

混凝土梁端头保护层厚度为25mm，梁侧主筋混凝土保护层为31.5mm。

箍筋按135°弯钩，平直长度10d、弯钩内直径4d，端部弯钩每个弯钩增加的长度（mm）按12.89d计算（d为钢筋公称直径，单位为mm）。箍筋的根数按四舍五入原则取整数。

弯起钢筋角度为45°，主筋不考虑搭接。

每米钢筋理论质量（kg）= 0.00617d^2，计算结果保留三位小数，其余项目计算结果保留两位小数。

除设计（包括规范规定）标明的搭接外，其他施工搭接不计算工程量，在综合单价中综合考虑。

【问题】

根据以上背景资料及现行国家标准《建设工程工程量清单计价规范》GB 50500、《房屋建筑与装饰工程工程量计算规范》GB 50854，试计算该梁的钢筋工程量。

【参考答案】

（一）钢筋①~③，ϕ18

1. 钢筋①，ϕ18

单根长度：6600−2×25+6.25×18×2=6775(mm)

长度小计：6.775×2×10=135.5(m)

理论质量：0.00617×18×18×135.5≈270.875(kg)

2. 钢筋②，ϕ18

单根长度：6600−2×25+2×6.25×18+0.414×(450−25×2)×2=7106.2(mm)

长度小计：7.106×1×10=71.06(m)

理论质量：0.00617×18×18×71.06≈142.055(kg)

3. 钢筋③，ϕ18

单根长度：6600−2×25+2×6.25×18+0.414×(450−25×2)×2=7106.2(mm)

长度小计：7.106×1×10=71.06(m)

理论质量：0.00617×18×18×71.06≈142.055(kg)

4. 理论质量小计

270.875+142.055+142.055≈554.985(kg)=0.555(t)

（二）钢筋④，ϕ10

单根长度：6550+6.25×18×2=6775(mm)

长度小计：6.775×2×10=135.5(m)

理论质量：0.00617×10×10×135.5≈83.604(kg)=0.084(t)

（三）钢筋⑤，ϕ6

单根梁的箍筋数量：n=(6600−2×25)/200+1=34(根)

单根长度：(200−31.5×2+6×2+400)×2+12.89×6.5×2=1265.57(mm)

长度小计：1.26557×34×10≈430.29(m)

理论质量：0.00617×6×6×430.29=95.576(kg)=0.0956(t)

实例 1-14

【背景资料】

某现浇框架结构建筑物，地上三层，地下一层，层高均为 3.60m，混凝土框架设计抗震等级为三级。其柱平法施工图，如图 1-14 所示。

现浇钢筋混凝土柱 KZ1、KZ2，采用商品混凝土，强度等级为 C25。其中，柱外侧四根 ϕ25 纵筋深入梁内的锚固长度自梁底开始以 l_{aE} 的 1.5 倍计算，柱内侧 8 根 ϕ25 纵筋在顶层梁中增加 12d 的弯锚长度（d 为钢筋直径，单位为 mm）。

柱中纵向钢筋均采用闪光对焊接头，每层均分两批接头，计算时不考虑搭接长度以及错开搭接长度。

整板基础厚度为 900mm，每层的框架梁高均为 500mm。

主筋伸入整板基础距板底 100mm 处，在基础内水平弯折 250mm，基础内箍筋 2 根。

箍筋为 HPB235 普通钢筋，其余均为 HRB335 普通螺纹钢筋；$l_a = 34d$，$l_{aE} = 35d$，钢筋混凝土保护层 30mm；所有楼层箍筋加密区长度按照板上、梁下以及柱基上取 max（柱长边尺寸，≥H_n/6，≥500）。

箍筋单个弯钩增加长度按 12.89d 计算，箍筋数量计算取整数，逢小数进 1。

计算钢筋理论质量时，ϕ25 钢筋为 3.85kg/m，ϕ10 钢筋为 0.617kg/m。

计算结果保留三位小数。

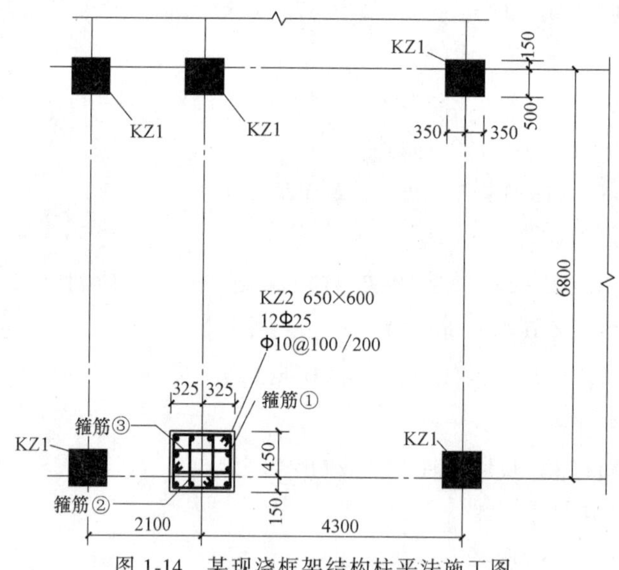

图 1-14　某现浇框架结构柱平法施工图

【问题】

根据以上背景资料及现行国家标准《建设工程工程量清单计价规范》GB 50500、《房屋建筑与装饰工程工程量计算规范》GB 50854，试计算该工程边柱 KZ2 的钢筋工程量。

【参考答案】

（一）钢筋 ϕ25

1. 柱外侧 4 根 ϕ25 纵筋

单根长度：$L=250+(900-100)+(3600\times4-500)+1.5\times35\times25=16262.5(\text{mm})\approx16.263(\text{m})$

根数：$n=4$(根)

理论质量小计：16.263×4×3.85≈250.45(kg)

2. 柱内侧 8 根 ϕ25 纵筋

单根长度：$L=250+(900-100)+(3600\times4-500)+500-30+12\times25=15720(mm)=15.72(m)$

根数：$n=8$(根)

理论质量小计：15.72×8×3.85≈484.18(kg)

3. 理论质量小计

250.45+484.18=734.63(kg)≈0.735(t)

(二) 钢筋 ϕ10

1. 柱箍筋 ϕ10 长度

(1) 箍筋①：

$L=(650+600)\times2-8\times(30-10)+12.89\times10\times2=2597.8(mm)=2.598(m)$

(2) 箍筋②：

[(650−30×2−25)/3+25+2×10]×2+(600−30×2+2×10)×2+12.89×10×2

≈233.33×2+560×2+128.9×2

=1844.46(mm)

≈1.844(m)

(3) 箍筋③：

(650−30×2+2×10)×2+[(600−30×2−25)/3+25+2×10]×2+12.89×10×2

≈610×2+216.67×2+128.9×2

=1911.14(mm)

≈1.911(m)

2. 箍筋数量

(1) 基础内箍筋数量：根据题意为 2 根，即箍筋①、箍筋②、箍筋③各为 2 根。

(2) 地下 1 层箍筋数量：

加密区长度：$L_1=(3600-500)/3+500+650\approx1033.33+1150=2183.33(mm)\approx2.183(m)$

非加密区长度：$L_2=3600-2183.33=1416.67(mm)\approx14.17(m)$

箍筋数量：$n=1.033/0.1+1+1.15/0.1+1+1.417/0.2-1$

≈11+1+12+1+8−1

=32(根)(逢小数进 1)

即箍筋①、箍筋②、箍筋③各为 32 根。

(3) 地上 1~3 层箍筋数量：

单层加密区长度：$L_3=650+500+650=650+1150=1800(mm)=1.80(m)$

单层非加密区长度：$L_4=3600-1800=1800(mm)=1.80(m)$

单层箍筋数量：$n=0.65/0.1+1+1.15/0.1+1+1.8/0.2-1$

=7+1+12+1+9−1

=29(根) (逢小数进 1)

箍筋数量小计：29×3=87 根，即箍筋①、箍筋②、箍筋③各为 87 根。

(4) 箍筋总数小计：

箍筋①数量：2+32+29×3=121(根)

箍筋②数量：2+32+29×3=121(根)

箍筋③数量：2+32+29×3=121(根)

3. 箍筋总质量

箍筋①质量：121×2.598×0.617≈193.96(kg)

箍筋②质量：121×1.844×0.617≈137.67(kg)

箍筋③质量：121×1.911×0.617≈142.67(kg)

箍筋质量小计：193.96+137.67+142.67=474.3(kg)≈0.474(t)

实例 1-15

【背景资料】

某框架结构建筑，三级抗震，其标准楼层平面配筋如图 1-15 所示。

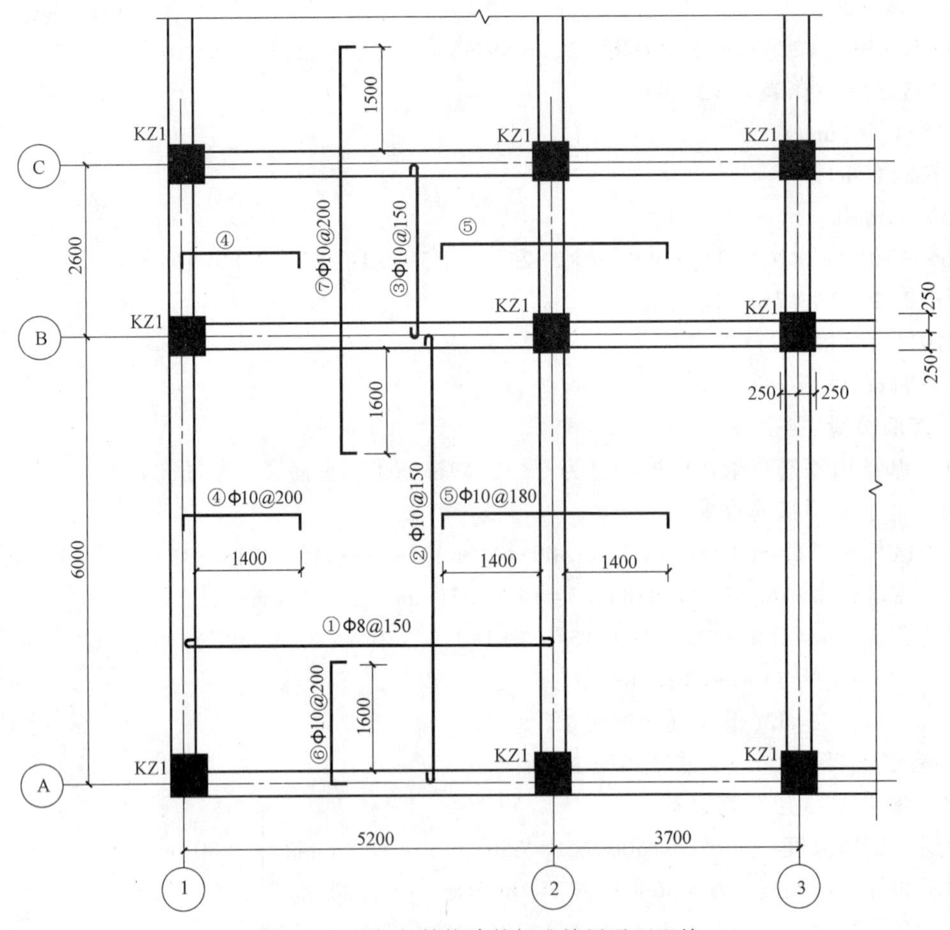

图 1-15　某框架结构建筑标准楼层平面配筋

楼板厚为 120mm，框架梁宽度均为 250mm，居中布置，混凝土强度等级 C30，7 度抗震设防。

混凝土保护层最小厚度：梁主筋 25mm，柱主筋 30mm，板主筋 15mm，梁柱箍筋 15mm，板分布筋 10mm。

钢筋搭接长度为 40d（当两根不同直径钢筋搭接时，d 为较细钢筋直径）。

钢筋 HPB235 理论质量，按 ϕ6.5 为 0.261kg/m；ϕ8 为 0.395kg/m；ϕ10 为 0.617kg/m 计算。

未注明分布筋均为 ϕ6.5@300。

钢筋数量计算取整数，逢小数进 1。

计算结果保留三位小数。

【问题】

根据以上背景资料及现行国家标准《建设工程工程量清单计价规范》GB 50500、《房屋建筑与装饰工程工程量计算规范》GB 50854，试计算图示①~⑦钢筋的工程量。

【参考答案】

（一）钢筋 ϕ8

①钢筋 ϕ8

单根长度：$L=5200+6.25\times8\times2=5300$(mm)

根数：$n=(6000-125\times2-50\times2)/150+1\approx39$(根)(逢小数进 1)

总长度：$5.3\times39=206.7$(m)

理论质量：$206.7\times0.395\approx81.647(kg)\approx0.082$(t)

（二）钢筋 ϕ10

1. ②钢筋 ϕ10

单根长度：$L=6000+6.25\times10\times2=6125$(mm)

根数：$n=(5200-125\times2-50\times2)/150+1\approx34$(根)(逢小数进 1)

总长度：$6.125\times34=208.25$(m)

理论质量：$208.25\times0.617\approx128.490$(kg)

2. ③钢筋 ϕ10

单根长度：$L=2400+6.25\times10\times2=2525$(mm)

根数：$n=(5200-125\times2-50\times2)/150+1\approx34$(根)(逢小数进 1)

总长度：$2.525\times34=85.85$(m)

理论质量：$85.85\times0.617\approx52.969$(kg)

3. ④钢筋 ϕ10

单根长度：$L=250+1400-25+(120-15\times2)\times2=1805$(mm)

根数：$n=(6000-125\times2-50\times2)/200+1+(2600-125\times2-50\times2)/200+1\approx43$(根)(逢小数进 1)

总长度：$1.805\times43=77.615$(m)

理论质量：$77.615\times0.617\approx47.888$(kg)

4. ⑤钢筋 ϕ10

单根长度：$L=1400+250+1400+(120-15\times2)\times2=3230$(mm)

根数：$n=(6000-125\times2-50\times2)/180+1+(2600-125\times2-50\times2)/180+1\approx47$(根)(逢小数进 1)

总长度：$3230\times47=151.81$(m)

理论质量：151.81×0.617≈93.667(kg)

5. ⑥钢筋 ϕ10

单根长度：L=1600+250−25+(120−15×2)×2=2005(mm)

根数：n=(5200−125×2−50×2)/200+1≈26(根)(逢小数进1)

总长度：2.005×26=52.13(m)

理论质量：52.13×0.617≈32.164(kg)

6. ⑦钢筋 ϕ10

单根长度：L=1600+250×2+2600+1500+(120−15×2)×2=6380(mm)

根数：n=(5200−125×2−50×2)/200+1≈26(根)(逢小数进1)

总长度：6.38×26=165.88(m)

理论质量：165.88×0.617≈102.348(kg)

7. 理论质量小计

128.490+52.969+47.888+93.667+32.164+102.348=457.562(kg)≈0.458(t)

(三) 钢筋 ϕ6.5

1. 纵向分布钢筋ϕ6.5@300

L=5200−125×2−1400×2+40×6.5×2+6.25×6.5×2=2751.25(mm)

根数：n=[(1600−50)/300+1]×2=(5.1+1)×2≈14(根)(逢小数进1)

总长度：2.751×12=38.514(m)

理论质量：38.514×0.261≈10.052(kg)

2. Ⓐ~Ⓑ轴横向分布筋

L=6000−125×2−1600×2+40×6.5×2+6.25×6.5×2=3151.25(mm)

根数：n=[(1400−50)/300+1]×2≈12(根)(逢小数进1)

总长度：3.151×12=37.812(m)

理论质量：37.812×0.261≈9.869(kg)

3. Ⓑ~Ⓒ轴横向分布筋

L=2600−125×2+40×6.5×2+6.25×6.5×2=2951.25(mm)

根数：n=[(1400−50)/300+1]×2≈12(根)(逢小数进1)

总长度：2.951×12=35.412(m)

理论质量：35.412×0.261≈9.243(kg)

4. 理论质量小计

10.052+9.869+9.243=29.164(kg)≈0.029(t)

实例 1-16

【背景资料】

某框架结构建筑，一级抗震，其梁 KL1 平法施工图，如图 1-16 所示。

梁保护层厚度为 25mm，主筋采用闪光对焊。柱尺寸均为 600mm×600mm。

梁主筋采用弯锚时，锚固长度：max(0.4 l_{aE}，0.5h_c+5d)+15d。其中，h_c 为梁平行向支座宽度，l_{aE}=34d（d 为钢筋直径，单位为 mm）。

梁两端箍筋加密区起步距离为 50mm，箍筋单个弯钩增加长度按 12.89d 计算。计算箍筋数量时，逢小数进 1。

钢筋标准长度为 9m，钢筋理论质量：ϕ8 为 0.395kg/m，ϕ16 为 1.580kg/m，ϕ25 为 3.856kg/m，计算结果保留三位小数；其余项目计算结果保留两位小数。

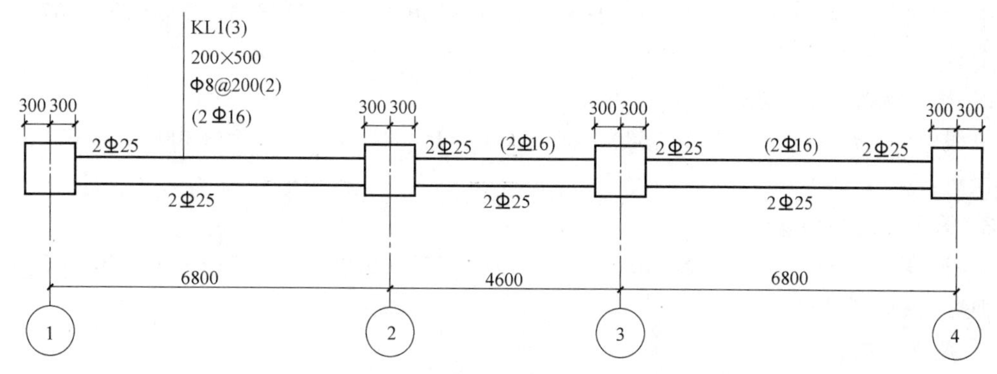

图 1-16 某框架结构建筑梁 KL1 平法施工图

【问题】

根据以上背景资料及现行国家标准《建设工程工程量清单计价规范》GB 50500、《房屋建筑与装饰工程工程量计算规范》GB 50854，试列出该框架结构梁 KL1 钢筋的分部分项工程量清单。

【参考答案】

（一）钢筋 ϕ25

采用弯锚时，锚固长度为 $\max(0.4\,l_{aE},\ 0.5h_c+5d)+15d$。

1. 支座 1 负筋 ϕ25

单根长度：$L=(6800-600)/3+300+5\times25+15\times25$

$=2066.67+800$

$=2866.67(\text{mm})$

根数：$n=2$（根）

2. 支座 2 负筋 ϕ25

单根长度：$L=(6800-600)/3\times2+600\approx4133.33+600=4733.33(\text{mm})$

根数：$n=2$（根）

3. 支座 3 负筋 ϕ25

单根长度：$L=(6800-600)/3\times2+600\approx4133.33+600=4733.33(\text{mm})$

根数：$n=2$（根）

4. 支座 4 负筋 ϕ25

单根长度：$L=(6800-600)/3+300+5\times25+15\times25\approx2066.67+800=2866.67(\text{mm})$

根数：$n=2$（根）

5. 负筋总长度

$L=2866.67\times2+4733.33\times2+4733.33\times2+2866.67\times2=30400(\text{mm})=30.4(\text{m})$

6. 负筋理论质量

$30.4\times3.856\approx117.222(\text{kg})\approx0.117(\text{t})$

(二) 钢筋 $\phi16$

架立筋与非贯通钢筋的搭接长度，按150mm计算。

1. 第一跨架立筋 $\phi16$

单根长度：$L=6800-600-2\times(6800-600)/3+2\times150\approx6200-4133.33+300=2366.67(mm)$

根数：$n=2$(根)

2. 第二跨架立筋 $\phi16$

单根长度：$L=4600-600-2\times(6800-600)/3+2\times150\approx4000-4133.33+300=166.67(mm)$

根数：$n=2$(根)

3. 第三跨架立筋 $\phi16$

单根长度：$L=6800-600-2\times(6800-600)/3+2\times150\approx6200-4133.33+300=2366.67(mm)$

根数：$n=2$(根)

4. 架立筋总长度

$L=2366.67\times2+166.67\times2+2366.67\times2=9800.02(mm)$

5. 架立筋理论质量

$9.80\times1.580\approx15.484(kg)\approx0.015(t)$

(三) 钢筋 $\phi25$

1. 梁上部通长钢筋 $\phi25$

单根长度：$L=(6800+4600+6800+300\times2-2\times25)+(300+5\times25)+15\times25$

$=18750+425+375$

$=19550(mm)$

根数：$n=2$(根)

梁上部通长钢筋总长度：$2\times19.55=39.10(m)$

梁上部通长钢筋理论质量：$39.10\times3.856\approx150.77(kg)=0.150(t)$

2. 梁下部钢筋

(1) 第一跨梁下部钢筋 $\phi25$：

单根长度：$L=6800-600+(300+5\times25)+15\times25+34\times25=7850(mm)$

根数：$n=2$ (根)

(2) 第二跨梁下部钢筋 $\phi25$：

单根长度：$L=4600-600+2\times34\times25=5700(mm)$

根数：$n=2$(根)

(3) 第三跨梁下部钢筋 $\phi25$：

单根长度：$L=6800-600+(300+5\times25)+15\times25+34\times25=7850(mm)$

根数：$n=2$(根)

(4) 梁下部钢筋总长度：

$L=7850\times2+5700\times2+7850\times2=42800(mm)$

(5) 梁下部钢筋理论质量：

$42.8\times3.856\approx165.037(kg)\approx0.165$ (t)

3. 梁上部通长钢筋和梁下部钢筋理论质量小计

$0.150+0.165=0.315(t)$

（四）箍筋 ϕ8

1. 箍筋长度 ϕ8

单根长度：$L=(200+500)\times2-8\times(25-8)+12.89\times8\times2\approx1470.24(mm)\approx1.470(m)$

2. 箍筋 ϕ8 数量

（1）第一跨：

$n=(6800-600-100)/200+1\approx32$(根)(逢小数进 1)

（2）第二跨：

$n=(4600-600-100)/200+1\approx21$(根)(逢小数进 1)

（3）第三跨：

$(6800-600-100)/200+1\approx32$(根)(逢小数进 1)

（4）箍筋数量小计：32+21+32=85(根)

3. 箍筋 ϕ8 质量

箍筋质量：$85\times1.470\times0.395\approx49.355(kg)\approx0.049(t)$

六、金属结构及木结构工程

实例 1-17

【背景资料】

某钢屋架如图 1-17 所示。

加工厂制作，运输到现场拼装、安装、超声波探伤，耐火极限为二级。

汽车起重机安装，安装高度 6m，采用普通螺栓连接。

各构件角钢计算时，∟50mm×6mm 理论质量为 4.465kg/m、∟70mm×8mm 理论质量为 8.373kg/m、∟75mm×8mm 理论质量为 9.030kg/m；连接板板厚为 8mm，其理论质量为 62.8kg/m^2。檩托∟50 mm×6 mm，长为 14mm，共计 12 个。

计算时，计算结果保留三位小数。

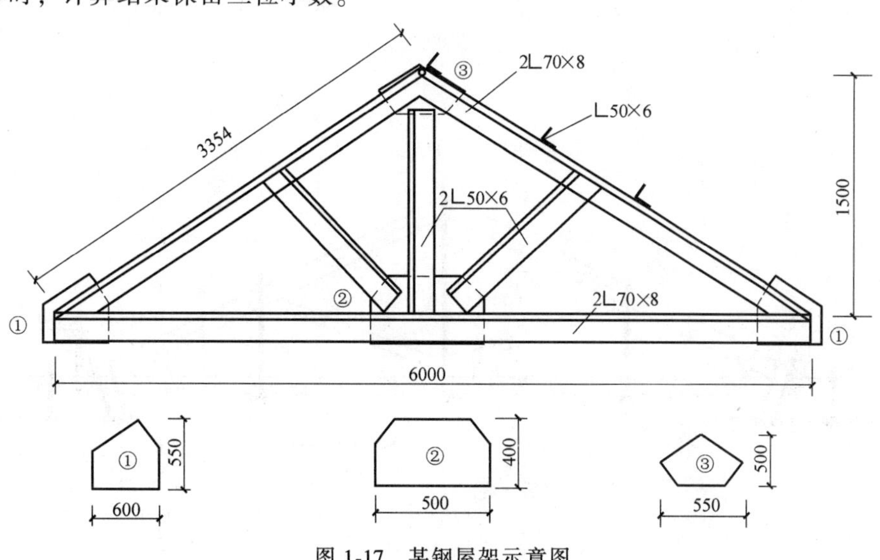

图 1-17 某钢屋架示意图

【问题】

根据以上背景资料及现行国家标准《建设工程工程量清单计价规范》GB 50500、《房屋建筑与装饰工程工程量计算规范》GB 50854，试计算该钢屋架的工程量。

【参考答案】

上弦质量：3. 354×2×2×8. 373 = 112. 332(kg)

下弦质量：6. 0×2×2×9. 030 = 216. 720(kg)

立杆质量：1. 50×2×4. 465 = 13. 395(kg)

斜撑质量：1. 4×2×2×4. 465 = 25. 004(kg)

连接板①质量：0. 6×0. 55×2×8×7. 85 = 41. 448(kg)

连接板②质量：0. 55×0. 50×8×7. 85 = 17. 270(kg)

连接板③质量：0. 50×0. 4×8×7. 85 = 12. 560(kg)

檩托质量：0. 14×12×4. 465 = 7. 501(kg)

质量小计：

G = 112. 332+216. 720+13. 395+25. 004+41. 448+17. 270+12. 560+7. 501 = 446. 230(kg)

实例 1-18

【背景资料】

图 1-18 为某方木屋架示意图，现场制作，不刨光，拉杆为 ϕ10 的圆钢，铁件刷防锈漆一遍，采用汽车起重机安装，安装高度 6m。计算结果保留三位小数。

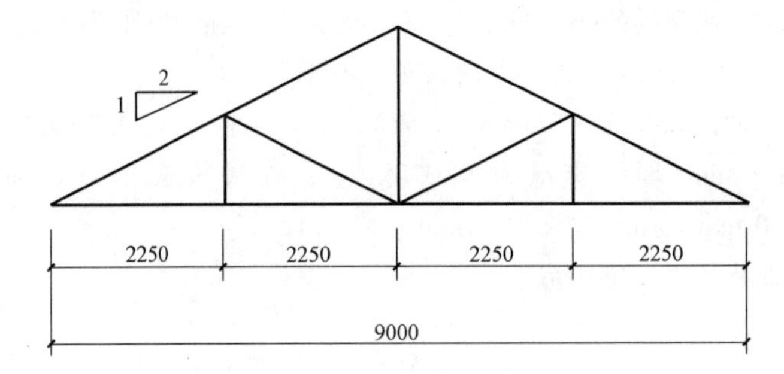

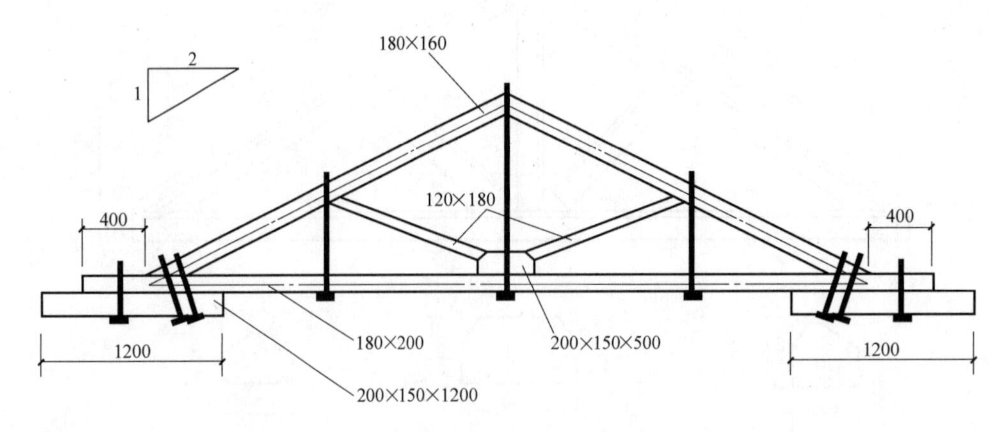

图 1-18　某方木屋架示意图

【问题】

根据以上背景资料及现行国家标准《建设工程工程量清单计价规范》GB 50500、《房屋建筑与装饰工程工程量计算规范》GB 50854，试计算该方木屋架（以 m^3 计量）的工程量。

【参考答案】

下弦杆：(9.0+0.4×2)×0.18×0.20≈0.353(m^3)

上弦杆：$(4.5×4.5+2.25×2.25)^{0.5}$×0.18×0.16×2≈0.290($m^3$)

斜撑：$(2.25×2.25+2.25/2×2.25/2)^{0.5}$×0.12×0.18×2≈2.516×0.12×0.18×2≈0.109(m^3)

托木：0.2×0.15×0.5=0.015(m^3)

挑檐垫木：0.2×0.15×1.2×2=0.072(m^3)

小计：0.353+0.290+0.109+0.015+0.072=0.839(m^3)

七、屋面及防水工程

实例 1-19

【背景资料】

图 1-19 为某砖混结构屋面平面图。屋面做法为 1∶3 水泥砂浆铺水泥彩瓦（规格：420mm×330mm）、脊瓦（规格：285mm×225mm×80mm），规格为 25mm×35mm 的水泥砂浆粉挂瓦条间距 155mm，20mm 厚 1∶3 水泥砂浆找平，在找平层上刷冷底子油，加热烤铺，贴 3mm 厚 SBS 改性沥青防水卷材一道，C30 混凝土有梁板斜屋面，板厚 80mm，板底抹混合砂浆，刷 108 涂料两遍。

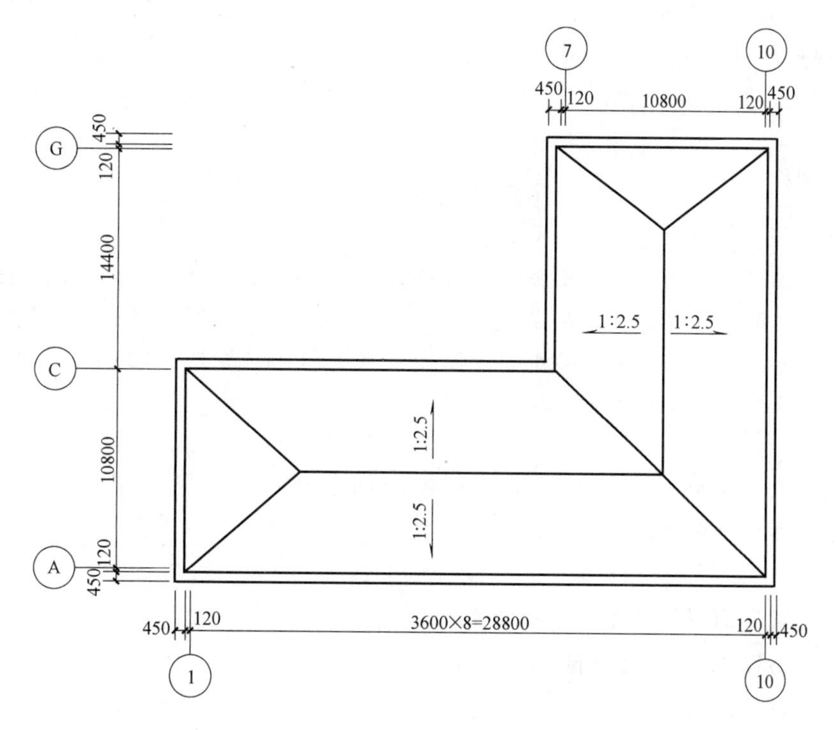

图 1-19　某砖混结构屋面平面图

计算说明：

1. 计算时，延尺系数 C 为1.077。

2. 坡屋面面积计算公式

$$S_{坡}=S_{投影}\times C$$

式中　$S_{坡}$——坡屋面图示尺寸斜面积之和（m^2）；

$S_{投影}$——坡屋面图示投影面积之和（m^2）；

C——延尺系数。

3. 计算时，不考虑防水卷材反边。

4. 计算结果保留两位小数。

【问题】

根据以上背景资料及现行国家标准《建设工程工程量清单计价规范》GB 50500、《房屋建筑与装饰工程工程量计算规范》GB 50854，试计算该屋面瓦屋面、砂浆找平层和卷材防水的工程量。

【参考答案】

（一）瓦屋面

$S_{投影}=(10.8+0.12\times2)\times(28.8+0.12\times2)+(10.8+0.12\times2)\times(14.4+0.12\times2)$

$=11.04\times29.04+11.04\times14.64$

$\approx482.23(m^2)$

$S_{坡}=482.23\times1.077\approx519.36(m^2)$

（二）屋面砂浆找平层

$S_{砂浆找平层}=S_{坡}=519.36(m^2)$

（三）屋面卷材防水

$S_{卷材防水}=S_{坡}=519.36(m^2)$

实例 1-20

【背景资料】

图1-20为某建筑双坡屋面平面图及剖面图。屋面分层做法为C10钢筋混凝土屋面板上20mm厚1∶3水泥砂浆找平层，在找平层上刷冷底子油，加热烤铺，贴3mm厚SBS改性沥青防水卷材一道，杉木挂瓦条、顺水条木基层，水泥彩瓦（规格：424mm×337mm）屋面，设计彩瓦铺设四周挑出屋面板外每边50mm。

计算说明：

1. 屋面坡度为0.45∶1，其延尺系数 C 为1.0966。

2. 坡屋面面积计算公式

$$S_{坡}=S_{投影}\times C$$

式中　$S_{坡}$——坡屋面图示尺寸斜面积之和（m^2）；

$S_{投影}$——坡屋面图示投影面积之和（m^2）；

C——延尺系数。

3. 墙厚为240mm，轴线居中布置。

4. 计算结果保留两位小数。

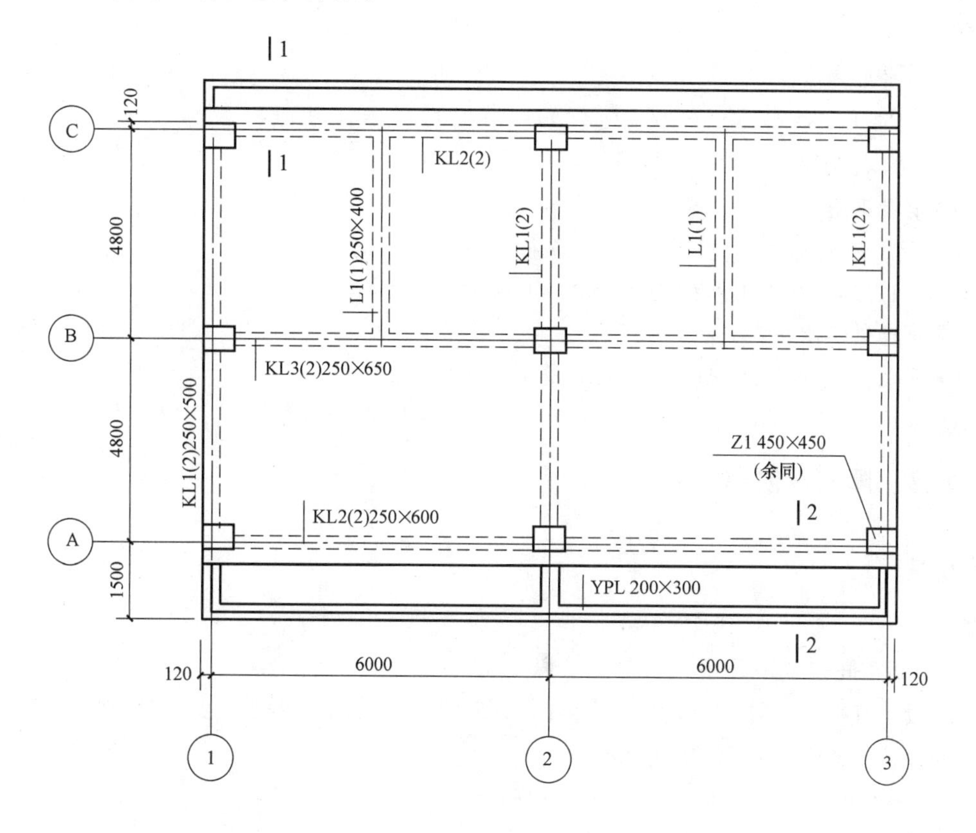

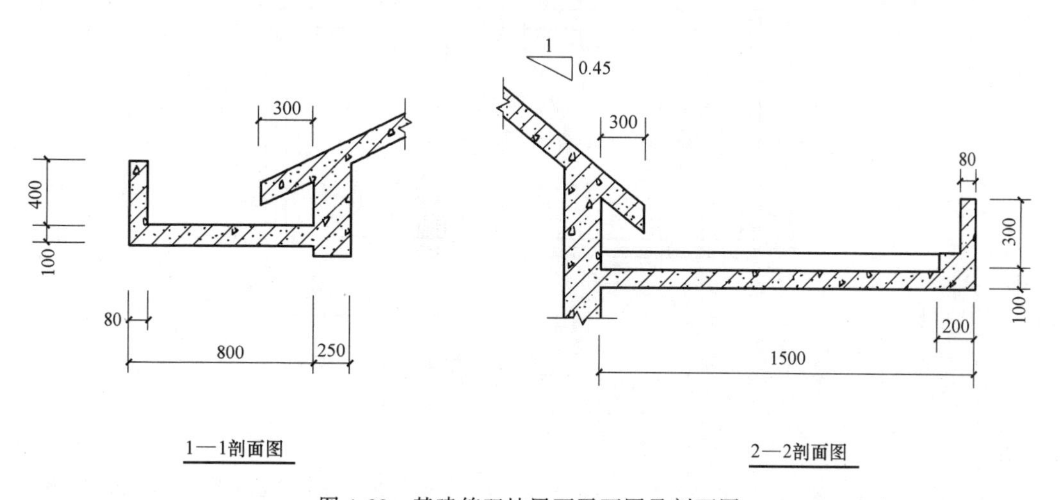

图 1-20　某建筑双坡屋面平面图及剖面图

【问题】

根据以上背景资料及现行国家标准《建设工程工程量清单计价规范》GB 50500、《房屋建筑与装饰工程工程量计算规范》GB 50854，试计算该屋面瓦屋面、找平层及卷材防水的工程量。

【参考答案】

(一) 水泥彩瓦屋面

$S_{投影}=(12.24+0.05\times2)\times(9.6+0.12\times2+0.3\times2+0.05\times2)\approx130.064(m^2)$

$S_{坡}=130.064\times1.0966\approx142.63(m^2)$

(二) 砂浆找平层

砂浆找平层不计入彩瓦铺设四周挑出屋面板外每边 50mm。

$S_{砂浆找平层}=12.24\times(9.6+0.12\times2+0.3\times2)\times1.0966\approx140.13(m^2)$

(三) 屋面卷材防水

屋面卷材防水不计入彩瓦铺设四周挑出屋面板外每边 50mm。

$S_{屋面卷材防水}=12.24\times(9.6+0.12\times2+0.3\times2)\times1.0966\approx140.13(m^2)$

八、保温、隔热、防腐工程

实例 1-21

【背景资料】

图 1-21 为某车间建筑平面图。

地面做水泥：砂子：聚丙烯酸酯乳液 = 1 ∶ 1.5 ∶ 0.25 的丙乳砂浆防腐面层和踢脚线，厚度均为 20mm 厚，踢脚线高度为 200mm。

墙厚均为 240mm，轴线居中布置，内、外墙门洞侧边不做踢脚线。

计算结果保留两位小数。

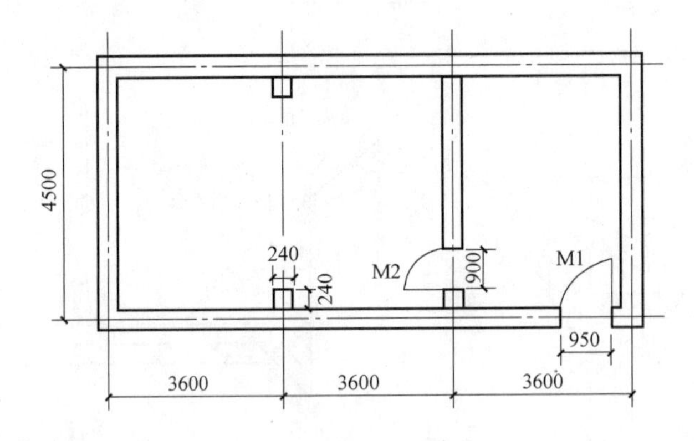

图 1-21　某车间建筑平面图

【问题】

根据以上背景资料及现行国家标准《建设工程工程量清单计价规范》GB 50500、《房屋建筑与装饰工程工程量计算规范》GB 50854，试计算该车间防腐面层及踢脚线的工程量。

【参考答案】

平面防腐面层计算时应扣除面积 > $0.3m^2$ 孔洞、柱、垛等所占面积，门洞、空圈、暖气包槽、壁龛的开口部分不增加面积。

（一）防腐砂浆面层

$S_{砂浆面层}=(3.6\times3-0.12\times2)\times(4.5-0.12\times2)-0.24\times0.24\times3-0.24\times(4.5-0.12\times2-0.24-0.9)\approx44.06(m^2)$

（二）丙乳砂浆踢脚线

$L_{踢脚线}=(3.6\times3-0.12\times2)\times2+(4.5-0.12\times2)\times2-0.95+0.24\times6+(4.5-0.12\times2-0.24-0.9)\times2=36.37(m)$

实例 1-22

【背景资料】

图 1-22 为某建筑平面图。

层高 3.9m，平屋面板厚 100mm，内外墙厚 240mm，墙轴线居中布置。

外墙保温做法：基层表面清理；刷 5mm 厚界面砂浆；刷 30mm 厚胶粉聚苯颗粒；门窗边做保温，宽度为 120mm。

门窗沿墙轴线居中布置，M1 尺寸为 1200mm×2400mm、M2 尺寸为 900mm×2400mm、C1 尺寸为 1200mm×1800mm 、C2 尺寸为 2100mm×1800mm。

计算结果保留两位小数。

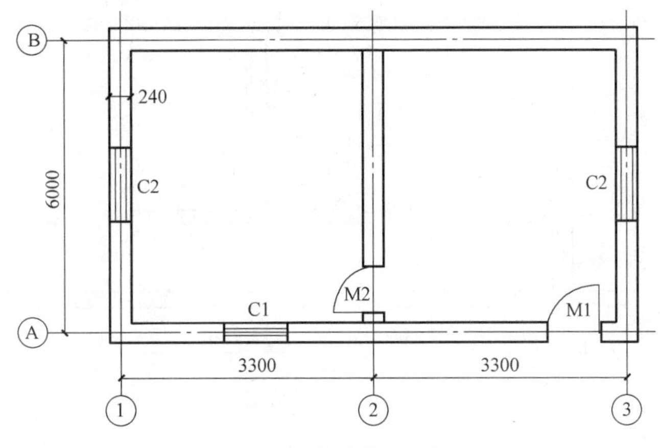

图 1-22 某建筑平面图

【问题】

根据以上背景资料及现行国家标准《建设工程工程量清单计价规范》GB 50500、《房屋建筑与装饰工程工程量计算规范》GB 50854，试计算外墙外保温的工程量。

【参考答案】

1. 外墙面

$S_{外墙面}=[(6.6+0.24)+(6.0+0.24)]\times2\times(3.90-0.10)-(1.2\times2.4+1.2\times1.8+2.1\times1.8\times2)$

$=13.08\times2\times3.80-12.6$

$\approx86.81(m^2)$

2. 门窗侧边

$S_{门窗侧边}=[(2.4\times2+1.2)+(1.2+1.8)\times2+(2.1+1.8)\times2\times2]\times0.12$

$=27.6\times0.12$

$\approx3.31(m^2)$

3. 小计

$S=86.81+3.31=90.12(m^2)$

九、拆除工程及措施项目

实例 1-23

【背景资料】

某建筑物采用双坡水泥彩瓦屋面，其平面图及剖面图，如图 1-23 所示。

工程地面（包括室外平台、C15 混凝土台阶）、室内踢脚线（高 150mm）均为 1∶3 水

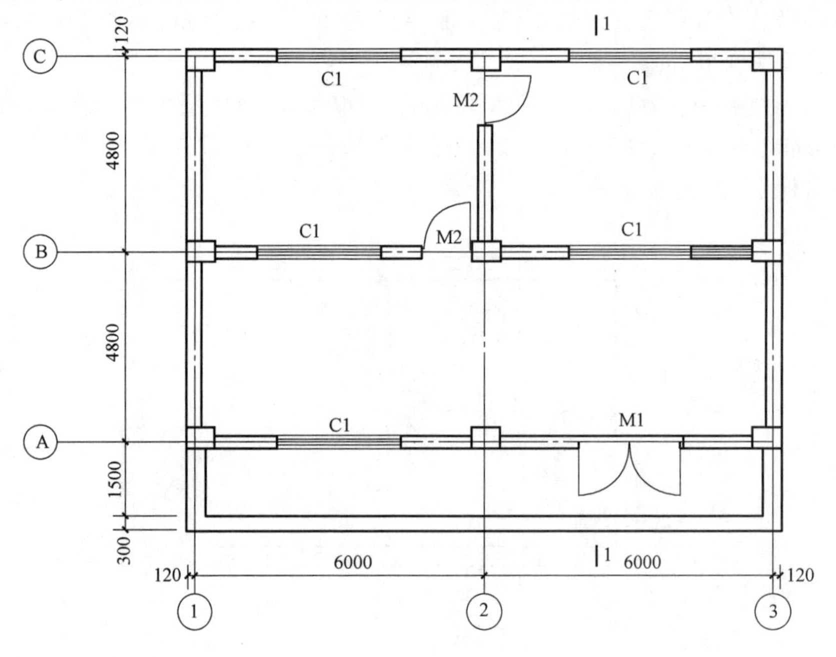

建筑平面图

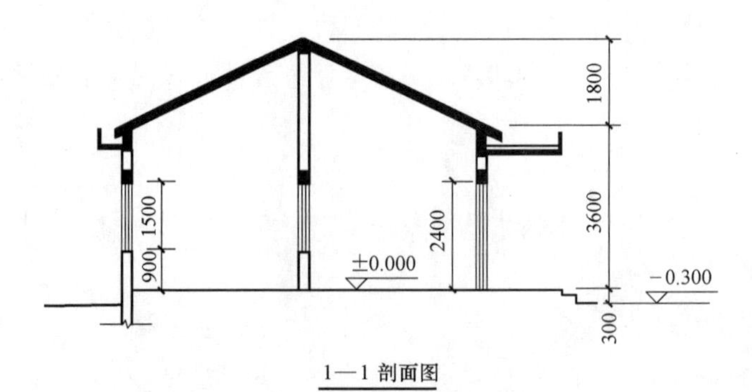

1—1 剖面图

图 1-23 某建筑物平面图及剖面图

泥砂浆面层。

室内砖墙及柱面1∶1∶6混合砂浆打底，纸筋灰抹面。

内外墙均为240mm，轴线居中布置；柱截面尺寸均为450mm×450mm。

门窗洞口尺寸：C1为2100mm×1500mm；M1为1800mm×2400mm；M2为1000mm×2400mm。

计算结果保留两位小数。

【问题】

根据以上背景资料及现行国家标准《建设工程工程量清单计价规范》GB 50500、《房屋建筑与装饰工程工程量计算规范》GB 50854，试计算该工程平面抹灰层（含室内地面、室外平台、室外台阶）、内墙柱面抹灰层（含内墙、柱、踢脚线）拆除及门窗拆除的工程量。

【参考答案】

（一）室内地面平面抹灰层拆除

室内地面水泥砂浆面层：$S=(12-0.24+10-0.24\times2)\times(4.8-0.24)\approx97.04(m^2)$

（二）室外平台平面抹灰层拆除

室外平台水泥砂浆面层：$S=(12.24-0.3\times4)\times(1.5-0.12-0.3)\approx11.92(m^2)$

（三）室外台阶平面抹灰层拆除

台阶水泥砂浆面层：$S=8.64+(12.24+1.8\times2-0.12\times2+12.24-0.3\times2+1.5\times2-0.12\times2)\times0.15=13.14(m^2)$

（四）立面抹灰层拆除

1. 水泥砂浆踢脚线

$L=(9.6-0.24\times2+4.8-0.24+12-0.24+12-0.24\times2)\times2=73.92(m)$

2. 室内墙、柱面1∶1∶6混合砂浆打底，纸筋灰抹面（方法一）

（1）3.6m以下：

$S_1=73.92\times(3.6-0.1)=258.72(m^2)$

（2）3.6m以上：

$S_2=(4.8-0.24)\times6\times1.80/2+[12-0.24+(6-0.24)\times2]\times1.80$

$=24.62+23.28\times1.80$

$\approx66.52(m^2)$

（3）②轴柱凸出增加：

$S_3=(0.45/2-0.12)\times2\times(3.6+1.80-0.1)+(0.45-0.24)\times2\times(3.6-0.1)\approx1.11+1.47=2.58(m^2)$

（4）应扣除门窗洞口：

$S_4=2.1\times1.5\times5+1\times2.1\times2+1.8\times2.4=24.27(m^2)$

（5）小计：

$S=S_1+S_2+S_3-S_4=258.72+66.52+2.58-24.27=303.55(m^2)$

3. 室内墙、柱面1∶1∶6混合砂浆打底，纸筋灰抹面（方法二）

（1）Ⓐ、Ⓒ轴：

$S_1 = [(12-0.24+0.45\times2-0.24\times2)+(12-0.24\times2)]\times(3.6-0.1)-2.1\times1.5\times3-1.8\times2.4$
$= 23.7\times3.5-9.45-4.32$
$= 69.18(m^2)$

（2）Ⓑ轴：

$S_2 = [(12-0.24)\times2-0.24+(0.45/2-0.12)\times2]\times(3.6+1.8-0.1)-1\times2.1-2.1\times1.5\times2$
$= 23.49\times5.3-8.4$
$\approx 116.10(m^2)$

（3）①、③轴：

$S_3 = (9.6-0.24\times2)\times2\times(3.6+1.8/2-0.1)\approx 80.26(m^2)$

（4）②轴：

$S_4 = (4.8-0.24)\times2\times(3.6+1.8/2-0.1)-1\times2.1\approx 38.03(m^2)$

（5）小计：

$S = S_1+S_2+S_3+S_4 = 69.18+116.10+80.26+38.03 = 303.57(m^2)$

（五）金属窗拆除 C1

$S_{C1} = 2.1\times1.5\times5 = 15.75(m^2)$

（六）金属门拆除 M1

$S_{M1} = 1.8\times2.4+1.0\times2.4 = 6.72(m^2)$

实例 1-24

【背景资料】

某现浇混凝土框架结构建筑平面图及剖面图，如图 1-24~图 1-26 所示。

外墙为 370mm 厚多孔砖，内墙为 240mm 厚多孔砖（内墙轴线为墙中心线），柱截面尺寸为 370mm × 370mm（除已标明的外，柱轴线为柱中心线），板厚为 100mm，梁高为 600mm。

坡屋面顶板下表面至楼面净高的最大值为 4.35m，坡屋面为坡度 1∶2 的两坡屋面。

雨篷采用钢网架雨篷，另行设计安装，此处不计算。

山墙外墙脚手架算至山尖 1/2 处。

采用满堂脚手架时，室内柱、梁、墙面及板底均做抹灰一并计算，不再重复计取。

计算结果保留两位小数。

【问题】

根据以上背景资料及现行国家标准《建设工程工程量清单计价规范》GB 50500、《房屋建筑与装饰工程工程量计算规范》GB 50854，试计算内外墙砌筑脚手架，一层、二层抹灰脚手架的工程量。

【参考答案】

（一）砌筑脚手架

1. 外墙砌筑脚手架

$S_{外墙砌筑} = (21.8+12.5)\times2\times(9.60+0.60)+(12.85-9.6)/2\times2\times12.5\approx 740.35(m^2)$

2. 外墙抹灰脚手架

外墙砌筑脚手架已包含外墙外侧面的抹灰脚手架费用，故外墙抹灰脚手架不另计算。

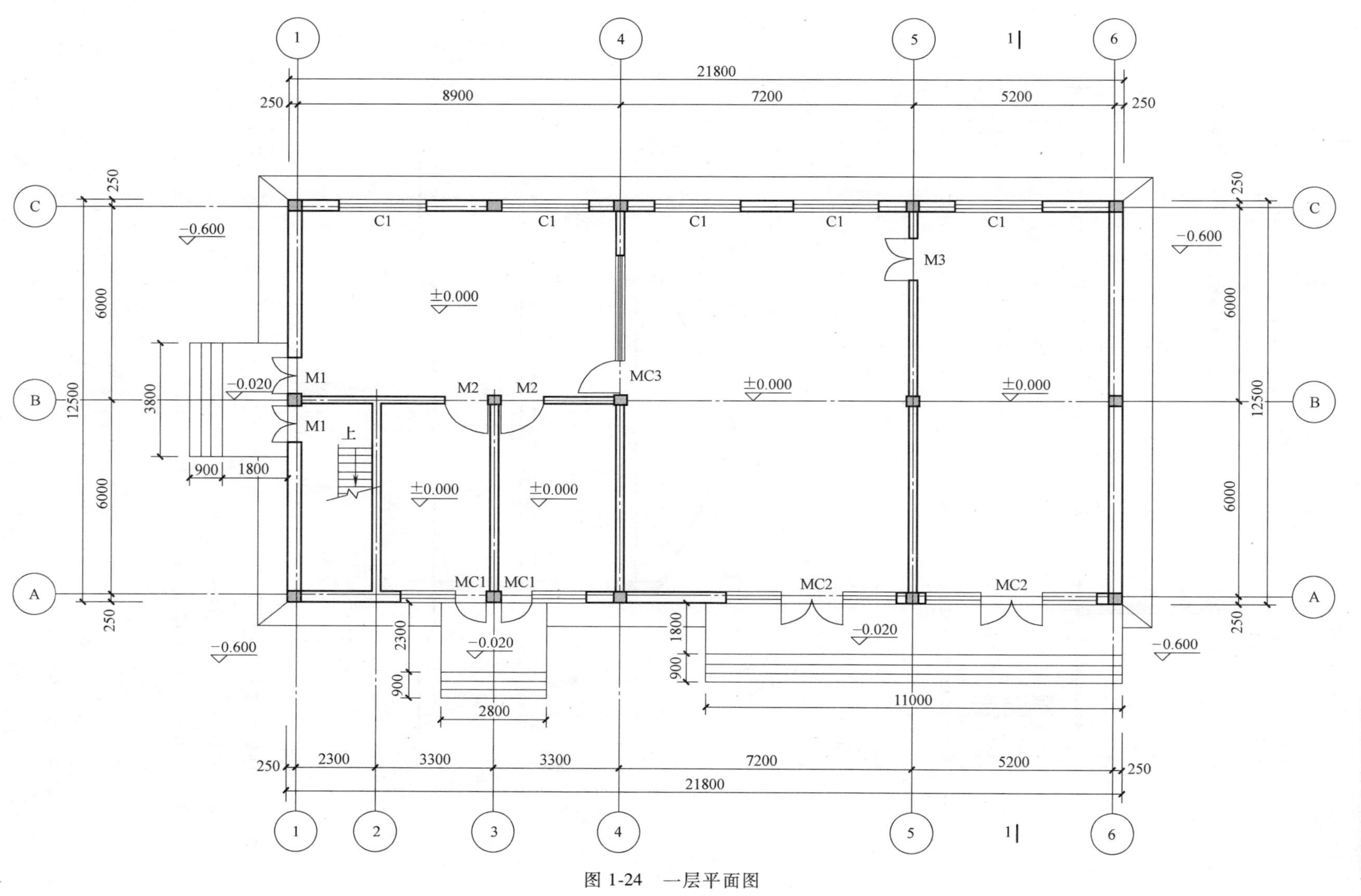
1
4
5
6
2
3
A
B
C
21800
8900
7200
5200
250
12500
6000
3800
900
1800
2300
3300
2800
11000
C1
M1
M2
M3
MC1
MC2
MC3
上
±0.000
−0.020
−0.600

图 1-24　一层平面图

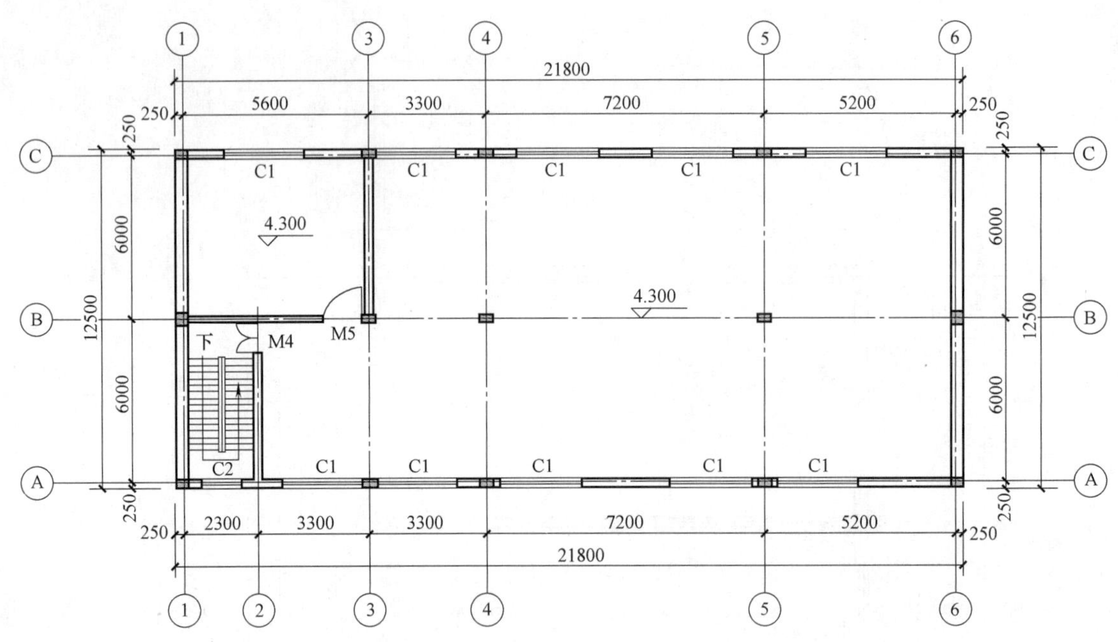

图 1-25　二层平面图

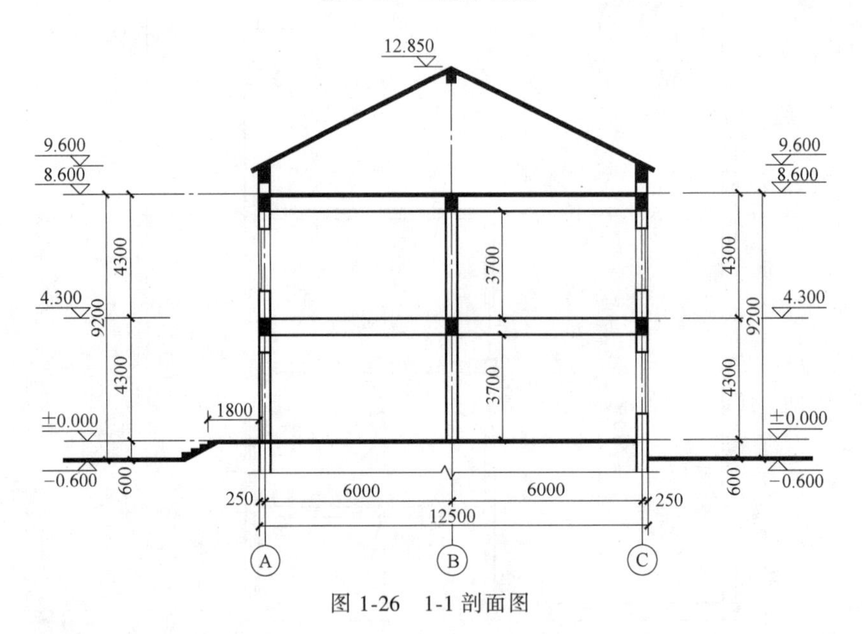

图 1-26　1-1 剖面图

3. 一层内墙砌筑脚手架

②轴：$(6.0-0.24)\times(4.3-0.1)\approx24.19(m^2)$

③轴：$(6.0-0.185-0.12)\times(4.3-0.6)\approx21.07(m^2)$

④、⑤轴：$(12.0-0.37-0.24)\times(4.3-0.6)\times2\approx84.29(m^2)$

Ⓑ轴：$(8.9-0.12-0.37-0.185)\times(4.3-0.6)\approx30.43(m^2)$

小计：$S_{一层内墙}=24.19+21.07+84.29+30.43=159.98(m^2)$

4. 二层内墙砌筑脚手架

② 轴：$(6.0-0.24)\times(4.3-0.1)\approx24.19\ (m^2)$

③ 轴：(6.0−0.185−0.12)×(4.3−0.6)≈21.07（m²）

Ⓑ 轴：(5.6−0.12−0.185)×(4.3−0.6)≈19.59（m²）

小计：$S_{二层内墙}=24.19+21.07+19.59=64.85$（m²）

（二）抹灰脚手架

1. 一层抹灰脚手架

室内净高超过3.60m，应计算满堂脚手架。

①~④/Ⓑ~Ⓒ轴：

(8.9−0.24)×(6.0−0.24)≈49.88(m²)

①~④/Ⓐ~Ⓑ轴：

(2.3−0.24+3.3−0.24+3.3−0.24)×(6.0−0.24)≈47.12(m²)

④~⑤/Ⓐ~Ⓒ轴：

(7.2−0.24)×(12.0−0.24)≈81.85(m²)

⑤~⑥/Ⓐ~Ⓒ轴：

(5.2−0.24)×(12.0−0.24)≈58.33(m²)

小计：

$S_{一层抹灰}=49.88+47.12+81.85+58.33=237.18$(m²)

2. 二层抹灰脚手架

室内净高超过3.60m，应计算满堂脚手架。

①~③/Ⓑ~Ⓒ轴：

(5.6−0.24)×(6.0−0.24)≈30.87(m²)

①~②/Ⓐ~Ⓑ轴：

(2.3−0.24)×(6.0−0.24)≈11.87(m²)

②~⑥/Ⓐ~Ⓑ轴：

(19.0−0.24)×(6.00−0.24)≈108.06(m²)

③~⑥/Ⓑ~Ⓒ轴：

(15.7−0.24)×(6.0−0.24)=89.05(m²)

小计：$S_{二层抹灰}=30.87+11.87+108.06+89.05=239.85$（m²）

（三）合计

$S_{脚手架}=740.35+159.98+64.85+237.18+239.85=1442.21$（m²）

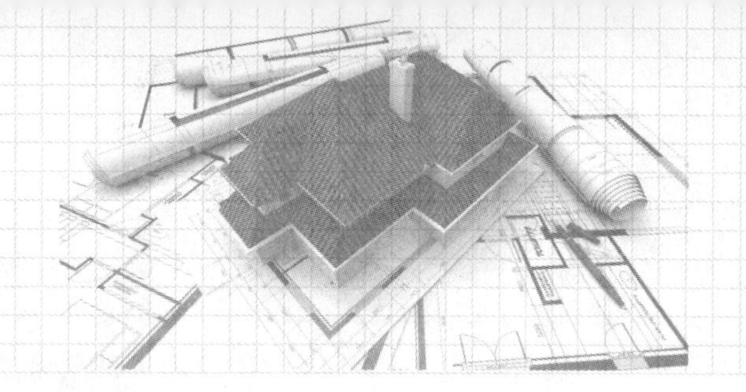

第二天

招标工程量清单的编制及实例

第一节　工程量清单基础

一、基本原理及适用范围

1. 基本原理

工程量清单计价的基本原理：按照工程量清单计价规范规定，在各相应专业工程工程量计算规范规定的工程量清单项目设置和工程量计算规则基础上，针对具体工程的施工图纸和施工组织设计计算出各个清单项目的工程量，根据规定的方法计算出综合单价，并汇总各清单合价得出工程总价。

2. 适用范围

清单计价规范适用于建设工程发承包及其实施阶段的计价活动。使用国有资金投资的建设工程发承包，必须采用工程量清单计价；非国有资金投资的建设工程，宜采用工程量清单计价；不采用工程量清单计价的建设工程，应执行计价规范中除工程量清单等专门性规定外的其他规定。

国有资金投资的项目包括全部使用国有资金（含国家融资资金）投资或以国有资金投资为主的工程建设项目。

（1）国有资金投资的工程建设项目：

1）使用各级财政预算资金的项目。

2）使用纳入财政管理的各种政府性专项建设资金的项目。

3）使用国有企事业单位自有资金，并且国有资产投资者实际拥有控制权的项目。

（2）国家融资资金投资的工程建设项目：

1）使用国家发行债券所筹资金的项目。

2）使用国家对外借款或者担保所筹资金的项目。

3）使用国家政策性贷款的项目。

4）国家授权投资主体融资的项目。

5）国家特许的融资项目。

（3）以国有资金（含国家融资资金）为主的工程建设项目是指国有资金占投资总额50%以上，或虽不足50%但国有投资者实质上拥有控股权的工程建设项目。

二、工程量清单的编制程序

工程量清单的编制程序如图2-1所示。

三、分部分项工程项目清单

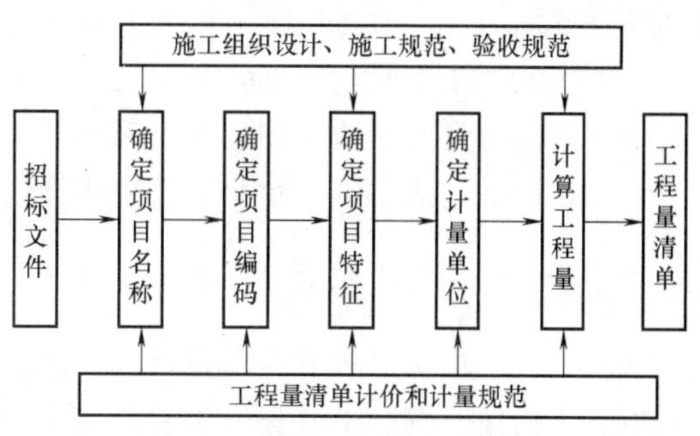

图 2-1　工程量清单的编制程序

分部分项工程是“分部工程”和“分项工程”的总称。“分部工程”是单位工程的组成部分，是按结构部位、路段长度及施工特点或施工任务将单位工程划分为若干分部的工程。“分项工程”是分部工程的组成部分，是按不同施工方法、材料、工序及路段长度等分部工程划分为若干个分项或项目的工程。

分部分项工程项目清单必须载明项目编码、项目名称、项目特征、计量单位和工程量。分部分项工程项目清单必须根据各专业工程工程量计算规范规定的项目编码、项目名称、项目特征、计量单位和工程量计算规则进行编制。其格式见表 2-1，在分部分项工程项目清单的编制过程中，由招标人负责前六项内容填列，金额部分在编制招标控制价或投标报价时填列。

表 2-1　分部分项工程和单价措施项目清单与计价表

工程名称：　　　　　　　　　　　　标段：　　　　　　　　　　　　第　页共　页

序号	项目编码	项目名称	项目特征	计量单位	工程量	金额(元)		
						综合单价	合价	其中：暂估价

注：为计取规费等的使用，可在表中增设“定额人工费”。

四、措施项目清单

措施项目是指为完成工程项目施工，发生于该工程施工准备和施工过程中的技术、生活、安全、环境保护等方面的项目。

措施项目清单应根据相关专业现行工程量计算规范的规定编制，并应根据拟建工程的实际情况列项。例如，现行国家标准《房屋建筑与装饰工程工程量计算规范》GB 50854 中规定的措施项目，包括脚手架工程，混凝土模板及支架（撑），超高施工增加，垂直运输，大型机械设备进出场及安拆，施工排水、施工降水，安全文明施工及其他措施项目。

五、其他项目清单

其他项目清单是指除分部分项工程项目清单、措施项目清单所包含的内容以外，因招标人的特殊要求而发生的与拟建工程有关的其他费用项目和相应数量的清单。工程建设标准的高低、工程的复杂程度、工程的工期长短、工程的组成内容、发包人对工程管理的要求等都直接影响其他项目清单的具体内容。其他项目清单包括暂列金额，暂估价（包括材料暂估单价、工程设备暂估单价、专业工程暂估价），计日工，总承包服务费。

六、规费、税金项目清单

规费项目清单应按照下列内容列项：社会保险费，包括养老保险费、失业保险费、医疗保险费、工伤保险费、生育保险费；住房公积金；工程排污费；出现计价规范中未列的项目，应根据省级政府或省级有关权力部门的规定列项。

税金项目清单应包括增值税。出现计价规范未列的项目，应根据税务部门的规定列项。

第二节　招标工程量清单的编制

招标工程量清单是招标人依据国家标准、招标文件、设计文件以及施工现场实际情况编制的，随招标文件发布供投标报价的工程量清单，包括对其的说明和表格。编制招标工程量清单，应充分体现“量价分离”的“风险分担”原则。招标阶段，由招标人或其委托的工程造价咨询人根据工程项目设计文件，编制出招标工程项目的工程量清单，并将其作为招标文件的组成部分。招标人对工程量清单中各分部分项工程或适合以分部分项工程项目清单设置的措施项目的工程量的准确性和完整性负责；投标人应结合企业自身实际、参考市场有关价格信息完成清单项目工程的组合报价，并对其承担风险。

一、编制依据

招标工程量清单编制的编制依据如下：

（1）现行国家标准《建设工程工程量清单计价规范》GB 50500 以及各专业工程量计算规范等。

（2）国家或省级、行业建设主管部门颁发的计价定额和办法。

（3）建设工程设计文件及相关资料。

（4）与建设工程有关的标准、规范、技术资料。

（5）拟定的招标文件。

（6）施工现场情况、地勘水文资料、工程特点及常规施工方案。

（7）其他相关资料。

二、编制内容

1. 分部分项工程项目清单编制

分部分项工程项目清单所反映的是拟建工程分部分项工程项目名称和相应数量的明细清单，招标人负责包括项目编码、项目名称、项目特征、计量单位和工程量在内的 5 项内容，其各自的编制要求见表 2-2。

表 2-2 分部分项工程项目清单编制

组成要件	编制要求	备注
项目编码	五级十二位编码,分别为专业工程代码、附录分类顺序码、分部工程顺序码、分项工程项目名称顺序码和清单项目名称顺序码,其中清单项目名称顺序码由招标人自行编制	当同一标段(或合同段)的一份工程量清单中含有多个单位工程且工程量清单是以单位工程为编制对象时,在编制工程量清单时应特别注意对项目编码十至十二位的设置不得有重码的规定
项目名称	按各专业工程计量规范附录的项目名称结合拟建工程的实际确定	各专业工程计量规范中的分项工程项目名称如有缺陷,招标人可作补充,并报当地工程造价管理机构(省级)备案
项目特征	是构成分部分项工程项目、措施项目自身价值的本质特征。按各专业工程计量规范附录中规定的项目特征,结合技术规范、标准图集、施工图纸、按照工程结构、使用材质及规格或安装位置等,予以详细而准确的表述和说明	在编制分部分项工程量清单时,工程内容通常无须描述; 若采用标准图集或施工图纸能够全部或部分满足项目特征描述的要求,项目特征描述可直接采用"详见××图集"或"××图号"的方式。对不能满足项目特征描述要求的部分,仍应用文字描述
计量单位	除各专业另有特殊规定外,应采用基本单位	当计量单位有两个或两个以上时,应根据所编工程量清单项目的特征要求,选择最适宜表现该项目特征并方便计量的单位
工程量计算	根据工程量清单计价与各专业工程计量规范的规定,工程量计算规则可以分为房屋建筑与装饰工程、仿古建筑工程、通用安装工程、市政工程、园林绿化工程、矿山工程、构筑物工程、城市轨道交通工程、爆破工程九大类	所有清单项目的工程量以实体工程量为准,并以完成后的净值计算。投标人在投标报价时,应在单价中考虑施工中的各种损耗和需要增加的工程量

注:补充项目的编码由工程量计算规范的代码与 B 和三位阿拉伯数字组成,并应从 001 起顺序编制。

2. 措施项目清单编制

措施项目清单是指为完成工程项目施工,发生于该工程施工准备和施工过程中的技术、生活、安全、环境保护等方面的项目清单。

措施项目清单的编制依据主要包括:①施工现场情况、地勘水文资料、工程特点;②常规施工方案;③与建设工程有关的标准、规范、技术资料;④拟定的招标文件;⑤建设工程设计文件及相关资料。

措施项目清单的编制需要考虑多种因素,除工程本身的因素外,还涉及水文、气象、环境、安全等因素。措施项目清单应根据拟建工程的实际情况列项,若出现现行国家标准《建设工程工程量清单计价规范》GB 50500 中未列的项目,可根据工程实际情况补充。项目清单的设置要考虑拟建工程的施工组织设计,施工技术方案,相关的施工规范与施工验收规范,招标文件中提出的某些必须通过一定的技术措施才能实现的要求,设计文件中一些不足以写进技术方案的但是要通过一定的技术措施才能实现的内容。

如表 2-3 所示,某些可以精确计算工程量的措施项目可采用与分部分项工程项目清单编制相同的方式,汇总编制"分部分项工程和单价措施项目清单与计价表"。而不宜计算工程量的措施项目,如安全文明施工、冬雨期施工、已完工程设备保护等,应编制"总价措施项目清单与计价表"。

表 2-3　措施项目清单的编制

措施项目类别	清单标准格式	包括内容
可以计算工程量的项目	宜采用分部分项工程量清单的方式编制	脚手架工程，混凝土模板及支架（撑），垂直运输，超高施工增加，大型机械设备进出场及安拆，施工排水、降水等
不宜计算工程量的项目	以“项”为计量单位，按总价措施项目清单进行编制	安全文明施工费，夜间施工，非夜间施工照明，二次搬运，冬雨期施工，地上、地下设施，建筑物的临时保护设施，已完工程及设备保护等

3. 其他项目清单的编制

其他项目清单是应招标人的特殊要求而发生的与拟建工程有关的其他费用项目和相应数量的清单，其名称、适用范围及编写责任划分见表 2-4。工程建设标准的高低、工程的复杂程度、工程的工期长短、工程的组成内容、发包人对工程管理要求等都直接影响到其具体内容。当出现未包含在表格中内容的项目时，可根据实际情况进行补充。

表 2-4　其他项目清单的编制

其他项目费名称		适用范围	编写责任划分
暂列金额		用于工程合同签订时尚未确定或者不可预见的所需材料、工程设备、服务的采购，施工中可能发生的工程变更、合同约定调整因素出现时的合同价款调整以及发生的索赔、现场签证确认等的费用	由招标人确定，如不能详列，也可只列暂定金额总额，投标人应将上述暂列金额计入投标总价中
暂估价	材料暂估价、工程设备暂估价、专业工程暂估价	招标人在工程量清单中提供的用于支付必然发生但暂时不能确定价格的材料、工程设备的单价以及专业工程的金额	由招标人确定，投标人应将上述暂估价计入投标报价中
计日工		适用于零星项目或工作，一般是指合同约定之外的或者因变更而产生的、工程量清单中没有相应项目的额外工作，尤其是那些难以事先商定价格的额外工作	项目名称、数量由招标人确定，编制招标控制价时，单价由招标人按有关规定确定；投标时，单价由投标人自主报价，计入投标总价中。结算时，按发承包双方确认的实际数量计算合价
总承包服务费		总承包人为配合协调发包人进行的专业工程发包，对发包人自行采购的材料、工程设备等进行保管以及施工现场管理、竣工资料汇总整理等服务所需的费用	项目名称、服务内容由招标人确定，编制招标控制价时，费率及金额由招标人按有关计价规定确定；投标时，费率及金额由投标人自主报价，计入投标总价中

注：1. 需要纳入分部分项工程量清单项目综合单价中的暂估价应只是材料、工程设备暂估单价，以方便投标人组价。
2. 专业工程暂估价一般应是综合暂估价，包括人工费、材料费、施工机具使用费、企业管理费和利润，不包括规费和税金。

4. 规费、税金项目清单的编制

规费、税金项目清单应按照规定的内容列项，当出现规范中没有的项目，应根据省级政府或有关部门的规定列项。税金项目清单除规定的内容外，如国家税法发生变化或增加税种，应对税金项目清单进行补充。规费、税金的计算基础和费率均应按国家或地方相关部门的规定执行。

5. 工程量清单总说明的编制

工程量清单编制总说明包括以下几方面内容：

（1）工程概况。工程概况中要对建设规模、工程特征、计划工期、施工现场实际情况、自然地理条件、环境保护要求等做出描述。其中，建设规模是指建筑面积；工程特征应说明基础及结构类型、建筑层数、高度、门窗类型及各部位装饰装修做法；计划工期是指按工期定额计算的施工天数；施工现场实际情况是指施工场地的地表状况；自然地理条件，是指建筑场地所处地理位置的气候及交通运输条件；环境保护要求，是针对施工噪声及材料运输可能对周围环境造成的影响和污染所提出的防护要求。

（2）工程招标及分包范围。招标范围是指单位工程的招标范围。工程分包是指特殊工程项目的分包。

（3）工程量清单编制依据。其包括建设工程工程量清单计价规范、设计文件、招标文件、施工现场情况、工程特点及常规施工方案等。

（4）工程质量、材料、施工等的特殊要求。工程质量的要求，是指招标人要求拟建工程的质量应达到合格或优良标准；对材料的要求，是指招标人根据工程的重要性、使用功能及装饰装修标准提出的，如对水泥的品牌、钢材的生产厂家、花岗石的出产地及品牌等的要求；施工要求，一般是指建设项目中对单项工程的施工顺序、施工方法等的要求。

（5）其他需要说明的事项。

6. 招标工程量清单汇总

在分部分项工程项目清单、措施项目清单、其他项目清单、规费和税金项目清单编制完成以后，经审查复核，与工程量清单封面及总说明汇总并装订，由相关责任人签字和盖章，形成完整的招标工程量清单文件。

第三节　招标工程量清单编制实例

实例 2-1

【背景资料】

单层房屋施工图及基础平面图等如图 2-2～图 2-6 所示。

（一）设计说明

1. 该工程为砖混结构，室外地坪标高为-0.300m，屋面混凝土板厚为 100mm。

2. 门窗居中安装，均不设门窗套。门窗洞口尺寸如表 2-5 所示。

表 2-5　门窗详表

序号	门窗编号	洞口规格/mm		备　注
		宽	高	
1	M1	1200	2100	普通镶板木门
2	M2	900	2100	普通胶合板木门
3	C1	1800	2100	90 系列铝合金窗

3. 工程做法如表 2-6 所示。

表 2-6　工程做法

序号	名称	工程做法
1	地面	面层 20mm 厚 1∶2 水泥砂浆抹面压光 素水泥浆结合层一遍 100mm 厚 C10 素混凝土垫层 素土夯实
2	内墙面	5mm 厚 1∶0.5∶3 水泥石灰砂浆 15mm 厚 1∶1∶6 水泥石灰砂浆 素水泥浆一道
3	外墙面	8mm 厚 1∶2 水泥砂浆 12mm 厚 1∶3 水泥砂浆
4	外墙面保温(-0.300m 标高至檐板板底)	砌体墙表面做外保温(浆料),外墙面胶粉聚苯颗粒 30mm 厚
5	屋面	在钢筋混凝土板面上做 1∶6 水泥炉渣找坡层,最薄处 60mm(坡度 2%) 做 1∶2 厚度 20mm 的水泥砂浆找平层(上翻 200mm) 做 3mm 厚 APP 改性沥青卷材防水层(上卷 200mm) 做 1∶3 厚度 20mm 的水泥砂浆找平层(上翻 200mm) 做刚性防水层 40mm 厚 C20 细石混凝土(中砂)
6	柱面	5mm 厚 1∶0.5∶3 水泥石灰砂浆 15mm 厚 1∶1∶6 水泥石灰砂浆 素水泥浆一道
7	台阶	铝合金防滑条 20mm 厚 1∶2 水泥砂浆抹面压光 M5.0 混合砂浆砌 MU10 灰砂标砖 300mm 厚 3∶7 灰土 素土夯实
8	散水	60mm 厚 C15 混凝土面加 5mm 厚 1∶1 水泥砂浆随打随抹 150mm 厚 3∶7 灰土 素土夯实 沿散水与外墙交界一圈及散水长度方向,每 6m 设变形缝,建筑油膏嵌缝
9	基础、砖墙	基础垫层设计为 C10 现浇混凝土。独立柱和混凝土基础设计为 C25 现浇混凝土 砖基础设计为 M10 水泥砂浆砌筑 MU15 页岩标准砖,砖墙为 M7.5 混合水泥砂浆砌筑 MU10 灰砂砖,页岩标砖、灰砂标砖规格为 240mm×115mm×53mm 沿砖基础-0.060m 标高处铺设 20mm 厚 1∶2 防水砂浆防潮层
10	构造柱、过梁、挑檐板强度等级	构造柱截面尺寸为 240mm×240mm,生根于带形基础上表面,过梁截面尺寸为 240mm×240mm,圈梁沿墙均布 设计均为 C25 现浇混凝土 挑檐板采用 C20 现浇混凝土

(二) 施工说明

1. 三类土，土方全部通过人力车运输堆放在现场 50m 处，人工回填，均为天然密实土壤，余土外运 1km。

2. 散水不考虑土方挖填，混凝土垫层原槽浇捣，挖土方不放坡不设挡土板，垂直运输机械考虑卷扬机，不考虑夜间施工、二次搬运、冬雨期施工、排水、降水。

3. 所有混凝土均为现场搅拌。

（三）计算说明

1. 挖土方，不考虑工作面和放坡增加的工程量。

2. 外墙保温，其门窗侧面、顶面和窗底面不做保温。

3. 计算工程数量以“m”“m^3”“m^2”为单位，步骤计算结果保留三位小数，最终计算结果保留两位小数。

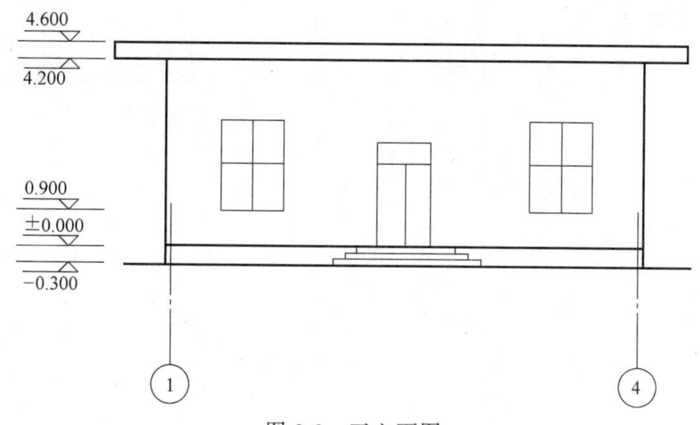

图 2-2　正立面图

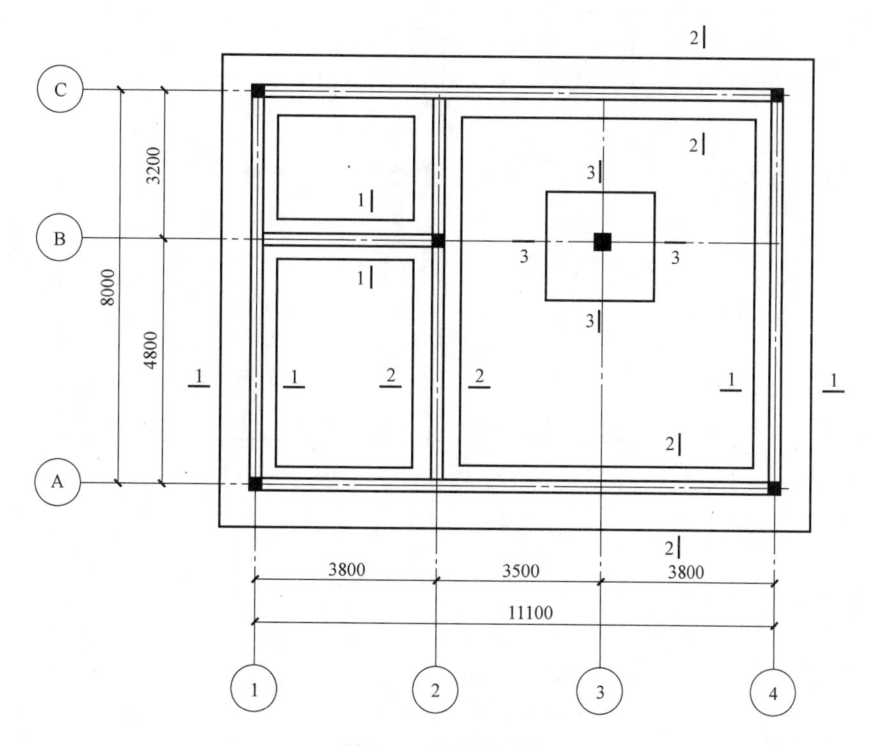

图 2-3　基础平面图

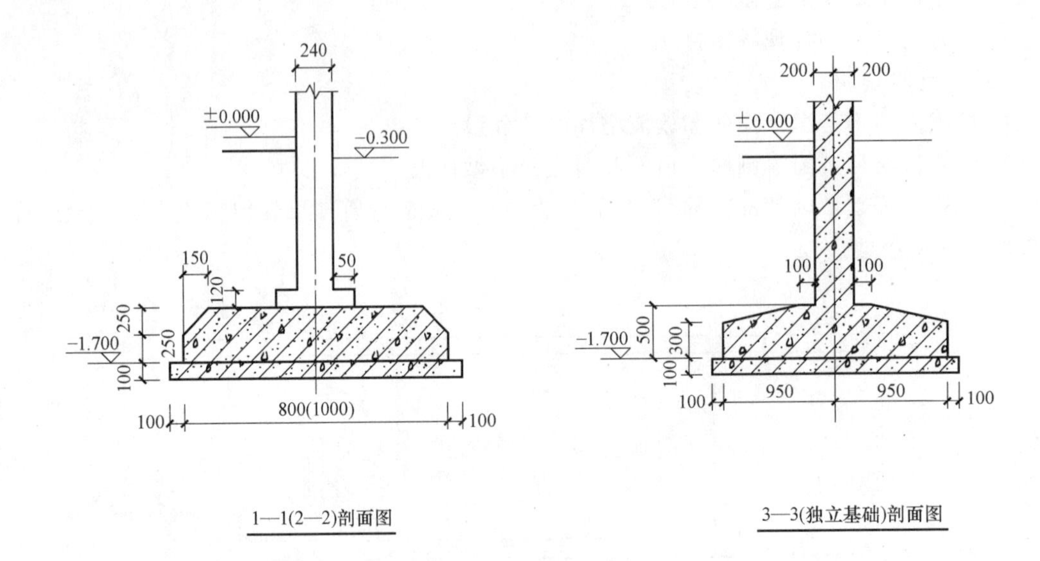

图 2-4　基础剖面图

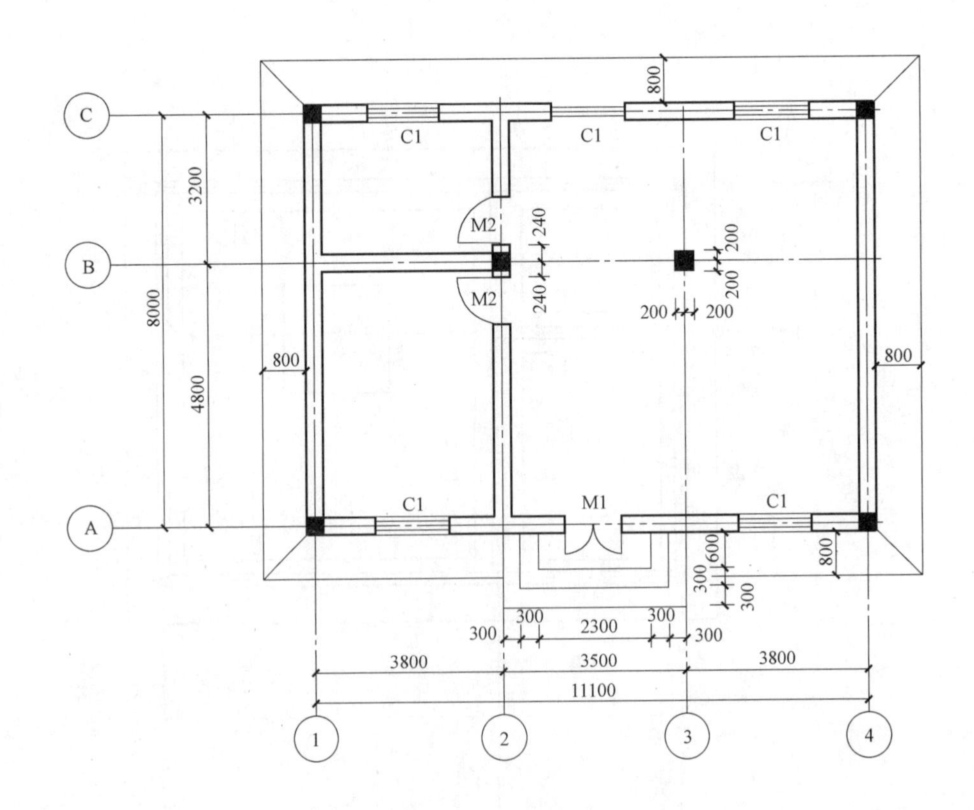

图 2-5　底层平面图

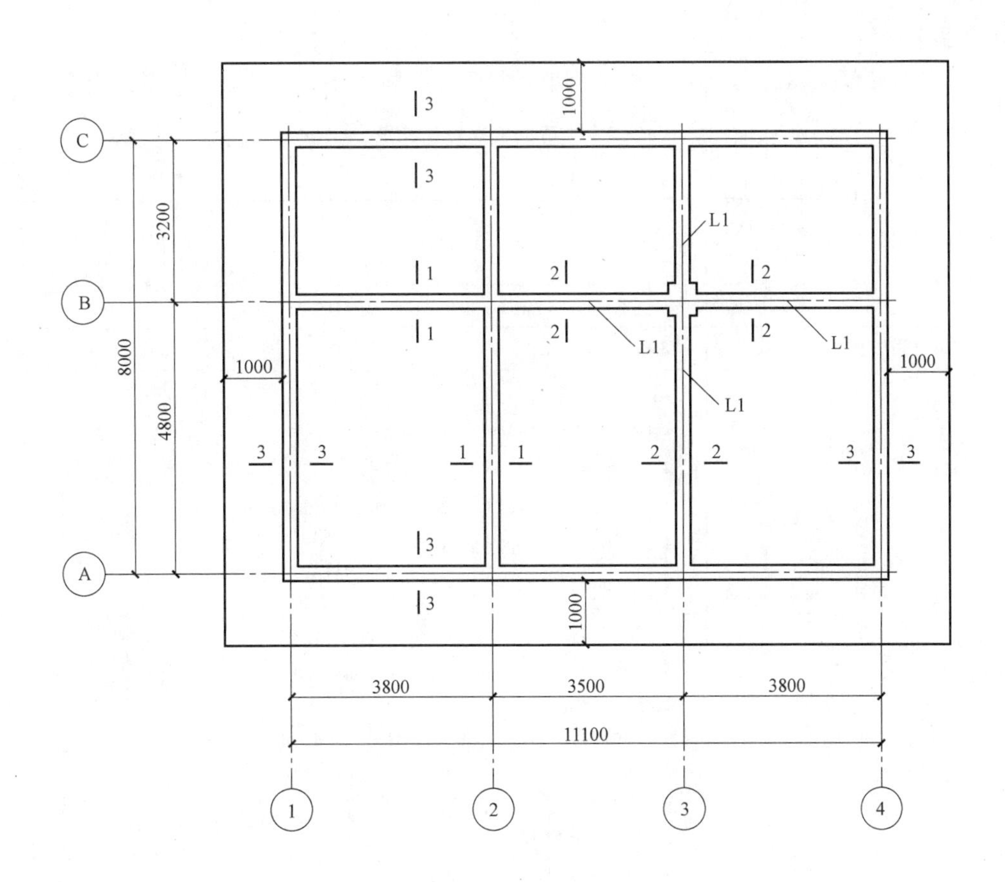

屋顶平面图

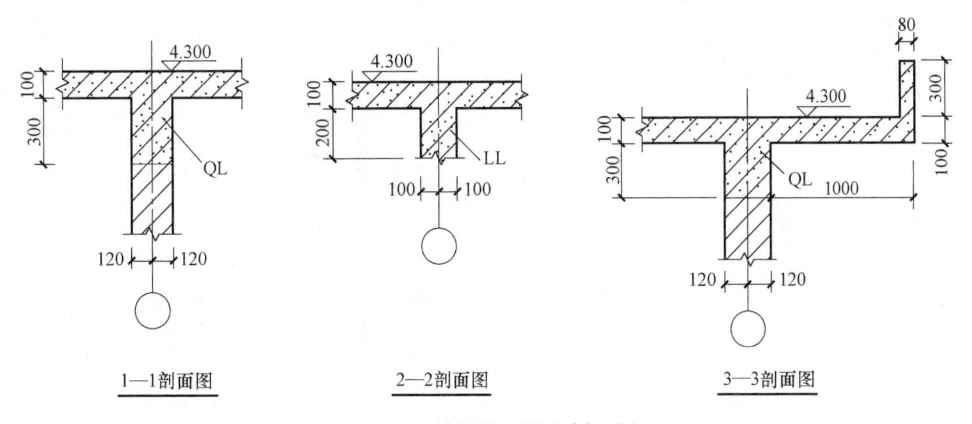

1—1剖面图　　2—2剖面图　　3—3剖面图

图 2-6　屋顶平面图及剖面图

【问题】

根据以上背景资料及现行国家标准《建设工程工程量清单计价规范》GB 50500、《房屋建筑与装饰工程工程量计算规范》GB 50854 及其他相关文件的规定等，试列出该工程土石方、砌筑、混凝土及钢筋混凝土、屋面及防水、防腐、隔热、保温、脚手架、垂直运输等分部分项工程量清单。

【参考答案】

要求列出的该工程分部分项工程量清单参见表 2-7 和表 2-8。

表 2-7　清单工程量计算表

工程名称：某工程

序号	项目编码	清单项目名称	计算式	工程量合计	计量单位
		建筑面积	$S=(8.0+0.24)\times(11.1+0.24)=93.44(m^2)$	93.44	m^2
1	010101001001	平整场地	S=首层建筑面积=93.44(m^2)	93.44	m^2
2	010101003001	挖沟槽土方	$L_{外中}=(8.0+11.1)\times2=38.2(m)$ $L_{内净}=(3.8-0.24)+(8.0-0.24)=11.32(m)$ $V_{槽1-1}=1\times1.5\times(8.0\times2+3.8-0.5-0.6)=28.05(m^3)$ $V_{槽2-2}=1.2\times1.5\times(11.1\times2+8.0-1.2)=52.20(m^3)$ $V=28.05+52.20=80.25(m^3)$	80.25	m^3
3	010101004001	挖基坑土方	$V=2.1\times2.1\times1.5\approx6.62(m^3)$	6.62	m^3
4	010103001001	回填方	1. 带形基础回填 $V_1=V_{挖}-V_{垫}-V_{混凝土基础}-V_{砖基础}-V_{(\pm0.000m以下构造柱)}+0.3\times0.24\times(L_{外中}+L_{内净})$ $=80.25-1.87-3.48-20.41-15.04-0.44+0.3\times0.24\times49.52$ $\approx42.58(m^3)$ 2. 独立基础回填 $V_2=V_{挖}-V_{垫}-V_{独立}-V_{(-0.300m以下柱)}$ $=6.62-0.44-1.42-0.4\times0.4\times(1.7-0.6-0.3)$ $\approx4.63(m^3)$ 3. 室内回填 V_3=室内净面积×回填厚度 $=(4.56\times3.56+2.96\times3.56+7.06\times7.76)\times(0.3-0.1)$ $\approx16.31(m^3)$ 4. 小计 $V=42.58+4.63+16.31=63.52(m^3)$	63.52	m^3
5	010103002001	余方弃置	$V=80.25+6.62-63.52=23.35(m^3)$	23.35	m^3
6	010401001001	砖基础	1. 大放脚部分面积 大放脚设计标注高为 120mm、宽为 50mm 均不是标准标注，计算时将其分别改为标准标注尺寸，即 126mm、62.5mm 大放脚面积$=0.126\times0.0625\times2=0.01575(m^2)$ 2. 砖基础 $V_1=(0.24\times1.2+0.01575)\times(L_{外中}+L_{内净})$ $=0.30375\times[(8.0+11.1)\times2+(3.8-0.24)+(8.0-0.24)]$ $=0.30375\times49.52\approx15.04(m^3)$ 3. ±0.000 以下构造柱 $V_2=0.24\times0.24\times1.2\times5+0.03\times0.24\times1.2\times11\approx0.44(m^3)$ 4. 小计 $V=15.04-0.4406=14.60(m^3)$	14.60	m^3

（续）

序号	项目编码	清单项目名称	计算式	工程量合计	计量单位
7	010401003001	实心砖墙	1. 墙体 $V_1=0.24\times4.3\times(L_{外中}+L_{内净})$ $=0.24\times4.3\times49.52\approx51.10(m^3)$ 2. 扣除门窗洞口 $V_2=(1.2\times2.1\times1+0.9\times2.1\times2+1.8\times2.1\times5)\times0.24$ $=25.20\times0.24=6.05(m^3)$ 3. 扣除圈梁 $V_3=4.63(m^3)$ 4. 扣除过梁 $V_4=0.92(m^3)$ 5. 扣除构造柱 $V_5=2.02-0.44=1.58(m^3)$ 6. 小计 $V=V_1-V_2-V_3-V_4-V_5=51.10-6.05-4.63-0.92-1.58$ $=37.92(m^3)$	37.92	m^3
8	010401012001	零星砌筑（台阶）	[方法一] $S_{台阶}=(3.5-0.3\times3\times2)\times0.3\times3+0.3\times3\times(0.6+0.3\times2)\times2$ $=3.69(m^2)$ [方法二] $S_{台阶}=3.5\times0.3\times3+0.3\times3\times(0.6-0.3)\times2=3.69(m^2)$ [方法三] $S_{台阶}=3.5\times(0.6+0.3+0.3)-(3.5-0.3\times3\times2)\times(0.6+0.3+0.3-0.3\times3)$ $=3.69(m^2)$	3.69	m^2
9	010501001001	基础垫层	[方法一] 1. 断面 1-1 基础垫层 $V_1=1\times0.1\times(8.0\times2+3.8-0.5-0.6)=1.87(m^3)$ 2. 断面 2-2 基础垫层 $V_2=1.2\times0.1\times(11.1\times2+8.0-1.2)=3.48(m^3)$ 3. 独立基础垫层 $V_3=2.1\times2.1\times0.1\approx0.44(m^3)$ 4. 小计 $V=1.87+3.48+0.44=5.79(m^3)$ [方法二] $V=(V_{挖}/1.4)\times0.1=[(V_{沟槽合}+V_{坑})/1.4]\times0.1$ $=(80.25+6.62)/1.5\times0.1$ $\approx5.79(m^3)$	5.79	m^3
10	010501002001	带形基础	1. 断面为 1-1 的带形基础 $V_1=[0.8\times0.25+(0.5+0.8)/2\times0.25]\times(8.0\times2+3.8-0.4-0.5)$ $\approx6.85(m^3)$ 2. 断面为 2-2 的带形基础 $V_2=[1.0\times0.25+(0.7+1.0)/2\times0.25]\times(11.1\times2+8.0-1.0)$ $\approx13.51(m^3)$	20.41	m^3

（续）

序号	项目编码	清单项目名称	计算式	工程量合计	计量单位
10	010501002001	带形基础	3. 带形基础接头 $V_3=(2\times0.5+0.8)\times0.25\times0.15/6\times1.0+(2\times0.7+1.0)\times0.25\times0.15/6\times2+(2\times0.5+0.8)\times0.25\times0.15/6\times1.0\approx0.05(\mathrm{m}^3)$ 4. 小计 $V=6.85+13.51+0.05=20.41(\mathrm{m}^3)$	20.41	m^3
11	010501003001	独立基础	1. 棱柱 $V_1=1.9\times1.9\times0.30\approx1.08(\mathrm{m}^3)$ 2. 棱台 $V_2=0.2/3\times[1.9\times1.9-(1.9\times0.6)\times(1.9\times0.6)+0.6\times0.6]$ $\approx0.34(\mathrm{m}^3)$ 3. 小计 $V=1.08+0.34=1.42(\mathrm{m}^3)$	1.42	m^3
12	010502001001	矩形柱	$V=0.4\times0.4\times(1.2+4.3)=0.88(\mathrm{m}^3)$	0.88	m^3
13	010502002001	构造柱	标准砖墙构造柱计算时，按砖墙与构造柱的马牙槎为五进五出，砖墙放出的部分为1/4砖长，即60mm，进与出两部分平均为30mm，则构造柱与砖墙咬接边的宽度，应增加0.03m，各构造柱与砖墙共有11个咬接边 1. 柱本体 $V_1=0.24\times0.24\times(4.3+1.2)\times5\approx1.58(\mathrm{m}^3)$ 2. 马牙槎 $V_2=0.03\times0.24\times(4.3+1.2)\times11\approx0.44(\mathrm{m}^3)$ 3. 小计 $V=1.58+0.44=2.02(\mathrm{m}^3)$	2.02	m^3
14	010503004001	圈梁	$V_1=S_{断}\times(\sum L_{外}+\sum L_{内})$−圈梁内构造柱头 $=0.24\times0.4\times\sum[(8.0+11.1)\times2+(3.8-0.24)+(8.0-0.24)]-0.24\times0.24\times0.4\times5$ $\approx0.24\times0.4\times49.52-0.12$ $\approx4.75-0.12$ $=4.63(\mathrm{m}^3)$	4.63	m^3
15	010503005001	过梁	$V=0.24\times0.24\times[(1.2+0.5)\times1+(0.9+0.5)\times2+(1.8+0.5)\times5]$ $\approx0.24\times0.24\times16.0$ $\approx0.92(\mathrm{m}^3)$	0.92	m^3
16	010505001001	有梁板	1. 板 $V_1=(3.5+3.8-0.24)\times(8.0-0.24)\times0.1\approx5.48(\mathrm{m}^3)$ 2. 梁 $V_2=0.2\times0.2\times[(3.5-0.12-0.2)+(3.8-0.2-0.12)+(3.2-0.12-0.2)+(4.8-0.12-0.2)]$ $=0.2\times0.2\times14.02\approx0.56(\mathrm{m}^3)$	6.02	m^3

（续）

序号	项目编码	清单项目名称	计算式	工程量合计	计量单位
16	010505001001	有梁板	3. 柱头 $V_3=0.4\times0.4\times0.1=0.016(m^3)$ 4. 小计 $V=5.48+0.56-0.016\approx6.02(m^3)$	6.02	m^3
17	010505003001	平板	$V=(3.2-0.24)\times(3.8-0.24)\times0.1+(4.8-0.24)\times(3.8-0.24)\times0.1$ $\approx1.05+1.62=2.67(m^3)$	2.67	m^3
18	010505007001	挑檐板	[方法一] 1. 挑檐平板 $V_1=1.0\times0.1\times[(11.1+0.24+1.0)+(8.0+0.24+1.0)]\times2$ $=0.1\times21.58\times2$ $\approx4.32(m^3)$ 2. 挑檐立沿 $V=0.08\times0.3\times[(8.0+0.24+1.0\times2-0.04\times2)+(11.1+0.24+1.0\times2-0.04\times2)]\times2$ $=0.08\times0.3\times23.42\times2$ $\approx1.12(m^3)$ 3. 小计 $V=4.32+1.12=5.44(m^3)$ [方法二] 1. 挑檐平板 $V_1=0.1\times\{[(11.1+0.24)+(8.0+0.24)]\times2\times1.0+4\times1.0\times1.0\}$ $=0.1\times(39.16+4)$ $\approx4.32(m^3)$ 2. 挑檐立沿 $V_2=0.08\times0.3\times[(8.0+0.24+1.0\times2-0.04\times2)+(11.1+0.24+1.0\times2-0.04\times2)]\times2$ $=0.08\times0.3\times23.42\times2$ $\approx1.12(m^3)$ 3. 小计 $V=4.32+1.12=5.44(m^3)$	5.44	m^3
19	010507001001	散水	[方法一] $S_{散}=\{[(8.0+0.24)+(11.1+0.24)]\times2-3.5\}\times0.8+4\times0.8\times0.8$ $=35.66\times0.8+2.56$ $\approx31.09(m^2)$ [方法二] $S_{散}=\{[(8.0+0.24+0.8)+(11.1+0.24+0.8)]\times2-3.5\}\times0.8$ $=38.86\times0.8$ $\approx31.09(m^2)$	31.09	m^2

（续）

序号	项目编码	清单项目名称	计算式	工程量合计	计量单位
19	010507001001	散水	[方法三] $S_{散}$=[[(8.0+0.24+0.8×2)+(11.1+0.24+0.8×2)]×2−3.5]×0.8−4×0.8×0.8 =42.06×0.8−2.56 ≈31.09(m^2)	31.09	m^2
20	010902001001	屋面APP卷材防水	S=(11.1+0.24+1.0−0.08)×(8.0+0.24+1.0−0.08)+(11.1+0.24+1.0−0.08+8.0+0.24+1.0−0.08)×2×0.20 ≈112.30+8.57 =120.87(m^2)	120.87	m^2
21	010902003001	屋面刚性层	S=(11.1+0.24+1.0−0.08)×(8.0+0.24+1.0−0.08) ≈112.30(m^2)	112.30	m^2
22	011101006001	屋面砂浆找平层	S=卷材防水工程量=120.87(m^2)	120.87	m^2
23	011001001001	屋面保温层	屋面保温层平均厚度=0.06+6.3/4×2% ≈0.06+0.03=0.09(m) 屋面保温层面积 S=(11.1+0.24+1.0−0.08)×(8.0+0.24+1.0−0.08) ≈112.30(m^2)	112.30	m^2
24	011001003001	外墙外保温	1. 外墙 S_1=[(8.0+0.24)+(11.1+0.24)]×2×(4.3−0.1+0.3) =39.16×4.5 =176.22(m^2) 2. 扣除门窗洞口 S_2=1.8×2.1×5+1.2×2.1×1=21.42(m^2) 3. 扣除台阶垂直投影 S_3=2.3×0.1+2.9×0.1+3.5×0.1=0.87(m^2) 4. 小计 S=176.22−21.42−0.87=153.93(m^2)	153.93	m^2
25	011701001001	综合脚手架	S=首层建筑面积=93.44(m^2)	93.44	m^2
26	011703001001	垂直运输	S=首层建筑面积=93.44(m^2)	93.44	m^2

注：1. 根据建筑面积计算规范，保温厚度应计算建筑面积。

2. 挖沟槽土方，将工作面增加的工程量并入土方工程量中，工作面根据现行国家标准《房屋建筑与装饰工程工程量计算规范》GB 50854附录表A.1-4规定计算。

3. 现浇混凝土基础垫层执行现行国家标准《房屋建筑与装饰工程工程量计算规范》GB 50854附录E.1垫层项目规定。

4. 按规范规定，屋面防水反边应并入清单工程量。

5. 屋面找平层按现行国家标准《房屋建筑与装饰工程工程量计算规范》GB 50854附录K.1楼地面装饰工程“平面砂浆找平层”项目编码列项。

6. 外保温不考虑门窗洞口侧壁保温。

表 2-8　分部分项工程和单价措施项目清单与计价表

工程名称：某工程　　　　第 1 页共 3 页

序号	项目编码	项目名称	项目特征描述	计量单位	工程量	金额(元)	
						综合单价	合价
			土石方工程				
1	010101001001	平整场地	1. 土壤类别:三类 2. 弃、取土运距:投标人根据施工现场实际情况自行考虑	m^2	93.44		
2	010101003001	挖沟槽土方	1. 土壤类别:三类 2. 挖土深度:1.5m 3. 弃土运距:余土场内运输堆放距离50m,场外运输距离为 1km	m^3	80.25		
3	010101004001	挖基坑土方	1. 土壤类别:三类 2. 挖土深度:1.5m 3. 弃土运距:余土场内运输堆放距离50m,场外运输距离为 1km	m^3	6.62		
4	010103001001	回填方	1. 密实度要求:满足设计和规范要求 2. 填方来源、运距:原土、50m	m^3	63.52		
5	010103002001	余方弃置	运距:1km	m^3	23.35		
			砌筑工程				
6	010401001001	砖基础	1. 砖品种、规格、强度等级:页岩标砖、240mm×115mm×53mm、MU15 2. 基础类型:带形墙基础 3. 砂浆强度等级:M10 水泥砂浆 4. 防潮层材料种类:防水砂浆防潮层	m^3	14.60		
7	010401003001	实心砖墙	1. 砖品种、规格、强度等级:灰砂标砖、240mm×115mm×53mm、MU10 2. 墙体类型:主体 3. 砂浆强度等级:M7.5 混合砂浆	m^3	37.92		
8	010401012001	零星砌筑(台阶)	1. 名称、部位:台阶、室外 2. 砖品种、规格、强度等级:灰砂标砖、240mm×115mm×53mm、MU10 3. 砂浆强度等级:M5.0 混合砂浆	m^2	3.69		
			混凝土及钢筋混凝土工程				
9	010501001001	基础垫层	1. 混凝土种类:现场搅拌 2. 混凝土强度等级:C10	m^3	5.79		
10	010501002001	带形基础	1. 混凝土种类:现场搅拌 2. 混凝土强度等级:C25	m^3	20.41		
11	010501003001	独立基础	1. 混凝土种类:现场搅拌 2. 混凝土强度等级:C25	m^3	1.42		

（续）

工程名称：某工程　　　　第2页共3页

序号	项目编码	项目名称	项目特征描述	计量单位	工程量	金额(元)	
						综合单价	合价
混凝土及钢筋混凝土工程							
12	010502001001	矩形柱	1. 混凝土种类:现场搅拌 2. 混凝土强度等级:C25	m^3	0.88		
13	010502002001	构造柱	1. 混凝土种类:现场搅拌 2. 混凝土强度等级:C25	m^3	2.02		
14	010503004001	圈梁	1. 混凝土种类:现场搅拌 2. 混凝土强度等级:C25	m^3	4.63		
15	010503005001	过梁	1. 混凝土种类:现场搅拌 2. 混凝土强度等级:C25	m^3	0.92		
16	010505001001	有梁板	1. 混凝土种类:现场搅拌 2. 混凝土强度等级:C25	m^3	6.02		
17	010505003001	平板	1. 混凝土种类:现场搅拌 2. 混凝土强度等级:C25	m^3	2.67		
18	010505007001	挑檐板	1. 混凝土种类:现场搅拌 2. 混凝土强度等级:C20	m^3	5.44		
19	010507001001	散水	1. 垫层材料种类、厚度:3∶7灰土、150mm 2. 面层厚度:60mm 3. 混凝土种类:现场搅拌 4. 混凝土强度等级:C15 5. 变形缝填塞材料种类:建筑油膏	m^2	31.09		
屋面及防水工程							
20	010902001001	屋面APP卷材防水	1. 卷材品种、规格:APP防水卷材、厚3mm 2. 防水层做法:详见国家建筑标准图集《平屋面建筑构造》12J201中A4卷材、涂膜防水屋面构造做法;H2常用防水层收头做法;A14卷材、涂膜防水屋面立墙泛水;A15卷材、涂膜防水屋面变形缝	m^2	120.87		
21	010902003001	屋面刚性层	1. 刚性层厚度:刚性防水层40mm厚 2. 混凝土种类:细石混凝土 3. 混凝土强度等级:C20 4. 嵌缝材料种类:建筑油膏嵌缝 5. 钢筋规格、型号:内配ϕ6.5钢筋双向中距200	m^2	112.30		
22	011101006001	屋面砂浆找平层	找平层厚度、配合比:20mm厚1∶2水泥砂浆、20mm厚1∶3水泥砂浆	m^2	120.87		

（续）

工程名称：某工程　　　　　　　　　　　　　　　　　　　　　　　第 3 页共 3 页

序号	项目编码	项目名称	项目特征描述	计量单位	工程量	金额(元)	
						综合单价	合价
防腐、隔热、保温工程							
23	011001001001	屋面保温层	1. 部位:屋面 2. 材料品种及厚度:水泥炉渣 1∶6、找坡 2%、最薄处 60mm	m^2	112.30		
24	011001003001	外墙外保温	1. 部位:外墙面 2. 材料品种及厚度:胶粉聚苯颗粒、30mm	m^2	153.93		
措施项目							
25	011701001001	综合脚手架	1. 建筑结构形式:砖混结构 2. 檐口高度:4.3m	m^2	93.44		
26	011703001001	垂直运输	1. 建筑物建筑类型及结构形式:砖混结构 2. 建筑物檐口高度、层数:4.3m、单层	m^2	93.44		

实例 2-2

【背景资料】

图 2-7~图 2-15 为某单层房屋施工图及基础平面图等。

（一）设计说明

1. 该工程为框架结构，室外地坪标高为-0.450m。

2. 门窗居中安装，框宽均为 100mm，门为水泥砂浆后塞口，窗为填充剂后塞口。门窗尺寸如表 2-9 所示。

表 2-9　门窗表

序号	代号	洞口尺寸(宽×高)/(mm×mm)	备注
1	M1	1800×2400	塑钢单玻平开门
2	C1	1800×1800	塑钢单玻平开窗
3	C2	1500×1800	塑钢单玻平开窗

3. 工程做法如表 2-10 所示。

表 2-10　工程做法

序号	工程部位	工程做法
1	墙体	框架结构的非承重砌体墙采用 M7.5 混合水泥砂浆砌筑强度等级为 MU15 的 KP1 黏土空心砖墙;规格 240mm×240mm×115mm
2	墙面	内墙面:5mm 厚 1∶0.5∶3 水泥石灰砂浆 15mm 厚 1∶1∶6 水泥石灰砂浆 素水泥浆一道

（续）

序号	工程部位	工程做法
2	墙面	外墙裙:14mm 厚 1:3 水泥砂浆打底抹平 12mm 厚 1:1 水泥砂浆结合层,贴 300mm×300mm 陶瓷面砖(缝宽 5mm),白水泥擦缝
3	地面	白水泥嵌缝、刷草酸、打蜡 40mm 厚米黄大理石面层,规格为 600mm×600mm 20mm 厚 1:1 水泥细砂浆 30mm 厚 1:2 水泥砂浆找平层 50mm 厚 C10 混凝土垫层 100mm 厚 3:7 灰土垫层 素土夯实
4	踢脚线	踢脚线高为 110mm;褐色大理石(规格为 1000mm×110mm),白水泥擦缝; 6mm 厚 1:2 建筑胶水泥砂浆
5	天棚	天棚:T 形烤漆轻钢龙骨(单层吊挂式) 矿棉吸音板面层,规格为 600mm×600mm 吊杆为 ϕ6、长为 480mm 营业厅吊顶设 6 个嵌顶灯槽,每个规格为 1200mm×30mm 天棚内抹灰高 200mm
6	屋面	在钢筋混凝土板面上做 1:6 水泥炉渣保温层,最薄处 60mm(坡度 2%) 做 20mm 厚 1:2 水泥砂浆找平层(上卷 250mm) 做 3mm 厚 APP 改性沥青卷材防水层(上卷 250mm) 做厚 20mm1:3 的水泥砂浆找平层(上卷 250mm) 做厚 40mm 刚性防水层 C20 细石混凝土(中砂),建筑油膏嵌缝,沿着女儿墙与刚性层相交处贯通;内配 ϕ6.5 钢筋双向中距 200
7	散水	沿散水与外墙交界一圈及散水长度方向每 6m 设变形缝进行建筑油膏嵌缝 C20 混凝土散水面层 80mm(中砂,砾石 5~40mm) C10 混凝土垫层(中砂,砾石 5~40mm),20mm 厚 素土夯实
8	框架柱、过梁	框架柱截面尺寸为 600mm×600mm,其中 KZ1、KZ2 起点为带形基础上皮标高-1.700m,至板上皮 4.900m,KZ3 起点为独立基础上皮标高-1.800m 至板上皮 4.900m 未注明定位尺寸的梁均沿轴线居中或有一边贴柱边;所有未标注定位尺寸的框架柱均沿轴线居中 墙中过梁宽度同墙厚,高度均为 240mm,长度为洞口两侧各加 250mm
9	现浇混凝土	混凝土均为现场搅拌 垫层混凝土强度等级为 C10,过梁混凝土强度等级为 C20,其余构件强度等级均为 C30
10	基础	标高±0.000 以下基础设计为 M10 水泥砂浆砌筑 MU15 页岩标准砖 页岩标准砖规格为 240mm×115mm×53mm 沿砖基础-0.060m 处铺设 20mm 厚 1:2 防水砂浆防潮层

（二）施工说明

1. 三类土，人工挖土，土方全部通过人力车运输堆放在现场 50m 处，人工回填，均为天然密实土壤，余土外运 1km。

2. 散水不考虑土方挖填，混凝土垫层原槽浇捣，挖土方不放坡不设挡土板，垂直运输机械考虑卷扬机，不考虑夜间施工、二次搬运、冬雨期施工、排水、降水。

3. 所有混凝土均为现场搅拌。

（三）计算说明

1. 挖土方，需要考虑工作面和放坡增加的工程量（独立基础除外）。

棱台体积为

$$V=\frac{1}{3}\times h\times(S_1+S_2+\sqrt{S_1S_2})$$

式中 S_1——棱台上表面面积（m^2）；

S_2——棱台下表面面积（m^2）；

h——棱台高度（m）。

2. 按365mm计算360墙厚度，3∶7灰土中土的体积不计算。

3. 屋面板、框架梁的工程量，按有梁板列项计算。

4. 建筑工程计算范围。

（1）土方工程，房心回填土计算时，不考虑凸出内墙面的框架柱所占的面积。

（2）砌筑工程，只计算框架间墙、砖基础、基础垫层。

（3）混凝土工程，只计算带形基础、独立基础、基础垫层、过梁、框架柱、有梁板、散水。

（4）屋面工程，不计算屋面排水工程。

（5）措施项目，仅计算综合脚手架、垂直运输。

5. 计算工程数量以“m”“m^2”“m^3”为单位，步骤计算结果保留三位小数，最终计算结果保留两位小数。

【问题】

根据以上背景资料及现行国家标准《建设工程工程量清单计价规范》GB 50500、《房屋建筑与装饰工程工程量计算规范》GB 50854及其他相关文件的规定，试列出该工程要求计算项目的各项分部分项工程量清单。

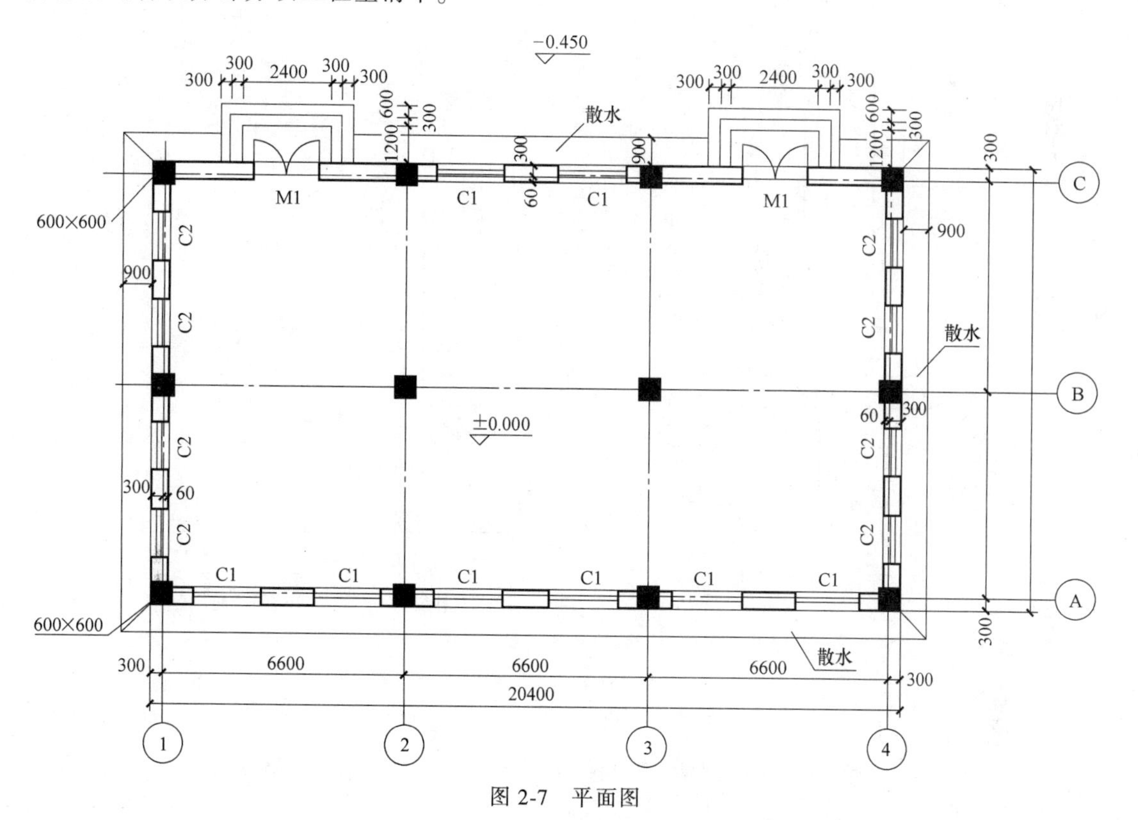

图2-7 平面图

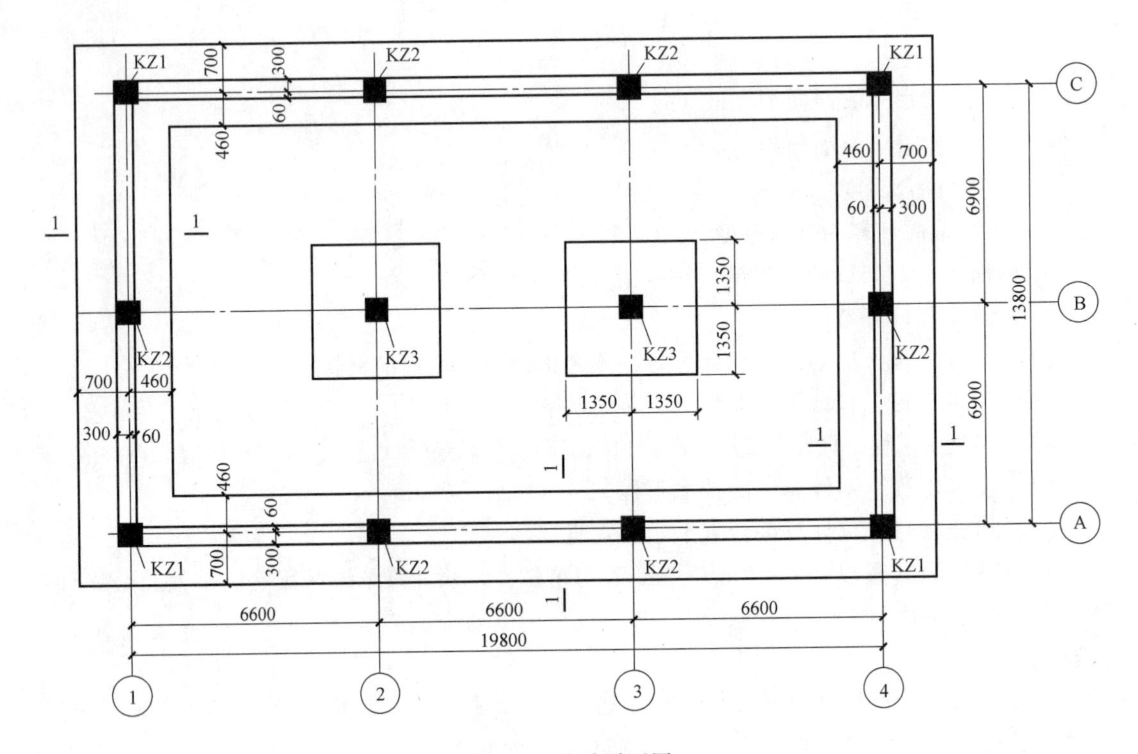

图 2-8　基础平面图

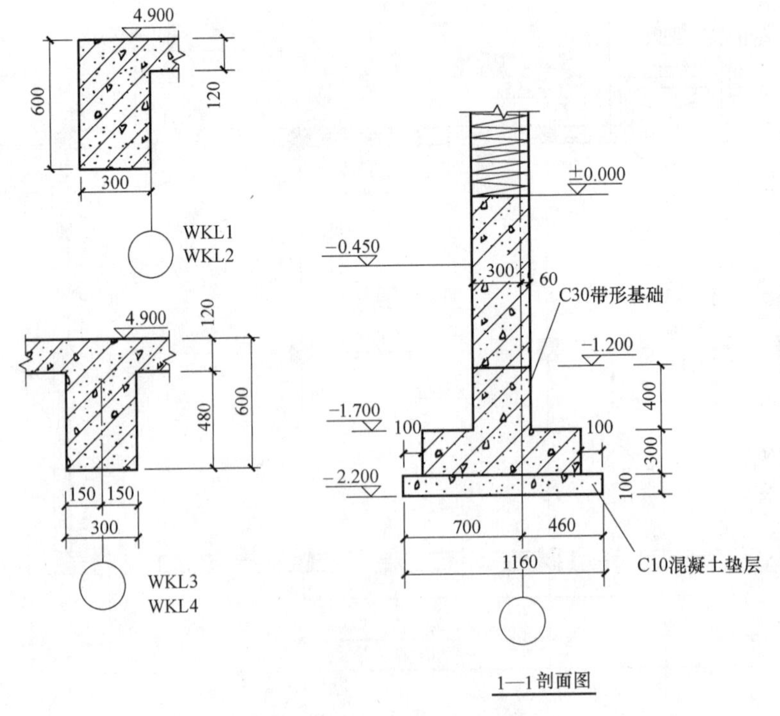

图 2-9　框架梁、带形基础剖面图

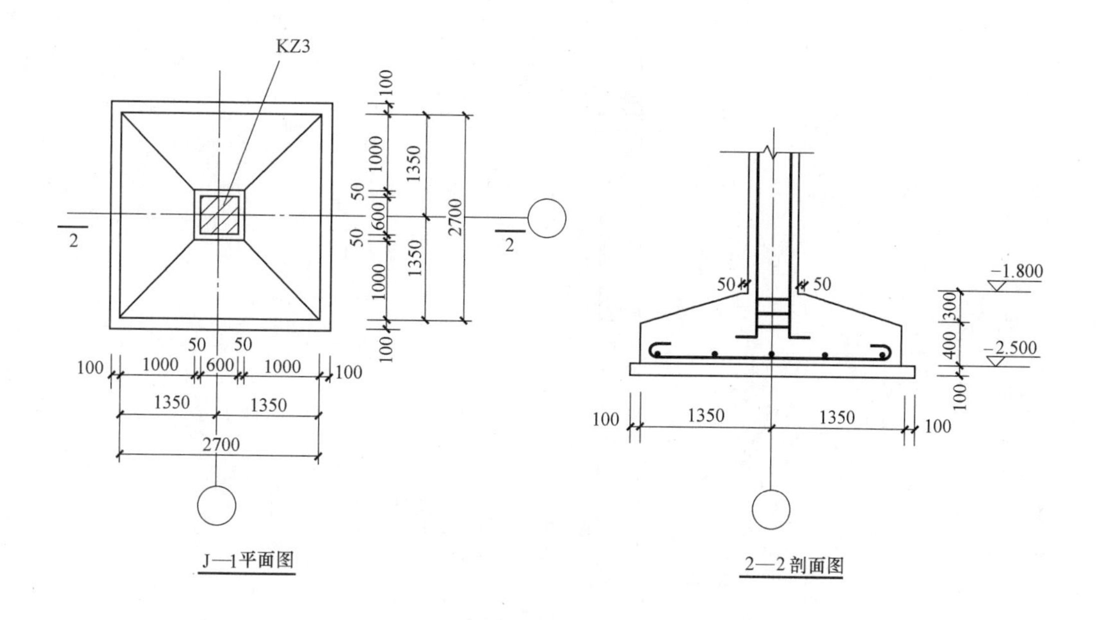

图 2-10　独立基础平面图与剖面图

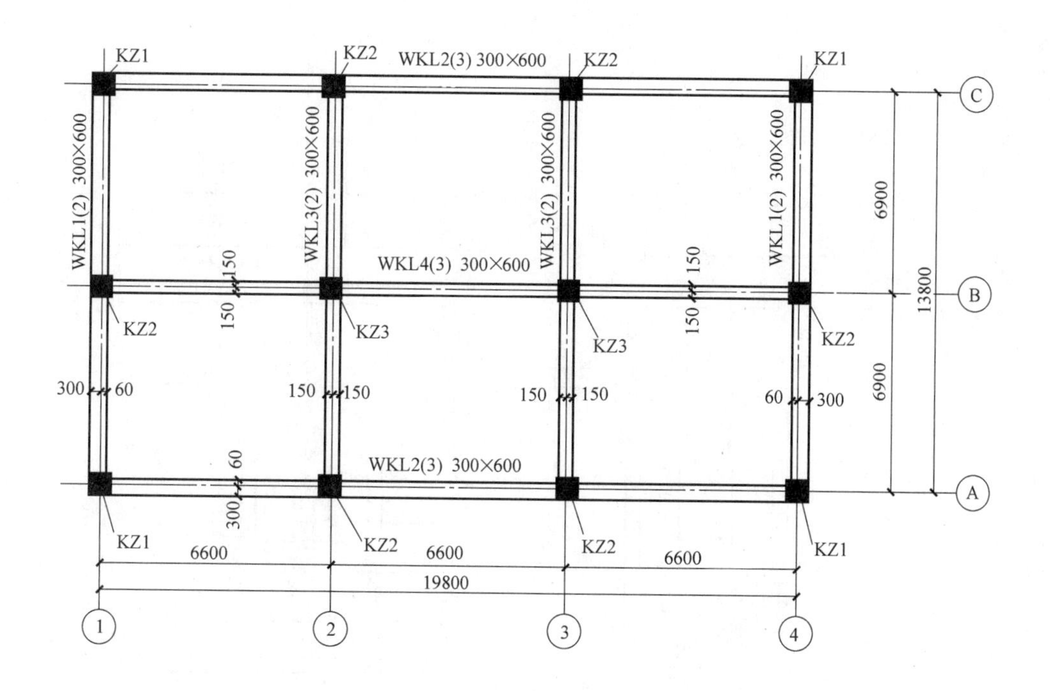

图 2-11　顶板结构平面图

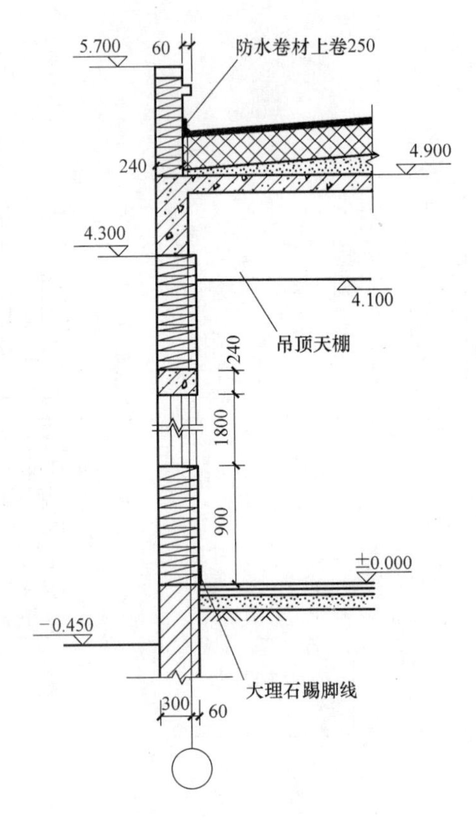

图 2-12　外墙大样图

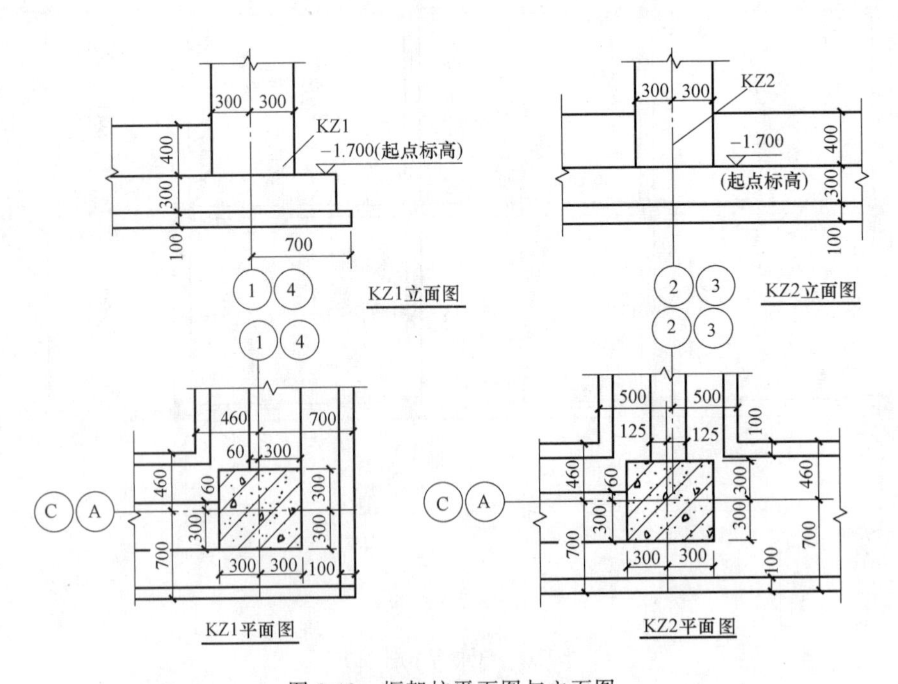

图 2-13　框架柱平面图与立面图

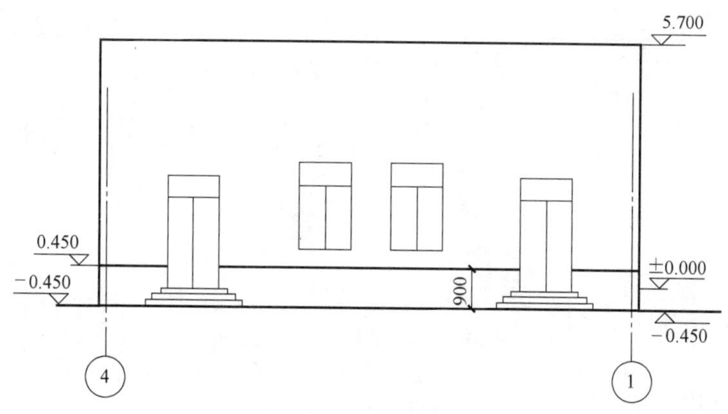

图 2-14　北立面图

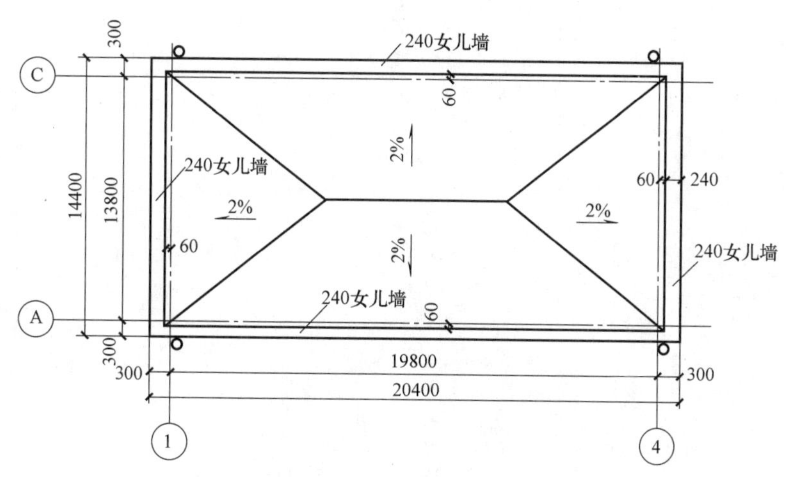

图 2-15　屋顶平面图

【参考答案】

参见表 2-11 和表 2-12。

表 2-11　清单工程量计算表

工程名称：某工程

序号	项目编码	清单项目名称	计算式	工程量合计	计量单位
1	010101001001	平整场地	S=建筑面积=20.4×14.4=293.76(m^2)	293.76	m^2
2	010101003001	挖基础沟槽土方	外墙带形基础剖面 1-1,三类土,放坡系数为 0.33。放坡自垫层下表面开始计算。挖土工作面每边增加宽度 300mm 长:(19.8+0.12×2+13.8+0.12×2)×2=68.16(m) 宽:1.16+0.3×2=1.76(m) 深:2.2−0.45=1.75(m) V=(1.16+0.3×2+0.33×1.75)×1.75×68.16 ≈278.82(m^3)	278.82	m^3

（续）

序号	项目编码	清单项目名称	计算式	工程量合计	计量单位
3	010101004001	挖基坑土方	人工挖三类土，放坡系数为 0.33，放坡自垫层下表面开始计算 挖土工作面每边增加宽度 300mm 1. 单个基坑 [方法一] $V_1=(2.9+0.6)\times(2.9+0.6)\times(2.6-0.45)+[(2.9+0.6)\times2\times0.33\times(2.6-0.45)\times(2.6-0.45)]+4/3\times0.33\times0.33\times(2.6-0.45)\times(2.6-0.45)\times(2.6-0.45)$ $\approx26.337+10.68+1.443$ $=38.46(m^3)$ [方法二] $V_2=(2.9+0.6+0.33\times2.15)\times(2.9+0.6+0.33\times2.15)\times2.15+1/3\times0.33\times0.33\times2.15\times2.15\times2.15$ $\approx38.098+0.361$ $\approx38.46(m^3)$ [方法三] $V_3=1/3\times2.15\times\{(2.9+0.6)\times(2.9+0.6)+(2.9+0.6+0.33\times2.15\times2)\times(2.9+0.6+0.33\times2.15\times2)+[(2.9+0.6)\times(2.9+0.6)\times(2.9+0.6+0.33\times2.15\times2)\times(2.9+0.6+0.33\times2.15\times2)]^{0.5}\}$ $\approx1/3\times2.15\times53.663$ $\approx38.46(m^3)$ 2. 小计 $V=38.46\times2=76.92(m^3)$	76.92	m^3
4	010103001001	回填方	回填土体积=挖沟槽土方+挖基坑土方-基础垫层-独立基础垫层-混凝土基础-独立基础-室外地坪以下砖基础-室外地坪以下柱体积 1. 扣除室外地坪以下柱体积 $V_{柱}=0.6\times0.6\times(1.8-0.45)\times2+0.6\times0.6\times(1.7-0.45)\times10$ $=5.472(m^3)$ 2. 小计 $V=278.82+76.92-7.91-1.68-28.44-7.77-16.754-5.472$ $\approx287.71(m^3)$	287.71	m^3
5	010103001002	房心回填土方	3∶7 灰土中土不计算 $S=(19.8-0.06\times2)\times(13.8-0.06\times2)\approx269.222(m^2)$ 厚：$0.45-(0.04+0.02+0.03+0.05+0.1)=0.21(m)$ 小计：$V=269.222\times0.21\approx56.54(m^3)$	56.54	m^3
6	010103002001	余方弃置	$V=278.82+76.92-287.71-56.54$ $=11.49(m^3)$	11.49	m^3
7	010401001001	砖基础	1. 砖基础 长$=(19.8-0.6\times3)\times2+(13.8-0.6\times2)\times2=61.20(m)$ 厚$=0.365(m)$	26.81	m^3

（续）

序号	项目编码	清单项目名称	计算式	工程量合计	计量单位
7	010401001001	砖基础	2. 室外设计标高-0.450m以下体积 高=1.2-0.45=0.75(m) V_1=61.20×0.365×0.75≈16.754(m^3) 3. 室外设计标高-0.450m至±0.000体积 高=0.45m V_2=61.20×0.365×0.45≈10.052(m^3) 4. 小计 $V=V_1+V_2$=16.754+10.052≈26.81(m^3)	26.81	m^3
8	010401005001	空心砖墙（365mm厚）	1. 墙长 Ⓐ、Ⓒ轴=(19.8-0.6×3)×2=36.00(m) ①、④轴:(13.8-0.6×2)×2=25.20(m) 2. 墙厚 0.365m;高=4.9-0.6=4.3(m) 体积:V_1=(36.0+25.20)×0.365×4.3≈96.053(m^3) 3. 扣除门窗洞口体积 V_2=1.8×2.4×0.365×2+1.8×1.8×0.365×8+1.5×1.8×0.365×8≈20.498(m^3) 4. 扣除过梁体积 V_3=0.36×0.24×(1.8+0.25×2)×2+0.36×0.24×(1.8+0.25×2)×8+0.36×0.24×(1.5+0.25×2)×8 ≈3.370(m^3) 5. 小计 V=96.053-20.498-3.370≈72.19(m^3)	72.19	m^3
9	010501001001	带形基础垫层	1. 外墙带形基础剖面1-1 长:68.16m;宽:1.16m;厚:0.1m 2. 体积 V=68.16×1.16×0.1≈7.91(m^3)	7.91	m^3
10	010501001002	独立基础垫层	V=2.9×2.9×0.1×2≈1.68(m^3)	1.68	m^3
11	010501001003	地面垫层	V=(19.8-0.06×2)×(13.8-0.06×2)×0.05 ≈13.46(m^3)	13.46	m^3
12	010501002001	带形基础	1. 外墙带形基础底座 长:68.16m;宽:1.16-0.1×2=0.96m;高:0.3m 2. 外墙带形基础基础肋 长:(19.8-0.6×3)×2+(13.8-0.6×2)×2=61.20(m) 宽:0.36m;高:0.4m 3. 小计 V=68.16×0.96×0.3+61.20×0.36×0.4 ≈28.44(m^3)（已扣除柱体积）	28.44	m^3

（续）

序号	项目编码	清单项目名称	计算式	工程量合计	计量单位
13	010501003001	独立基础	1. 单个基础 $V=2.7\times2.7\times0.40+0.30/3\times\{2.7\times2.7+(0.6+0.05\times2)\times(0.6+0.05\times2)+[2.7^2\times(0.6+0.05\times2)^2]^{0.5}\}$ $=2.916+0.30/3\times[7.29+0.49+1.89]$ $=2.916+0.30/3\times9.67$ $=3.883(m^3)$ 2. 小计 $3.883\times2=7.77(m^3)$	7.77	m^3
14	010502001001	矩形柱	$V=0.6\times0.6\times(1.7+4.9)\times10+0.6\times0.6\times(1.8+4.9)\times2$ $\approx28.58(m^3)$	28.58	m^3
15	010503005001	过梁	$V=0.36\times0.24\times(1.8+0.25\times2)\times2+0.36\times0.24\times(1.8+0.25\times2)\times8+0.36\times0.24\times(1.5+0.25\times2)\times8$ $\approx3.37(m^3)$	3.37	m^3
16	010505001001	现浇混凝土有梁板	1. 框架梁截面面积 $S=0.3\times0.6=0.18(m^2)$ WKL1、3 长：$L_1=(13.8-0.6\times2)\times4=50.40(m)$ WKL2、4 长：$L_2=(19.8-0.6\times3)\times3=54.00(m)$ 体积：$V_1=(50.40+54)\times0.18=18.792(m^3)$ 2. 屋面板体积 $V_2=(19.8-0.3\times2)\times(13.8-0.3)\times0.12=31.104(m^3)$ 3. 小计 $V=18.792+31.104\approx49.90(m^3)$	49.90	m^3
17	010507001001	散水	[方法一] 1. 散水面积 $S_1=(20.4+0.9\times2)\times(14.4+0.9\times2)-20.4\times14.4$ $=65.88(m^2)$ 2. 扣除台阶 $S_2=(3.6\times0.9)\times2=6.48(m^2)$ 3. 小计 $S=65.88-6.48=59.40(m^2)$ [方法二] 1. 散水面积 $S_1=(20.4+14.4)\times2\times0.90+4\times0.90\times0.90=65.88(m^2)$ 2. 扣除台阶 $S_2=(3.6\times0.90)\times2=6.48(m^2)$ 3. 小计 $S=65.88-6.48=59.40(m^2)$	59.40	m^2
18	010902001001	屋面 APP 卷材防水	反水卷边 300mm $S=(19.8+0.06\times2)\times(13.8+0.06\times2)+[(19.8+0.06\times2)+(13.8+0.06\times2)]\times2\times0.3+4\times0.3\times0.3$ $\approx277.286+20.304+0.36$ $=297.95(m^2)$	297.95	m^2

（续）

序号	项目编码	清单项目名称	计算式	工程量合计	计量单位
19	010902003001	屋面刚性层	$S=(19.8+0.06\times2)\times(13.8+0.06\times2)\approx277.29(m^2)$	277.29	m^2
20	011101006001	屋面找平层	$S=297.95m^2$	297.95	m^2
21	011001001001	保温屋面	$S=(19.8+0.06\times2)\times(13.8+0.06\times2)\approx277.29(m^2)$	277.29	m^2
22	011701001001	综合脚手架	S=建筑面积$=20.4\times14.4=293.76(m^2)$	293.76	m^2
23	011703001001	垂直运输机械	S=建筑面积$=20.4\times14.4=293.76(m^2)$	293.76	m^2

注：1. 挖沟槽土方，将工作面增加的工程量并入土方工程量中，工作面根据现行国家标准《房屋建筑与装饰工程工程量计算规范》GB 50854 附录表 A.1-4 规定计算。

2. 现浇混凝土基础垫层执行现行国家标准《房屋建筑与装饰工程工程量计算规范》GB 50854 附录 E.1 垫层项目规定。

3. 按规定，屋面防水反边应并入清单工程量。

4. 屋面找平层按现行国家标准《房屋建筑与装饰工程工程量计算规范》GB 50854 附录 K.1 楼地面装饰工程"平面砂浆找平层"项目编码列项。

表 2-12　分部分项工程和单价措施项目清单与计价表

工程名称：某工程　　　　　　　　　　　　第 1 页共 3 页

序号	项目编码	项目名称	项目特征描述	计量单位	工程量	金额（元）	
						综合单价	合价
土（石）方工程							
1	010101001001	平整场地	1. 土壤类别：三类 2. 弃、取土运距：投标人根据施工实际情况自行考虑	m^2	293.76		
2	010101003001	挖基础沟槽土方	1. 土壤类别：三类 2. 挖土深度：1.75m 3. 弃土运距：现场内运输堆放距离为 50m、场外运输距离为 1km	m^3	278.82		
3	010101004001	挖基坑土方	1. 土壤类别：三类 2. 挖土深度：2.15m 3. 弃土运距：现场内运输堆放距离为 50m、场外运输距离为 1km	m^3	76.92		
4	010103001001	回填方	1. 密实度要求：满足设计和规范要求 2. 填方来源、运距：原土、50m	m^3	287.71		

（续）

工程名称：某工程　　　　第 2 页共 3 页

<table>
<tr><th rowspan="2">序号</th><th rowspan="2">项目编码</th><th rowspan="2">项目名称</th><th rowspan="2">项目特征描述</th><th rowspan="2">计量单位</th><th rowspan="2">工程量</th><th colspan="2">金额(元)</th></tr>
<tr><th>综合单价</th><th>合价</th></tr>
<tr><td colspan="8">土(石)方工程</td></tr>
<tr><td>5</td><td>010103001002</td><td>房心回填土方</td><td>1. 密实度要求:满足设计和规范要求
2. 填方来源、运距:原土、50m</td><td>m^3</td><td>56.54</td><td></td><td></td></tr>
<tr><td>6</td><td>010103002001</td><td>余方弃置</td><td>运距:1km</td><td>m^3</td><td>11.49</td><td></td><td></td></tr>
<tr><td colspan="8">砌筑工程</td></tr>
<tr><td>7</td><td>010401001001</td><td>砖基础</td><td>1. 砖品种、规格、强度等级:页岩标准砖、240mm×115mm×53mm、MU15
2. 砂浆强度等级:M10 水泥砂浆
3. 防潮层材料种类:防水砂浆防潮层</td><td>m^3</td><td>26.81</td><td></td><td></td></tr>
<tr><td>8</td><td>010401005001</td><td>空心砖墙(365mm 厚)</td><td>1. 砖品种、规格、强度等级:MU15、KP1 黏土空心砖、240mm×240mm×115mm
2. 砂浆强度等级:M7.5 混合砂浆</td><td>m^3</td><td>72.19</td><td></td><td></td></tr>
<tr><td colspan="8">混凝土及钢筋混凝土工程</td></tr>
<tr><td>9</td><td>010501001001</td><td>带形基础垫层</td><td>1. 混凝土种类:现场搅拌
2. 混凝土强度等级:C10</td><td>m^3</td><td>7.91</td><td></td><td></td></tr>
<tr><td>10</td><td>010501001002</td><td>独立基础垫层</td><td>1. 混凝土种类:现场搅拌
2. 混凝土强度等级:C10</td><td>m^3</td><td>1.68</td><td></td><td></td></tr>
<tr><td>11</td><td>010501001003</td><td>地面垫层</td><td>1. 混凝土种类:现场搅拌
2. 混凝土强度等级:C10</td><td>m^3</td><td>13.46</td><td></td><td></td></tr>
<tr><td>12</td><td>010501002001</td><td>带形基础</td><td>1. 混凝土类别:现场搅拌
2. 混凝土强度等级:C30</td><td>m^3</td><td>28.44</td><td></td><td></td></tr>
<tr><td>13</td><td>010501003001</td><td>独立基础</td><td>1. 混凝土类别:现场搅拌
2. 混凝土强度等级:C30</td><td>m^3</td><td>7.77</td><td></td><td></td></tr>
<tr><td>14</td><td>010502001001</td><td>矩形柱</td><td>1. 混凝土类别:现场搅拌
2. 混凝土强度等级:C30</td><td>m^3</td><td>28.58</td><td></td><td></td></tr>
<tr><td>15</td><td>010503005001</td><td>过梁</td><td>1. 混凝土类别:现场搅拌
2. 混凝土强度等级:C20</td><td>m^3</td><td>3.37</td><td></td><td></td></tr>
<tr><td>16</td><td>010505001001</td><td>现浇混凝土有梁板</td><td>1. 混凝土类别:现场搅拌
2. 混凝土强度等级:C30</td><td>m^3</td><td>49.90</td><td></td><td></td></tr>
<tr><td>17</td><td>010507001001</td><td>散水</td><td>1. 垫层材料种类、厚度:C10 混凝土、厚 20mm
2. 面层厚度:80mm
3. 混凝土强度等级:C20
4. 填塞材料种类:建筑油膏</td><td>m^2</td><td>59.40</td><td></td><td></td></tr>
</table>

（续）

工程名称：某工程　　　　第 3 页共 3 页

序号	项目编码	项目名称	项目特征描述	计量单位	工程量	金额(元)	
						综合单价	合价
屋面及防水工程							
18	010902001001	屋面 APP 卷材防水	1. 卷材品种、规格:APP 防水卷材、厚 3mm 2. 防水层做法:详见国家建筑标准图集《平屋面建筑构造》12J201 中 A4 卷材、涂膜防水屋面构造做法;H2 常用防水层收头做法;A14 卷材、涂膜防水屋面立墙泛水;A15 卷材、涂膜防水屋面变形缝	m^2	297.95		
19	010902003001	屋面刚性层	1. 刚性层厚度:刚性防水层 40mm 厚 2. 混凝土种类:细石混凝土 3. 混凝土强度等级:C20 4. 嵌缝材料种类:建筑油膏嵌缝,沿着女儿墙与刚性层相交处贯通 5. 钢筋规格、型号:内配 ϕ6.5 钢筋双向中距 200	m^2	277.29		
20	011101006001	屋面找平层	找平层厚度、配合比:20 厚 1:2 水泥砂浆、20 厚 1:3 水泥砂浆	m^2	297.95		
保温、隔热、防腐							
21	011001001001	保温屋面	1. 部位:屋面 2. 材料品种及厚度:水泥炉渣 1:6、找坡 2%、最薄处 60mm	m^2	277.29		
措施项目							
22	011701001001	综合脚手架	1. 形式:框架结构 2. 檐口高度:4.78m	m^2	293.76		
23	011703001001	垂直运输	1. 建筑物建筑类型及结构形式:房屋建筑、框架结构 2. 建筑物檐口高度、层数:4.78m、一层	m^2	293.76		

实例 2-3

【背景资料】

单层房屋施工图及基础平面图等如图 2-16~图 2-22 所示。

(一) 设计说明

1. 该工程为框架结构，室外地坪标高为-0.450m。

2. 门窗详表如表2-13所示，居中安装，框宽均为100mm，门为水泥砂浆后塞口，窗为填充剂后塞口。

表 2-13 门窗详表

序号	代号	洞口尺寸(宽×高)(mm×mm)	备注
1	M1	1800×2400	塑钢单玻平开门
2	M2	1100×2400	塑钢单玻平开门
3	M3	900×2100	镶板门
4	C3	2100×1500	塑钢单玻平开窗

3. 工程做法如表2-14所示。

表 2-14 工程做法

序号	工程部位	工程做法
1	墙体	框架结构的非承重砌体墙采用M7.5混合水泥砂浆砌筑强度等级为MU15的KP1黏土空心砖墙;规格240mm×240mm×115mm 图中未注明的墙厚均为240mm
2	墙面	内墙面:5mm厚1:0.5:3水泥石灰砂浆 15mm厚1:1:6水泥石灰砂浆 素水泥浆一道
		外墙面:8mm厚1:2水泥砂浆 12mm厚1:3水泥砂浆
3	地面	白水泥嵌缝、刷草酸、打蜡 40mm厚米黄地砖面层,规格为400mm×400mm 20mm厚1:1水泥细砂浆 30mm厚1:2水泥砂浆找平层 50mm厚C10混凝土垫层 100mm厚3:7灰土垫层 素土夯实
4	屋面	在钢筋混凝土板面上做1:6水泥炉渣保温层,最薄处60mm(坡度2%) 做20mm厚1:2的水泥砂浆找平层(上卷250mm) 做3mm厚APP改性沥青卷材防水层(上卷250mm) 做厚20mm1:3的水泥砂浆找平层(上卷250mm) 做厚40mm刚性防水层,C20细石混凝土(中砂),建筑油膏嵌缝,沿着女儿墙与刚性层相交处贯通;内配ϕ6.5钢筋双向中距200
5	散水	C20混凝土散水面层80mm(中砂,砾石5~40mm),其下C10混凝土垫层(中砂,砾石5~40mm),20mm厚 素土夯实 沿散水与外墙交界一圈及散水长度方向每6m设变形缝进行建筑油膏嵌缝

（续）

序号	工程部位	工程做法
6	框架柱、过梁	框架柱截面尺寸为500mm×600mm，其中KZ1标高为-1.500~4.100m、KZ2标高为-1.500~4.100m 梁顶标高均同板顶标高 未注明定位尺寸的梁均沿轴线居中或有一边贴柱边 所有未标注定位尺寸的框架柱均沿轴线居中 墙中过梁宽度同墙厚，高度均为240mm，长度为洞口两侧各加300mm
7	基础梁	基础梁梁底标高均为-1.450m 所有未标注定位尺寸的基础梁均有一边贴柱边 基础梁下不设垫层
8	现浇混凝土	混凝土均为现场搅拌 垫层混凝土强度等级为C10，过梁混凝土强度等级为C20，其余构件强度等级均为C30
9	基础	标高±0.000以下基础设计为M10水泥砂浆砌筑MU15页岩标准砖 页岩标准砖规格为240mm×115mm×53mm 沿砖基础-0.060m处铺设20mm厚1：2防水砂浆防潮层

（二）施工说明

1. 三类土，人工挖土，土方全部通过人力车运输堆放在现场50m处，人工回填，均为天然密实土壤，余土外运1km。

2. 散水不考虑土方挖填，混凝土垫层原槽浇捣，挖土方不放坡不设挡土板，垂直运输机械考虑卷扬机，不考虑夜间施工、二次搬运、冬雨期施工、排水、降水。

3. 所有混凝土均为现场搅拌。

（三）计算说明

1. 挖土方，需要考虑工作面和放坡增加的工程量；3：7灰土中土的体积不计算；棱台体积 $V=1/3\times h\times(S_1+S_2+\sqrt{S_1\times S_2})$。

2. 按365mm计算360墙的厚度。

3. 建筑工程计算范围。

（1）土方工程，房心回填土计算时，需考虑凸出内墙面的框架柱所占的面积。

（2）砌筑工程，只计算框架间墙。

（3）混凝土工程，只计算独立基础、框架柱、屋面框架梁、屋面板、散水。

（4）屋面工程，不计算屋面排水工程。

（5）措施项目，仅计算综合脚手架、垂直运输。

4. 计算工程数量以“m”“m^2”“m^3”为单位，步骤计算结果保留三位小数，最终计算结果保留两位小数。

【问题】

根据以上背景资料及现行国家标准《建设工程工程量清单计价规范》GB 50500、《房屋建筑与装饰工程工程量计算规范》GB 50854及其他相关文件的规定等，试列出该工程要求计算项目的各项分部分项工程量清单。

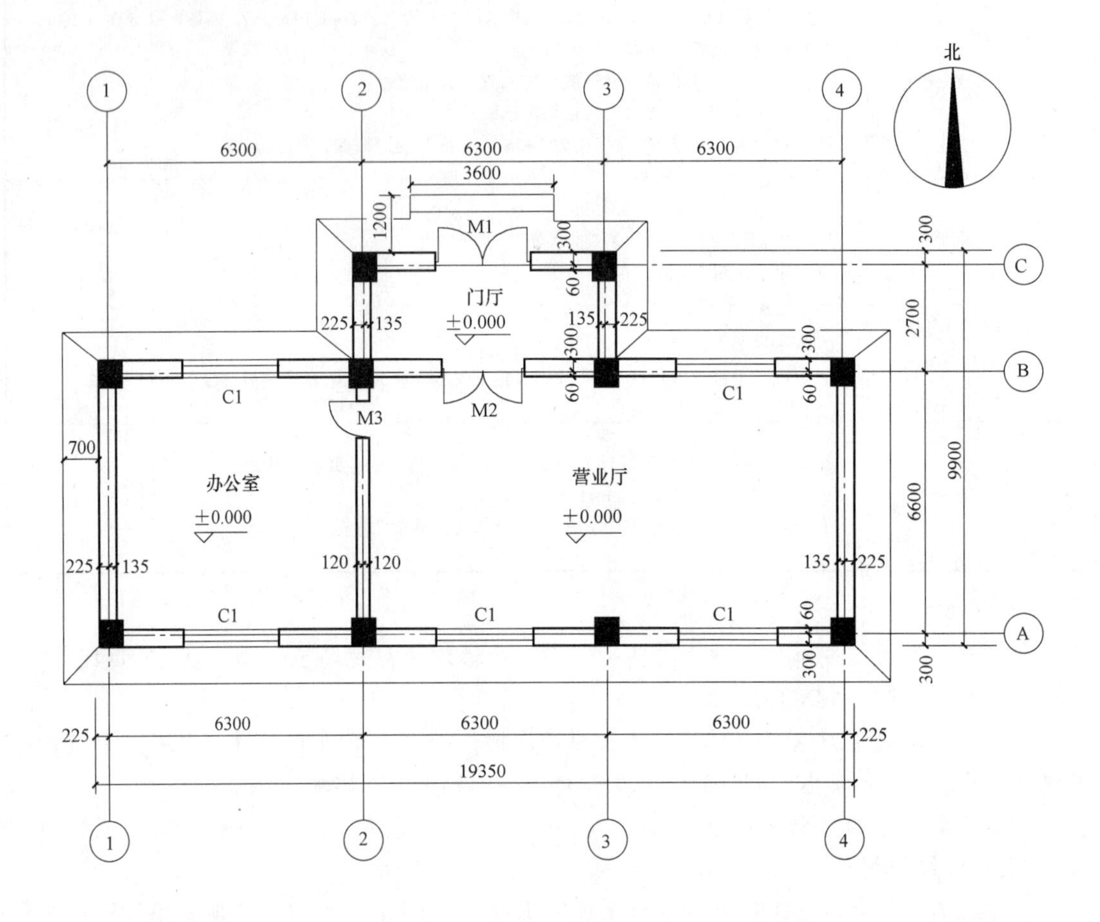

图 2-16　平面图

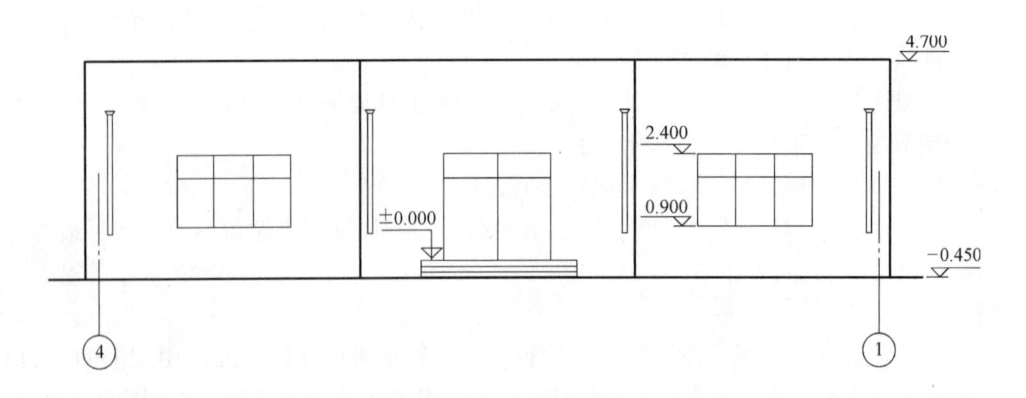

图 2-17　北立面图

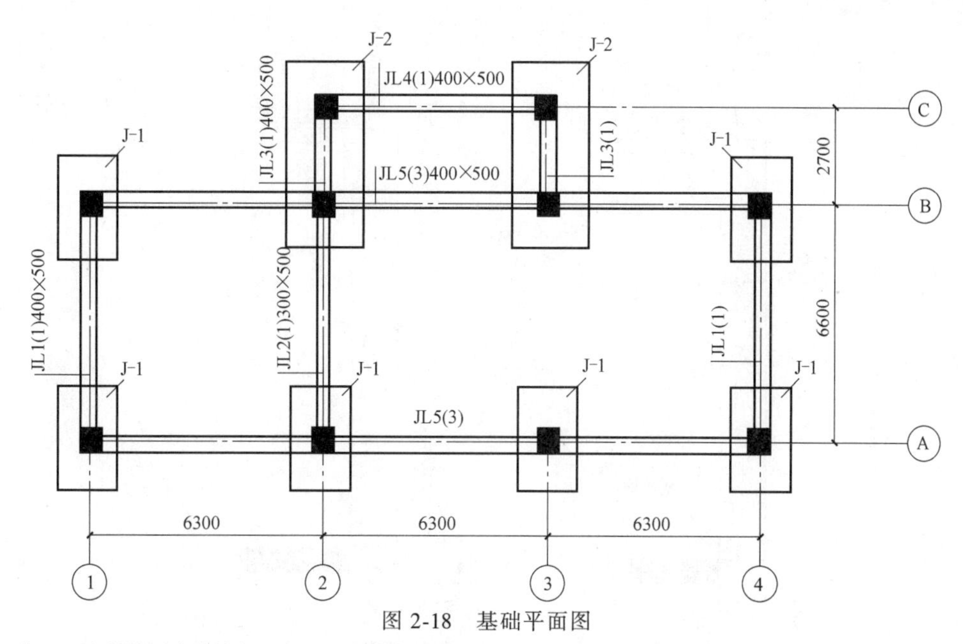

图 2-18　基础平面图

注：1. 基础梁梁底标高均为-1.450m，基础梁下不设垫层。

2. 所有未标注定位尺寸的基础梁均沿轴线居中或有一边贴柱边。

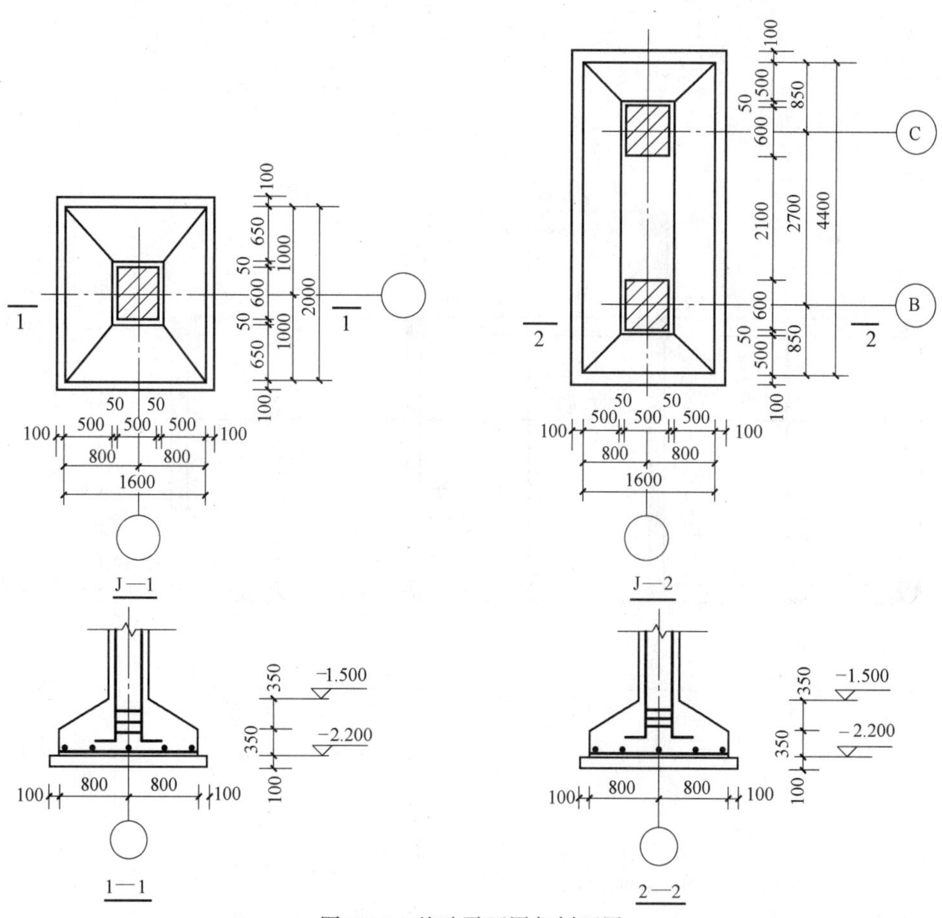

图 2-19　基础平面图与剖面图

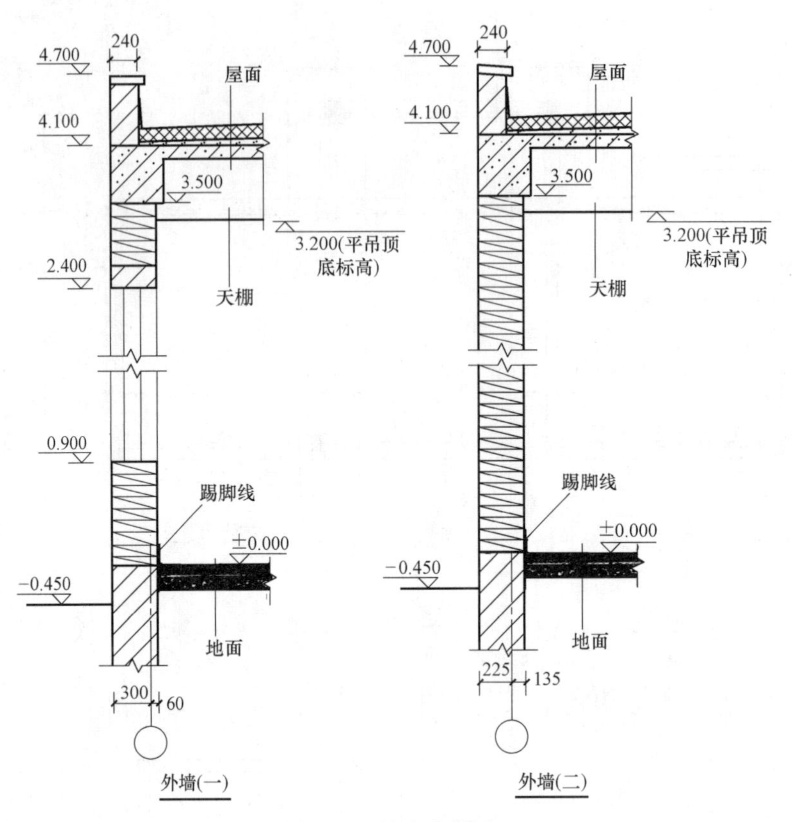

图 2-20 墙身大样图

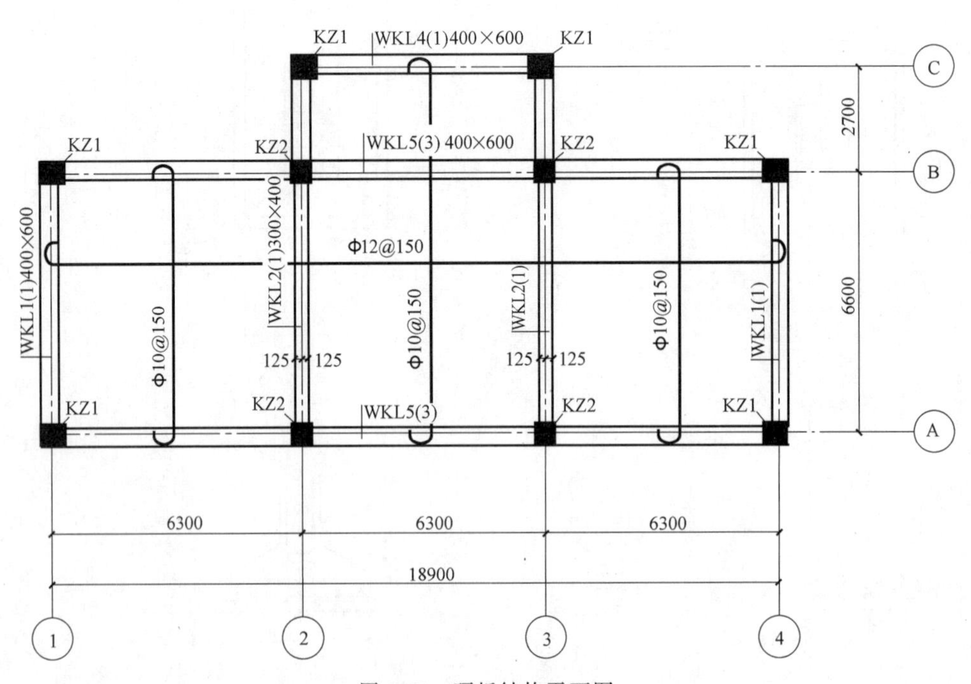

图 2-21 顶板结构平面图

注：1. 板厚均为150mm，板顶、梁顶标高均为4.200m。

2. 所有未标注定位尺寸的框架柱均沿轴线居中；所有未标注定位尺寸的框架梁均有一边贴柱边。

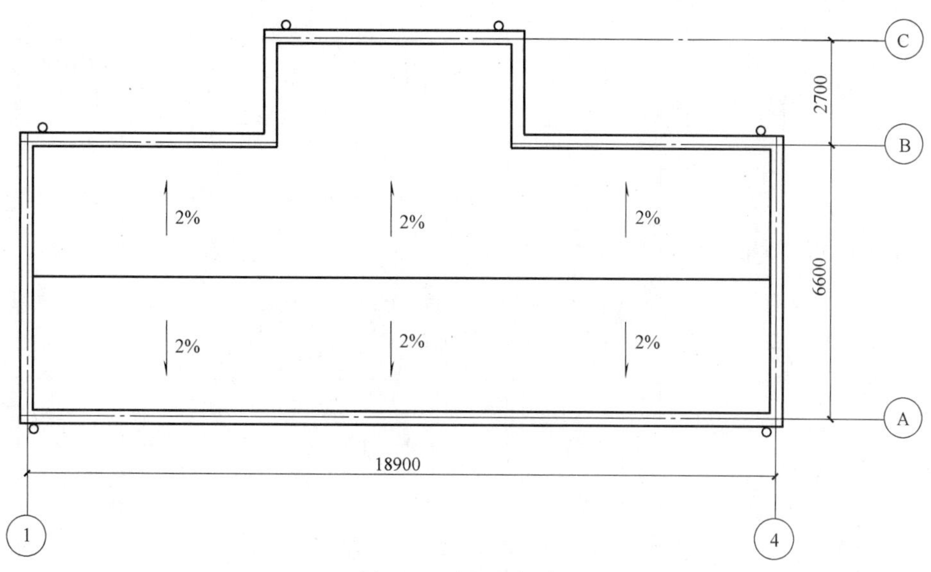

图 2-22 屋顶平面图

【参考答案】

该工程要求计算的项目的各项分部分项工程量清单见表 2-15 和表 2-16。

表 2-15 清单工程量计算表

工程名称：某工程

序号	项目编码	清单项目名称	计算式	工程量合计	计量单位
1	010101001001	平整场地	S=建筑面积=19.35×7.2+6.75×2.7≈157.55(m^2)	157.55	m^2
2	010101003001	挖基础沟槽土方	1. 基础梁 JL(400mm×500mm)的沟槽长 L_1=(6.6−1.4×2)×2+(18.9−2.35×3)×2+(6.3−2.35)=35.25(m) 2. 基础梁 JL(300mm×400mm)的沟槽长 L_2=6.6−1.1−0.3−0.95−0.3=3.95(m) 3. 挖土深度 1.45−0.45=1.0(m) 4. 体积 V=[(0.4+0.6)×35.25+(0.3+0.6)×3.95]×1.0≈38.81(m^3)	38.81	m^3
3	010101004001	挖基坑土方	三类土,放坡系数为 0.33,挖土深度 1.85m 1. 基坑 J-1 的体积 V_1=(2.4+0.33×1.85)×(2.8+0.33×1.85)×1.85+1/3×0.33×0.33×1.85×1.85×1.85 ≈18.995+0.230 =19.225(m^3) 2. 基坑 J-2 的体积 V_2=(2.4+0.33×1.85)×(5.2+0.33×1.85)×1.85+1/3×0.33×0.33×1.85×1.85×1.85 ≈32.361+0.230 =32.591(m^3) 3. 小计 V=19.225×6+32.591×2≈180.53(m^3)	180.53	m^3

（续）

序号	项目编码	清单项目名称	计算式	工程量合计	计量单位
4	010103001001	回填方	1. 扣除室外地坪以下的墙和柱体积 墙体积 $V_1=0.5\times56.80\times0.365+0.6\times6\times0.365=11.68(m^3)$ 柱体积 $V_2=0.5\times0.6\times(1.5-0.45)\times10=3.15(m^3)$ 2. 小计 $V=180.53+38.81-12.15-4.032-18.00-11.68-3.15$ $\approx170.33(m^3)$	170.33	m^3
5	010103001002	房心回填土方	1. 房间投影面积 $S_1=(19.35-0.24-0.365\times2)\times(6.6-0.12)+(6.3-0.27)\times(2.7-0.365)$ $\approx133.182(m^2)$ 2. 扣除凸出内墙框架柱的面积 $S_2=(0.5-0.365)\times(0.6-0.365)\times6+(0.5-0.365)\times(0.6-0.365)\times2+0.5\times(0.6-0.365)\times2\approx0.489(m^2)$ 3. 房间净面积 $S=133.182-0.489=132.693(m^2)$ 4. 房间地面结构中需扣除的厚度 $0.008+0.020+0.03+0.05+0.1=0.208(m)$ 5. 体积 $V=132.693\times(0.45-0.208)\approx32.11(m^3)$	32.11	m^3
6	010103002001	余方弃置	$V=180.53+38.81-32.11-170.33=16.90(m^3)$	16.90	m^3
7	010401001001	砖基础	$V=(0.5+0.45)\times56.80\times0.365+(0.6+0.45)\times6\times0.365$ $\approx21.99(m^3)$	21.99	m^3
8	010401005001	空心砖墙（365mm厚）	1. 墙体投影体积 $V_1=[(19.35-0.50\times4+9.9-0.6\times3)\times2+(6.3-0.5)]\times3.5\times0.365$ $=56.70\times3.5\times0.365$ $\approx72.434(m^3)$ 2. 扣除门窗洞口体积 1个M1洞口的体积 $V_2=1.8\times2.4\times0.365\approx1.577(m^3)$ 1个M2洞口的体积 $V_3=1.1\times2.4\times0.365\approx0.964(m^3)$ 5个C1洞口的体积 $V_4=2.1\times1.5\times0.365\times5\approx5.749(m^3)$ 3. 扣除过梁体积 $V_5=0.36\times0.24\times(2.4+1.7+2.7\times5)\approx1.521(m^3)$ 4. 小计 $V=72.434-1.577-0.964-5.749-1.521\approx62.62(m^3)$	62.62	m^3
9	010401005002	空心砖墙（240mm厚）	1. 墙体体积 $V_1=(6.9-0.6)\times3.7\times0.24\approx5.594(m^3)$ 2. 扣除1个M3洞口的体积 $V_2=0.9\times2.1\times0.24\approx0.454(m^3)$	5.05	m^3

（续）

序号	项目编码	清单项目名称	计算式	工程量合计	计量单位
9	010401005002	空心砖墙（240mm厚）	3. 扣除过梁体积 $0.24\times0.24\times(0.9+0.3\times2)\approx0.086(m^3)$ 4. 小计 $5.594-0.454-0.086\approx5.05(m^3)$	5.05	m^3
10	010501001001	独立基础垫层	$V=1.8\times2.2\times0.1\times6+1.8\times4.6\times0.1\times2=4.03(m^3)$	4.03	m^3
11	010501001002	地面垫层（营业厅）	$V=(12.6-0.255)\times(6.6-0.12)\times0.05$ $\approx79.996\times0.05$ $\approx4.00(m^3)$	4.00	m^3
12	010501003001	独立基础	1. 单个J1体积 $V_1=1.6\times2.0\times0.35+1/3\times0.35\times(1.6\times2.0+0.6\times0.7+\sqrt{1.6\times2.0\times0.6\times0.7})$ $\approx1.12+1/3\times0.35\times(3.62+1.159)$ $\approx1.678(m^3)$ 2. 单个J2体积 $V_2=1.6\times4.4\times0.35+1/3\times0.35\times(1.6\times4.4+0.6\times3.4+\sqrt{1.6\times4.4\times0.6\times3.4})$ $\approx2.464+1/3\times0.35\times(9.08+3.79)$ $\approx3.966(m^3)$ 3. 小计 $1.678\times6+3.966\times2=18.00(m^3)$	18.00	m^3
13	010502001001	矩形柱	$V=0.5\times0.6\times(1.5+4.1)\times10=16.80(m^3)$	16.80	m^3
14	010503001001	基础梁	1. 400mm×500mm 基础梁长 $L_1=(18.9-0.5\times3)\times2+(6.6-0.6)\times2+(6.3-0.5)+(2.7-0.6)\times2$ $=56.80(m)$ 2. 300mm×400mm 基础梁长 $L_2=6.6-0.6=6.0(m)$ 3. 体积 $V=0.4\times0.5\times56.80+0.3\times0.4\times6.0=12.08(m^3)$	12.08	m^3
15	010503005001	过梁	$V=0.36\times0.24\times(2.4+1.7+2.7\times5)+0.24\times0.24\times(0.9+0.3\times2)$ $\approx1.61(m^3)$	1.61	m^3
16	010505001001	现浇混凝土有梁板	1. C30框架梁 400mm×600mm 梁长 $L_1=(18.9-0.5\times3)\times2+(6.6-0.6)\times2+(6.3-0.5)+(2.7-0.6)\times2$ $=56.80(m)$ 250mm×400mm 梁长 $L_2=(6.6-0.6)\times2=12.0(m)$	30.57	m^3

（续）

序号	项目编码	清单项目名称	计算式	工程量合计	计量单位
16	010505001001	现浇混凝土有梁板	$V_1=0.4\times0.6\times56.80+0.30\times0.4\times12.0$ $\approx15.07(m^3)$ 2. C30 现浇板 $V_2=[(18.9-0.25\times2-0.175\times2)\times(6.6-0.1\times2)+(6.3-0.175\times2)\times(2.7-0.4)]\times0.12$ $=129.205\times0.12$ $\approx15.50(m^3)$ 3. 小计 $V=15.07+15.50=30.57(m^3)$	30.57	m^3
17	010507001001	散水	$S=(9.9+0.7\times2)\times(19.35+0.7\times2)-9.9\times19.35-3.6\times0.7=40.39(m^2)$	40.39	m^2
18	010902001001	屋面 APP 卷材防水	1. 水平面积 $S_1=(6.6+0.12)\times(18.9-0.03)+(6.3-0.03)\times2.7$ $\approx143.735(m^2)$ 2. 上卷面积 $S_2=0.25\times(18.9-0.03+9.3+0.12)\times2=14.145(m^2)$ 3. 小计 $S=143.735+14.145=157.88(m^2)$	157.88	m^2
19	010902003001	屋面刚性层	水平面积 $S=(6.6+0.12)\times(18.9-0.03)+(6.3-0.03)\times2.7\approx143.74(m^2)$	143.74	m^2
20	011101006001	屋面找平层	1. 水平面积 $S_1=(6.6+0.12)\times(18.9-0.03)+(6.3-0.03)\times2.7$ $\approx143.735(m^2)$ 2. 上卷面积 $S_2=0.25\times(18.9-0.03+9.3+0.12)\times2$ $=14.145(m^2)$ 3. 小计 $S=143.735+14.145=157.88(m^2)$	157.88	m^2
21	011001001001	保温屋面	$S=(6.6+0.12)\times(18.9-0.03)+(6.3-0.03)\times2.7$ $\approx143.74(m^2)$	143.74	m^2
22	011701001001	综合脚手架（营业厅）	S=建筑面积$=19.35\times7.2+6.75\times2.7\approx157.55(m^2)$	157.55	m^2
23	011703001001	垂直运输（营业厅）	S=建筑面积$=19.35\times7.2+6.75\times2.7\approx157.55(m^2)$	157.55	m^2

注：1. 挖沟槽土方，将工作面增加的工程量并入土方工程量中，工作面根据现行国家标准《房屋建筑与装饰工程工程量计算规范》GB 50854 附录表 A. 1-4 规定计算。

2. 现浇混凝土基础垫层执行现行国家标准《房屋建筑与装饰工程工程量计算规范》GB 50854 附录 E. 1 垫层项目规定。

3. 按规定，屋面防水反边应并入清单工程量。

4. 屋面找平层按现行国家标准《房屋建筑与装饰工程工程量计算规范》GB 50854 附录 K. 1 楼地面装饰工程“平面砂浆找平层”项目编码列项。

表 2-16　分部分项工程和单价措施项目清单与计价表

工程名称：某工程　　　　　　　　　　　　　　　　　　　第 1 页共 2 页

序号	项目编码	项目名称	项目特征描述	计量单位	工程量	金额(元)	
						综合单价	合价
土(石)方工程							
1	010101001001	平整场地	1. 土壤类别:三类 2. 取弃土运距:由投标人根据施工现场情况自行考虑	m^2	157.55		
2	010101003001	挖基础沟槽土方	1. 土壤类别:三类 2. 挖土深度:1. m 3. 弃土运距:现场内运输堆放距离为50m、场外运输距离为 1km	m^3	38.81		
3	010101004001	挖基坑土方	1. 土壤类别:三类 2. 挖土深度:1.85m 3. 弃土运距:现场内运输堆放距离为50m、场外运输距离为 1km	m^3	180.53		
4	010103001001	回填方	1. 密实度要求:满足设计和规范要求 2. 填方来源、运距:原土、50m	m^3	170.33		
5	010103001002	房心回填土方	1. 密实度要求:满足设计和规范要求 2. 填方来源、运距:原土、50m	m^3	32.11		
6	010103002001	余方弃置	运距:1km	m^3	16.90		
砌筑工程							
7	010401001001	砖基础	1. 砖品种、规格、强度等级:页岩标准砖、240mm×115mm×53mm、MU15 2. 砂浆强度等级:M10 水泥砂浆 3. 防潮层材料种类:防水砂浆防潮层	m^3	21.99		
8	010401005001	空心砖墙(365mm 厚)	1. 砖品种、规格、强度等级:MU15、KP1 黏土空心砖、240mm×240mm×115mm 2. 砂浆强度等级:M7.5 混合砂浆	m^3	62.62		
9	010401005002	空心砖墙(240mm 厚)	1. 砖品种、规格、强度等级:MU15、KP1 黏土空心砖、240mm×240mm×115mm 2. 砂浆强度等级:M7.5 混合砂浆	m^3	5.05		
混凝土及钢筋混凝土工程							
10	010501001001	独立基础垫层	1. 混凝土种类:现场搅拌 2. 混凝土强度等级:C10	m^3	4.03		
11	010501001002	地面垫层(营业厅)	1. 混凝土种类:现场搅拌 2. 混凝土强度等级:C10	m^3	4.00		
12	010501003001	独立基础	1. 混凝土类别:现场搅拌 2. 混凝土强度等级:C30	m^3	18.00		
13	010502001001	矩形柱	1. 混凝土类别:现场搅拌 2. 混凝土强度等级:C30	m^3	16.80		

（续）

工程名称：某工程 第2页共2页

序号	项目编码	项目名称	项目特征描述	计量单位	工程量	金额（元）	
						综合单价	合价
混凝土及钢筋混凝土工程							
14	010503001001	基础梁	1. 混凝土类别：现场搅拌 2. 混凝土强度等级：C30	m^3	12.08		
15	010503005001	过梁	1. 混凝土类别：现场搅拌 2. 混凝土强度等级：C20	m^3	1.61		
16	010505001001	现浇混凝土有梁板	1. 混凝土类别：现场搅拌 2. 混凝土强度等级：C30	m^3	30.57		
17	010507001001	散水	1. 垫层材料种类、厚度：C10 混凝土、厚 20mm 2. 面层厚度：80mm 3. 混凝土强度等级：C20 4. 填塞材料种类：建筑油膏	m^2	40.39		
屋面及防水工程							
18	010902001001	屋面 APP 卷材防水	1. 卷材品种、规格：APP 防水卷材、厚 3mm 2. 防水层做法：详见国家建筑标准图集《平屋面建筑构造》12J201 中 A4 卷材、涂膜防水屋面构造做法；H2 常用防水层收头做法；A14 卷材、涂膜防水屋面立墙泛水；A15 卷材、涂膜防水屋面变形缝	m^2	157.88		
19	010902003001	屋面刚性层	1. 刚性层厚度：刚性防水层 40mm 厚 2. 混凝土种类：细石混凝土 3. 混凝土强度等级：C20 4. 嵌缝材料种类：建筑油膏嵌缝，沿着女儿墙与刚性层相交处贯通 5. 钢筋规格、型号：内配 $\phi6.5$ 钢筋双向中距 200	m^2	143.74		
20	011101006001	屋面找平层	找平层厚度、配合比：20mm 厚 1∶2 水泥砂浆、20mm 厚 1∶3 水泥砂浆	m^2	157.88		
保温、隔热、防腐							
21	011001001001	保温屋面	1. 部位：屋面 2. 材料品种及厚度：水泥炉渣 1∶6、找坡 2%、最薄处 60mm	m^2	143.74		
措施项目							
22	011701001001	综合脚手架（营业厅）	1. 形式：框架结构 2. 檐口高度：4.43m	m^2	157.55		
23	011703001001	垂直运输（营业厅）	1. 建筑物建筑类型及结构形式：房屋建筑、框架结构 2. 建筑物檐口高度、层数：4.43m、一层	m^2	157.55		

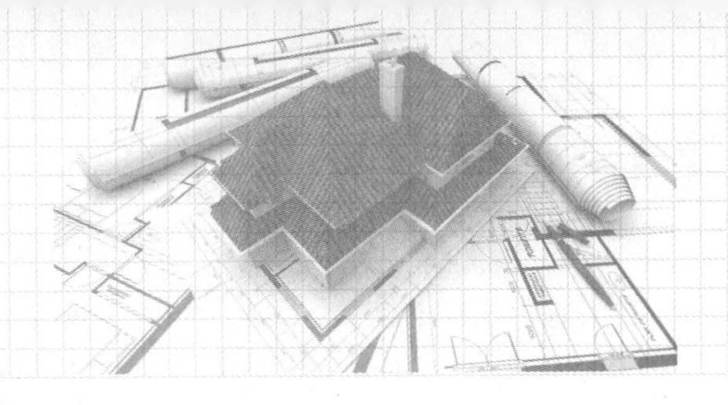

第三天

施工图预算的编制及实例

第一节　工程计价基础

一、工程单价和工程总价

1. 工程单价

工程单价是指完成单位工程基本构造单元的工程量所需的基本费用。工程单价包括工料单价和综合单价。

（1）工料单价。它包括人工、材料、机具使用费，是各种人工消耗量、各种材料消耗量、各类施工机具台班消耗量与其相应单价的乘积。用下列公式表示

$$工料单价 = \sum(人材机消耗量 \times 人材机单价) \quad (3\text{-}1)$$

（2）综合单价。它除包括人工、材料、机具使用费外，还包括可能分摊在单位工程基本构造单元的费用。根据我国现行有关规定，又可以分为清单综合单价与全费用综合单价两种。其中，清单综合单价中除包括人工、材料、机具使用费用外，还包括企业管理费、利润和风险因素；全费用综合单价中除包括人工、材料、机具使用费外，还包括企业管理费、利润、规费和税金。

综合单价根据国家、地区、行业定额或企业定额消耗量和相应生产要素的市场价格，以及定额或市场的取费费率来确定。

2. 工程总价

工程总价是指经过规定的程序或办法逐级汇总形成的相应工程造价。其计算方法根据采用的单价内容和计算程序不同，分为工料单价法和综合单价法。

（1）工料单价法。首先依据相应计价定额的工程量计算规则计算项目的工程量，然后依据定额的人、材、机要素消耗量和单价，计算各个项目的直接费，再计算直接费合价，最后再按照相应的取费程序计算其他各项费用，汇总后形成相应工程造价。

（2）综合单价法。全费用综合单价（完全综合单价）时，首先依据相应工程量计算规范规定的工程量计算规则计算工程量，并依据相应的计价依据确定综合单价，然后用工程量乘以综合单价，并汇总即可得出分部分项工程费（以及措施项目费），最后再按相应的办法计算其他项目费，汇总后形成相应工程造价。现行国家标准《建设工程工程量清单计价规范》GB 50500 中规定的清单综合单价属于非完全综合单价，当把规费和税金计入非完全综合单价后即形成完全综合单价。

二、工程计价标准和依据

工程计价标准和依据包括计价活动的相关规章规程、工程量清单计价和工程量计算规

范、工程定额和相关工程造价信息等。

目前，工程定额主要作为国有资金投资工程编制投资估算、设计概算和最高投标限价（招标控制价）的依据。对于其他工程，在项目建设前期各阶段可以用于建设投资的预测和估计，在工程建设交易阶段，工程定额可以作为建设产品价格形成的辅助依据。工程量清单计价依据主要适用于合同价格形成以及后续的合同价款管理阶段。计价活动的相关规章规程则根据其具体内容可能适用于不同阶段的计价活动。工程造价信息是计价活动所必需的依据。

1. 计价活动的相关规章规程

现行计价活动相关的规章规程主要包括国家标准《工程造价术语标准》GB/T 50875、《建筑工程建筑面积计算规范》GB/T 50353 和《建设工程造价咨询规范》GB/T 51095，以及中国建设工程造价管理协会标准（包括建设项目投资估算编审规程、建设项目设计概算编审规程、建设项目施工图预算编审规程、建设工程招标控制价编审规程、建设项目工程结算编审规程、建设项目工程竣工决算编制规程、建设项目全过程造价咨询规程、建设工程造价咨询成果文件质量标准、建设工程造价鉴定规程、建设工程造价咨询工期标准等）。

2. 工程量清单计价和工程量计算规范

工程量清单计价和工程量计算规范由现行国家标准《建设工程工程量清单计价规范》GB 50500、《房屋建筑与装饰工程工程量计算规范》GB 50854、《仿古建筑工程工程量计算规范》GB 50855、《通用安装工程工程量计算规范》GB 50856、《市政工程工程量计算规范》GB 50857、《园林绿化工程工程量计算规范》GB 50858、《构筑物工程工程量计算规范》GB 50859、《矿山工程工程量计算规范》GB 50860、《城市轨道交通工程工程量计算规范》GB 50861、《爆破工程工程量计算规范》GB 50862 等组成。

3. 工程定额

工程定额主要是指国家、地方或行业主管部门制定的各种定额，包括工程消耗量定额和工程计价定额等。工程消耗量定额主要是指完成规定计量单位的合格建筑安装产品所消耗的人工、材料、施工机具台班的数量标准。工程计价定额是指直接用于工程计价的定额或指标，包括预算定额、概算定额、概算指标和投资估算指标。此外，部分地区和行业造价管理部门还会颁布工期定额，它是在正常的施工技术和组织条件下，完成建设项目和各类工程建设投资费用的计价依据。

4. 工程造价信息

工程造价信息是指工程造价管理机构发布的建设工程人工、材料、工程设备、施工机具的价格信息，以及各类工程的造价指数、指标等。

三、工程概预算编制的基本程序

1. 工料单价法

工程概预算的编制是通过国家、地方或行业主管部门颁布统一的计价定额或指标，对建筑产品价格进行计价的活动。如果用工料单价法进行概预算编制，则应按概算定额或预算定额规定的定额子目，逐项计算工程量，套用概预算定额单价（或单位估价表）确定直接费，然后按规定的取费标准确定间接费（包括企业管理费、规费），再计算利润和税金，经汇总后即为工程概预算价值。工程概预算编制的基本程序如图 3-1 所示。各项费用计算公式见表 3-1。

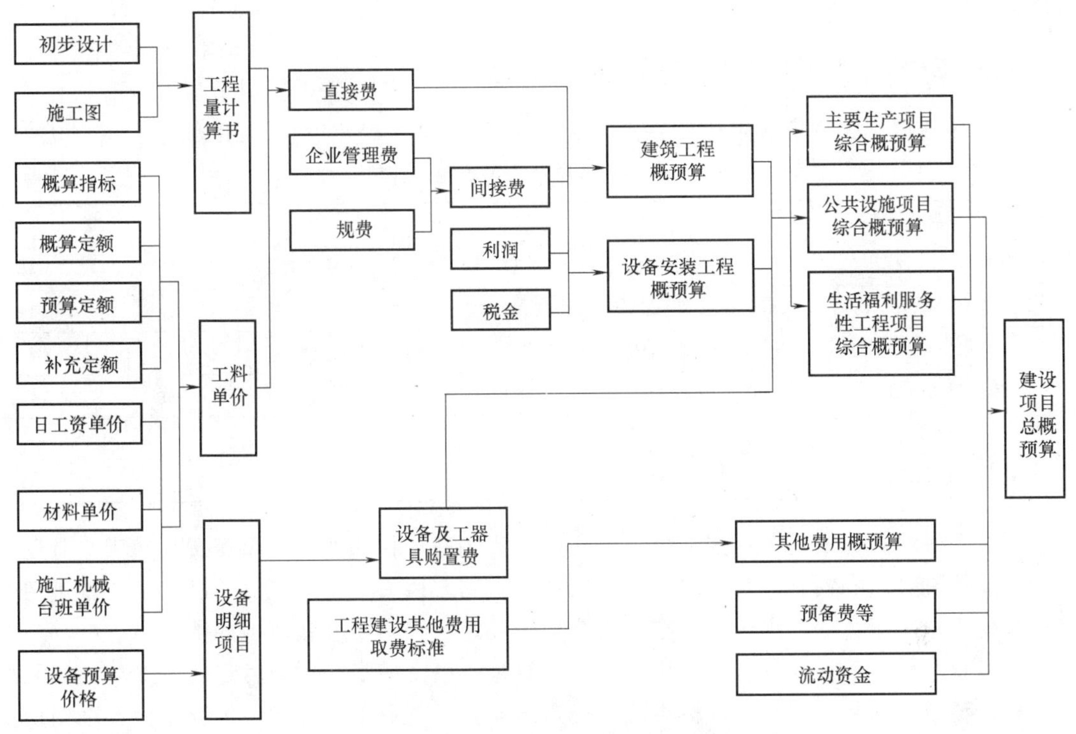

图 3-1　工料单价法工程概预算编制的基本程序

工程概预算单位价格的形成过程，就是依据概预算定额所确定的消耗量乘以定额单价或市场价，经过计算形成相应造价的过程。

表 3-1　工料单价法下工程概预算各项费用计算公式

项目	计 算 公 式
工料单价	每一计量单位建筑产品的基本构造单元(假定建筑安装产品)的工料单价=人工费+材料费+施工机具使用费 (3-2) 人工费=Σ(人工工日数量×人工单价) (3-3) 材料费=Σ(材料消耗量×材料单价)+工程设备费 (3-4) 施工机具使用费=Σ(施工机械台班消耗量×机械台班单价)+Σ(仪器仪表台班消耗量×仪器仪表台班单价) (3-5)
单位工程直接费	单位工程直接费=Σ(假定建筑安装产品工程量×工料单价) (3-6)
单位工程概预算造价	单位工程概预算造价=单位工程直接费+间接费+利润+税金 (3-7)
单项工程概预算造价	单项工程概预算造价=Σ单位工程概预算造价+设备、工器具购置费 (3-8)
建设项目全部工程概预算造价	建设项目全部工程概预算造价=Σ单项工程的概预算造价+预备费+工程建设其他费+建设期利息+流动资金 (3-9)

2. 全费用综合单价法

若采用全费用综合单价法进行概预算编制，单位工程概预算的编制程序更加简单，只需将概算定额或预算定额规定的定额子目的工程量乘以各子目的全费用综合单价汇总而成即可，然后用式（3-8）和式（3-9）计算单项工程概预算造价以及建设项目全部工程概预算造价。

四、工程量清单计价的基本程序

工程量清单计价各项费用计算公式，见表3-2。

表3-2 工程量清单计价各项费用计算公式

项目	计算公式
分部分项工程费	分部分项工程费=Σ(分部分项工程量×相应分部分项工程综合单价) (3-10)
措施项目费	措施项目费=Σ各措施项目费 (3-11)
其他项目费	其他项目费=暂列金额+暂估价+计日工+总承包服务费 (3-12)
单位工程造价	单位工程造价=分部分项工程费+措施项目费+其他项目费+规费+税金 (3-13)
单项工程造价	单项工程造价=Σ单位工程造价 (3-14)
建设项目总造价	建设项目总造价=Σ单项工程造价 (3-15)

综合单价是指完成一个规定清单项目所需的人工费、材料和工程设备费、施工机具使用费和企业管理费、利润，以及一定范围内的风险费用。风险费用是隐含于已标价工程量清单综合单价中，用于化解发承包双方在工程合同中约定的风险内容和范围的费用。

工程量清单计价活动涵盖施工招标、合同管理，以及竣工交付全过程，主要包括编制招标工程量清单、招标控制价、投标报价，确定合同价，进行工程计量与价款支付、合同价款的调整、工程结算和工程计价纠纷处理等活动。

第二节 施工图预算编制要点

一、施工图预算的含义、编制依据及作用

1. 施工图预算的含义

施工图预算是以施工图设计文件为依据，按照规定的程序、方法和依据，在工程施工前对工程项目的工程费用进行的预测与计算。施工图预算的成果文件称为施工图预算书，简称施工图预算。它是在施工图设计阶段对工程建设所需资金做出较精确计算的设计文件。

施工图预算价格既可以是按照政府统一规定的预算单价、取费标准、计价程序计算而得到的属于计划或预期性质的施工图预算价格，也可以是通过招标投标法定程序后施工企业根据自身的实力即企业定额、资源市场单价以及市场供求及竞争状况计算得到的反映市场性质的施工图预算价格。

2. 施工图预算的编制依据

施工图预算的编制必须遵循以下依据：

(1) 国家、行业和地方有关规定。

(2) 相应工程造价管理机构发布的预算定额。

(3) 施工图设计文件及相关标准图集和规范。

(4) 项目相关文件、合同、协议等。

(5) 工程所在地的人工、材料、设备、施工机具预算价格。

(6) 施工组织设计和施工方案。

(7) 项目的管理模式、发包模式及施工条件。

(8) 其他应提供的资料。

3. 施工图预算的作用

施工图预算的作用主要表现在以下几个方面：

(1) 以施工图作为确定工程造价的依据。

(2) 以施工图作为实行建筑工程预算包干的依据和签订施工合同的主要内容。

(3) 以施工图作为建设银行办理拨款结算的依据。

(4) 以施工图作为施工企业安排调配施工力量、组织材料供应的依据。

(5) 以施工图作为建筑安装企业实行经济核算和进行成本管理的依据。

(6) 以施工图作为进行施工预算和施工图预算对比的依据。

二、定额项目的换算

定额项目的换算，就是将与定额项目规定不相符的内容换算成与设计要求相符的调整或换算过程。如计算某一工程项目单位预算价值时，如果施工图设计的工程项目内容、所需的材料、施工方法与所套用相应的定额项目内容的要求不相同，而且定额规定允许进行换算时，可以按定额规定的换算范围、内容和方法进行换算。

现行定额的总编制说明、项目的换算说明、分部工程说明和定额项目表及附注内容中对此都有所规定，如对于某些工程项目的工程量，定额基价，人工费，材料品种、规格和数量增减，使用机械、脚手架、垂直运输等项目在定额需要系数等方面允许进行换算或调整。

1. 工程量换算

实际施工过程中可能会出现设计要求的工程量内容与定额项目规定的工程量不相符的情况，遇到这种情况时则需要进行工程量的换算。工程量的换算是依据工程预算定额中的规定，即将施工图设计的工程项目工程量乘以相关文件规定和定额规定的调整系数进行调整换算后的工程量。其计算方法如下

$$\text{换算后的工程量} = \text{按施工图计算的工程量} \times \text{定额规定的调整系数} \quad (3\text{-}16)$$

2. 系数增减换算

在实际施工图设计的工程项目过程中，可能会出现设计要求与定额规定的相应内容有的不完全相符的情况，可按照相关文件和定额规定，在其允许范围内，采用调增或调减系数来调整定额基价或其中的人工费、机械使用费或其他费用等。调增或调减换算的方法如下：

(1) 根据实际施工图设计的工程项目内容，从定额手册目录中，查出工程项目所在定额中的位置以及定额编号，并分析其是否需要调增或调减系数，调整定额项目。

(2) 如果需要调整，从定额项目表中查出调整前定额基价和人工费、主材费、机械使用费、其他费用等，并从定额总说明、分部工程说明或附注内容中查出相应调整系数。

(3) 在此基础上，计算调增或调减后的定额基价。其计算方法如下

$$\begin{matrix}\text{调整后定}\\\text{额基价}\end{matrix} = \text{调整前定额基价} + \begin{pmatrix}\text{定额人工费主材费、}\\\text{机械使用费、其他费用}\end{pmatrix} \times \text{相应调整系数} \quad (3\text{-}17)$$

(4) 确定调增或调减后的定额编号。

(5) 计算调增或调减后的预算基价，其计算方法如下

$$调增或调减后预算基价=工程项目工程量×调整后定额基价 \tag{3-18}$$

3. 材料价格换算

当工程主要材料的市场价格与定额规定的价格不相符时，并且定额项目规定允许换算时，必须进行换算。材料价格换算计算方法如下

(1) 根据实际施工图纸设计的工程项目内容，从定额目录中查出工程项目所在定额的位置以及定额编号，并分析其是否需要进行定额项目的换算。

(2) 如果需要换算，则从定额项目中查出工程项目相应的换算前定额基价、材料预算价格和定额消耗量。

(3) 从当地建设主管部门公布的建筑材料市场价格信息中，查出相应的材料市场价格。

(4) 根据实际情况进行材料价格的调增或调减，计算换算后的定额基价，其计算方法如下

$$定额基价=换算前定额基价+换算材料定额消耗量×(换算材料市场价格-换算材料预算价格) \tag{3-19}$$

(5) 计算调增或调减换算后预算价值，其计算方法如下

$$换算后预算价值=工程项目工程量×相应的换算后定额基价$$

4. 材料用量换算

在实际施工图设计的工程项目中，由于主要材料用量与定额规定的主材消耗量不同而引起定额基价的变化时，必须进行定额换算，其换算计算方法如下

(1) 根据实际施工图设计的工程项目内容，从定额目录中查出工程项目所在定额中的位置以及定额编号，并分析其是否需要进行定额换算。

(2) 从定额项目表中，查出换算前的定额基价、定额主材消耗量和相应的主材预算价格。

(3) 计算工程项目主材的实际用量和定额单位实际消耗量，其计算方法如下

$$主材实际用量=主材设计净用量×(1+损耗率) \tag{3-20}$$

$$定额单位主材实际消耗量=主材实际用量/工程项目工程量×工程项目定额计量单位 \tag{3-21}$$

(4) 计算换算后的定额基价，其计算方法如下

$$换算后的定额基价=换算前定额基价+(定额单位主材实际消耗量-定额单位主材定额消耗量)×相应主要材料预算价格 \tag{3-22}$$

(5) 计算换算后的预算价值。

三、建筑安装工程费计算

单位工程施工图预算包括建筑工程费、安装工程费和设备及工器具购置费。单位工程施工图预算中的建筑安装工程费应根据施工图设计文件、预算定额（或综合单价）以及人工、材料及施工机具台班等价格资料进行计算。在设计阶段，施工图预算主要采用的编制方法是单价法，招标及施工阶段主要的编制方法是基于工程量清单的综合单价法。

设计阶段的单价法又可分为工料单价法和全费用综合单价法。

1. 工料单价法

工料单价法是指分部分项工程及措施项目的单价为工料单价，将子项工程量乘以对应工

料单价后的合计作为直接费，直接费汇总后，再根据规定的计算方法计取企业管理费、利润、规费和税金，将上述费用汇总后得到该单位工程的施工图预算造价。工料单价法计算建筑安装工程费流程，如图3-2所示。

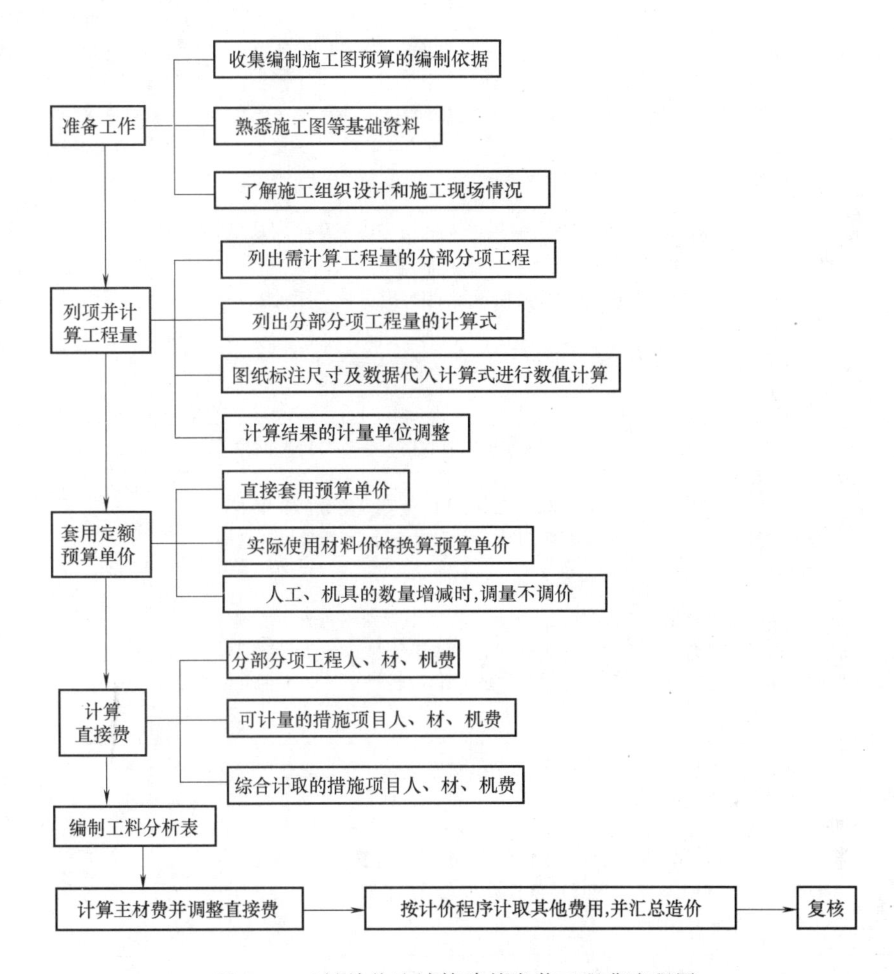

图3-2 工料单价法计算建筑安装工程费流程图

工料单价法中的单价一般采用地区统一单位估价表中的各子目工料单价（定额基价）。工料单价法计算公式如下

$$建筑安装工程预算造价=\sum(子目工程量\times子目工料单价)+企业管理费+利润+规费+税金 \tag{3-23}$$

工料单价法计算施工图预算中的建筑安装工程费的步骤、工作内容及应注意的问题，见表3-3。

表3-3 工料单价法编制施工图预算中的建筑安装工程费

编制步骤	工作内容	应注意的问题
准备工作	(1)收集编制施工图预算的编制依据 (2)熟悉施工图等基础资料 (3)了解施工图组织设计和施工现场情况	编制依据包括现行建筑安装定额、取费标准、工程量计算规则、地区材料预算价格以及市场材料价格

（续）

编制步骤	工作内容	应注意的问题
列项并计算工程量	(1)根据工程内容和定额项目,列出需计算工程量的分部分项工程 (2)根据一定的计算顺序和计算规则,列出分部分项工程量的计算式 (3)根据施工图纸上的设计尺寸及有关数据,代入计算式进行数值计算 (4)对计算结果的计量单位进行调整	工程量应严格按照图纸标注尺寸和现行定额规定的工程量计算规则进行计算,分项子目的工程量应遵循一定的顺序逐项计算,避免漏算和重算
套用定额预算单价	(1)分项工程的名称、规格、计量单位与预算单价或单位估价表中所列内容完全一致时,可以直接套用预算单价 (2)材料不一致时,不可以直接套用预算单价,需要按实际使用材料价格换算预算单价① (3)施工工艺条件不一致而造成人工、机具的数量增减时,一般调量不调价	本阶段主要是计算分部分项工程人材机费
计算直接费	(1)可以计量的措施项目人材机费与分部分项工程人材机费的计算方法相同 (2)综合计取的措施项目人材机费应以该单位工程的分部分项工程人材机费和可以计量的措施项目人材机费之和为基数乘以相应费率计算	直接费为分部分项工程人材机费与措施项目人材机费之和
编制工料分析表	依据定额或单位估价表,首先从定额项目表中分别将各分项工程消耗的每项材料和人工的定额消耗量查出再分别乘以该工程项目的工程量,得到分项工程或措施项目工料消耗量;最后将各类消耗量加以汇总	最终得出单位工程人工、材料的消耗数量
计算主材费并调整直接费	许多定额项目基价未包括主材费用在内,应单独计算出主材费并将主材费的价差加入直接费	主材费的计算依据是当时当地的市场价格
计取其他费用,并汇总造价	根据规定的税率、费率和相应的计取基础,分别计算企业管理费、利润、规费和税金。将上述费用累计后与人、材、机费进行汇总,求出单位工程预算造价	计算工程的技术经济指标,如单方造价等
复核	对项目填列、工程量计算公式、计算结果、套用单价、取费费率、数字计算结果、数据精确度等进行全面复核,及时发现差错并修改,以保证预算的准确性	
填写封面、编制说明	封面应写明工程编号、工程名称、预算总造价和单方造价等	

① 具体换算方法见第三节。

2. 全费用综合单价法

采用全费用综合单价法编制建筑安装工程预算的程序与工料单价法大体相同，只是直接采用包含全部费用和税金等项在内的综合单价进行计算。

（1）分部分项工程费的计算。建筑安装工程预算的分部分项工程费应由各子目的工程量乘以各子目的综合单价汇总而成。各子目的工程量应按预算定额的项目划分并按其工程量计算规则计算。各子目的综合单价应包括人工费、材料费、施工机具使用费、管理费、利润、规费和税金。

（2）综合单价的计算。各子目综合单价的计算可通过预算定额及其配套的费用定额确定。其中，人工费、材料费、机械费（广义的机械费，既包含大中型施工机械也包含小型施工机具的台班费用，较为准确的描述应为“机具费”）应根据相应的预算定额子目的人材机要素消耗量，以及报告编制期人材机的市场价格（不含增值税进项税额）等因素确定；管理费、利润、规费、税金等应依据预算定额配套的费用定额或取费标准，并依据报告编制期拟建项目的实际情况、市场水平等因素确定，编制建筑安装工程预算时应同时编制综合单价分析表（表 3-4）。

表 3-4　建筑安装工程施工图预算综合单价分析表

施工图预算编号：　　　　单项工程名称：　　　　共　页　第　页

项目编码		项目名称			计量单位		工程数量	
综合单价组成分析								
定额编号	定额名称	定额单位	定额直接费单价(元)			直接费合价(元)		
			人工费	材料费	机械费	人工费	材料费	机械费
间接费及利润税金计算	类别	取费基数描述	取费基数		费率(%)	金额(元)		备注
	管理费							
	利润							
	规费							
	税金							
综合单价(元)								
预算定额人材机消耗量和单价分析	人材机项目名称及规格、型号		单位	消耗量	单价(元)	合价(元)	备注	

编制人：　　　　审核人：　　　　审定人：

注：1. 本表适用于采用分部分项工程项目，以及可以计量措施项目的综合单价分析。

2. 在进行预算定额消耗量和单价分析时，消耗量应采用预算定额消耗量，单价应为报告编制期的市场价。

（3）措施项目费的计算。建筑安装工程预算的措施项目费应按下列规定计算：

1）可以计量的措施项目费与分部分项工程费的计算方法相同。

2）综合计取的措施项目费应以该单位工程的分部分项工程费和可以计量的措施项目费之和为基数乘以相应费率计算。

（4）建筑安装工程施工图预算费用的计算。分部分项工程费与措施项目费之和即为建筑安装工程施工图预算费用。

四、设备及工器具购置费计算

设备购置费由设备原价和设备运杂费构成。未达到固定资产标准的工器具购置费一般以设备购置费为计算基数，按照规定的费率计算。

五、单位工程施工图预算书的编制

单位工程施工图预算由建筑安装工程费和设备及工器具购置费组成，将计算好的建筑安装工程费和设备及工器具购置费相加，即得到单位工程施工图预算，即

单位工程施工图预算=建筑安装工程预算+设备及工器具购置费　　(3-24)

单位工程施工图预算书由单位建筑工程施工图预算表和单位设备及安装工程预算表组成。

第三节　施工图预算的编制实例

【背景资料】

某单层房屋施工图及基础平面图等如图3-3～图3-10所示。

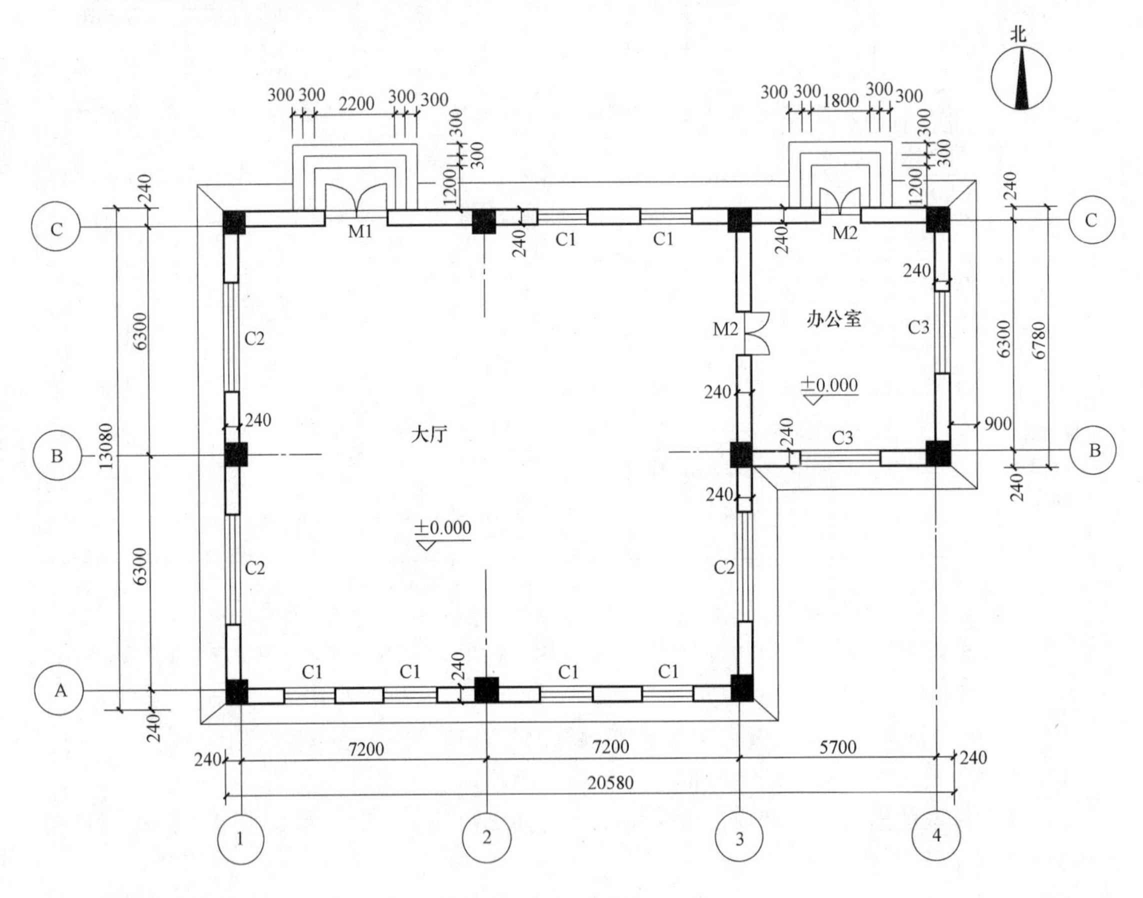

图3-3　平面图

（一）设计说明

1. 该工程为砖混框架结构，室外地坪标高为-0.450m。

2. 门窗详表见表3-5，居中安装，框宽100mm，木门为水泥砂浆后塞口，塑钢窗为填充剂后塞口。

表 3-5　门窗详表

序号	代号	洞口尺寸(宽×高)/(mm×mm)	备注
1	M1	1800×2400	松木带亮自由门
2	M2	1100×2400	胶合板门
3	C1	1200×1800	单玻塑钢平开窗
4	C2	2800×1800	单玻塑钢平开窗
5	C3	2100×1500	单玻塑钢平开窗

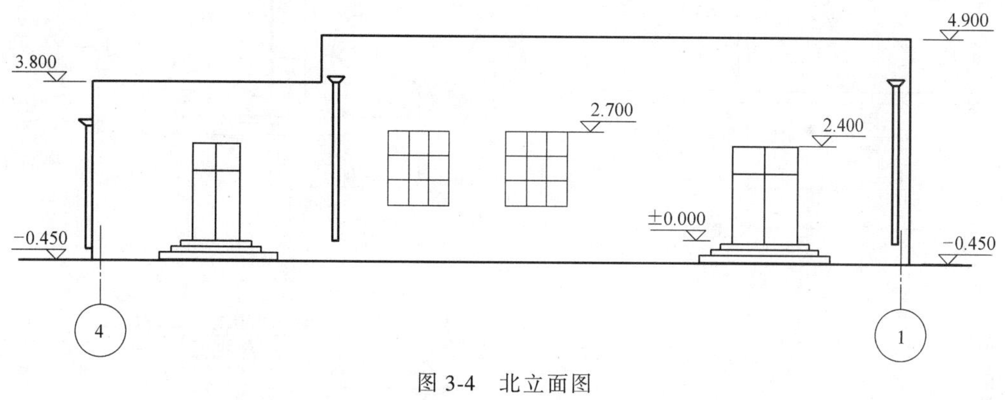

图 3-4　北立面图

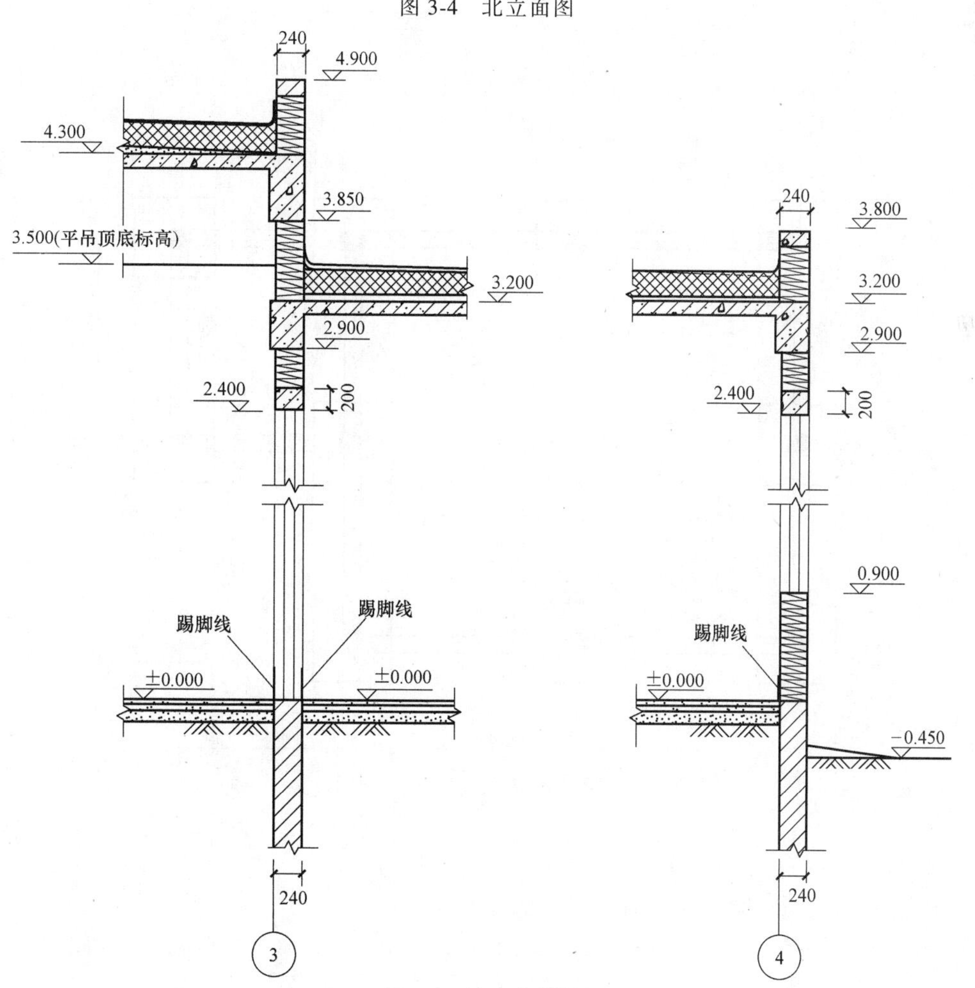

图 3-5　墙身大样图

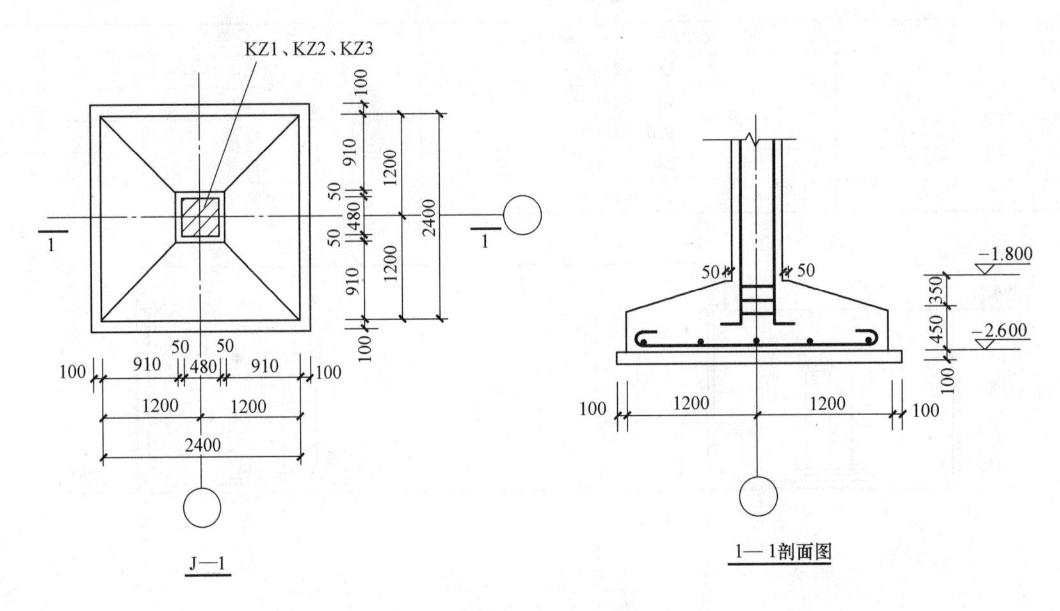

图 3-6　独立基础平面图及剖面图

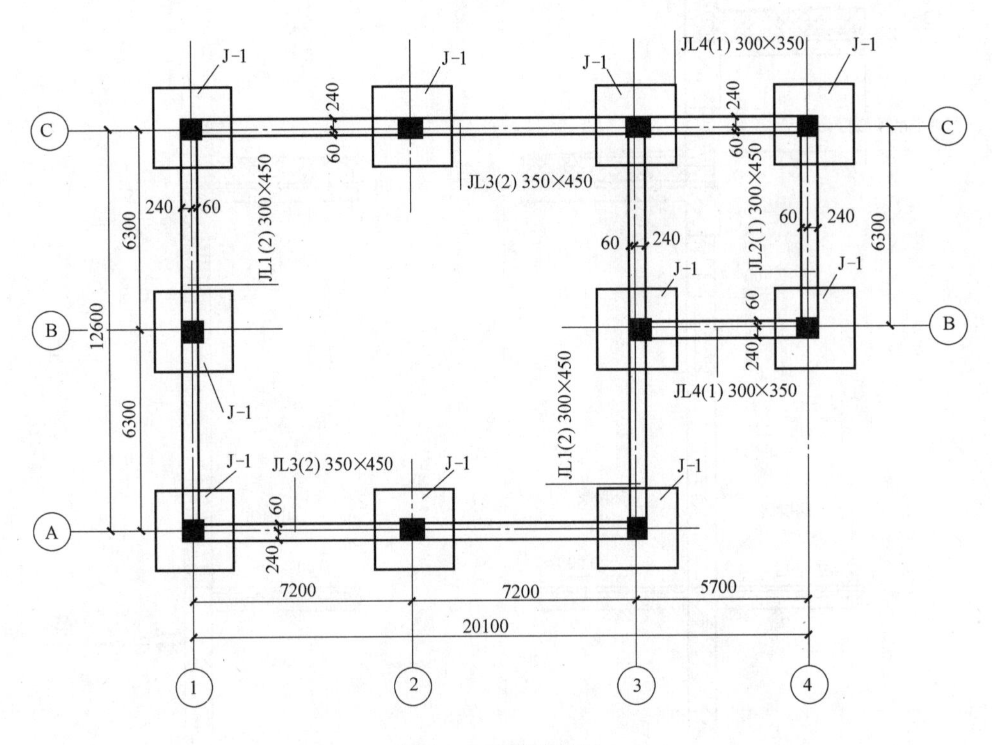

图 3-7　基础平面图

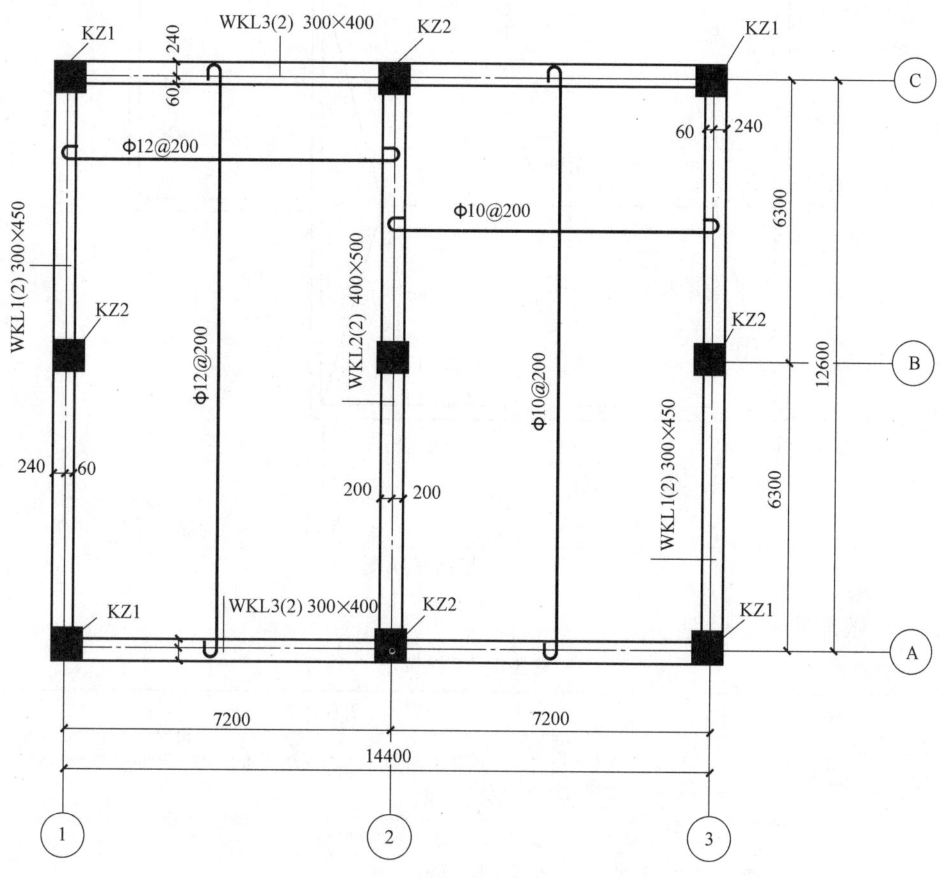

图 3-8　4. 300m 标高结构平面图

注：板厚 120mm，板顶标高 4. 300m。

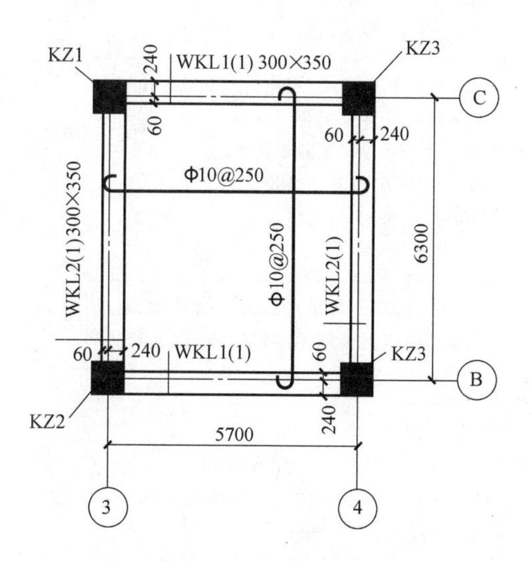

图 3-9　3. 200m 标高结构平面图

注：板厚 100mm，板顶标高 3. 200m。

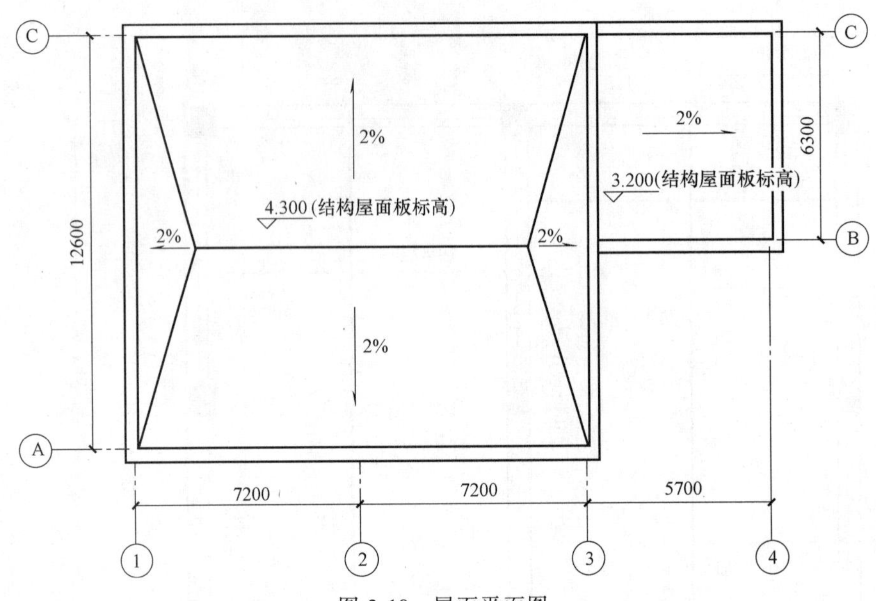

图 3-10　屋面平面图

3. 工程做法见表 3-6。

表 3-6　工程做法

序号	工程部位	工程做法
1	墙体	砖墙为 M7.5 混合水泥砂浆砌筑 MU10 灰砂标准砖;规格 240mm×115mm×115mm 图中未注明的墙厚均为 240mm
2	墙面	内墙面:5mm 厚 1∶0.5∶3 水泥石灰砂浆 15mm 厚 1∶1∶6 水泥石灰砂浆 素水泥浆一道
		外墙面:8mm 厚 1∶2 水泥砂浆 12mm 厚 1∶3 水泥砂浆
3	地面	8mm 厚玻化砖面层,规格为 400mm×400mm 6mm 厚建筑砂浆结合层 20mm 厚 1∶3 水泥砂浆找平层 50mm 厚 C10 混凝土垫层 100mm 厚 3∶7 灰土垫层 素土夯实
4	踢脚线	玻化砖踢脚线,高度 120mm,白水泥擦缝 4mm 厚纯水泥浆粘贴(掺加 20%白乳胶)
5	天棚	大厅天棚 T 形烤漆轻钢龙骨(单层吊挂式) 矿棉吸声板面层,规格为 600mm×600mm 吊杆为 ϕ6、长为 480mm 大厅吊顶设 8 个嵌顶灯槽,每个规格为 1000mm×250mm 天棚内抹灰高 200mm

（续）

序号	工程部位	工程做法
5	天棚	办公室天棚 刷内墙立邦乳胶漆三遍（底漆一遍，面漆两遍） 满刮普通成品腻子膏两遍 面层5mm厚1∶0.5∶3水泥石灰砂浆 7mm厚1∶1∶4水泥石灰砂浆 钢筋混凝土板底面清理干净，刷水泥801胶浆一遍
6	屋面	在钢筋混凝土板面上做1∶8现浇水泥珍珠岩砂浆找坡层，平均厚度120mm（坡度2%） 建筑油膏嵌缝（断面尺寸为30mm×20mm），沿着女儿墙与刚性层相交处贯通 做20mm厚1∶3的水泥砂浆找平层（上卷250mm） 做3mm厚APP改性沥青卷材防水层（上卷250mm，冷粘法，双层） 做20mm厚1∶3的水泥砂浆找平层（上卷250mm） 做刚性防水层40mm厚C20现浇细石混凝土（中砂），无分格缝
7	散水	沿散水与外墙交界一圈及散水长度方向每6m设变形缝进行建筑油膏嵌缝（断面尺寸为30mm×20mm） C20混凝土散水面层80mm（中砂，砾石5~40mm） C10混凝土垫层（中砂，砾石5~40mm），20mm厚 素土夯实
8	框架柱、过梁	框架柱截面尺寸为480mm×480mm，其中KZ1标高为-1.800~4.300m、KZ2标高为-1.800~4.300m、KZ3标高为-1.800~3.200m 梁顶标高均同板顶标高，独立基础顶部多浇筑320mm高，成活后凿去150mm 未注明定位尺寸的梁均沿轴线居中或有一边贴柱边；所有未标注定位尺寸的框架柱均沿轴线居中 墙中过梁宽度同墙厚，高度均为200mm，长度为洞口两侧各加250mm 模板均为组合钢模板
9	基础梁	基础梁梁底标高均为-1.700m；所有未标注定位尺寸的基础梁均有一边贴柱边；基础梁下不设垫层
10	现浇混凝土	混凝土均为现场搅拌；垫层混凝土强度等级为C10，过梁混凝土强度等级为C20，其余构件强度等级均为C30
11	基础	砖基础设计为M10水泥砂浆砌筑MU15页岩标准砖（尺寸规格为240mm×115mm×53mm） 沿砖基础-0.060m处铺设20mm厚1∶2防水砂浆防潮层

（二）施工说明

1. 三类土，人工挖土，土方全部通过人力双轮车运输堆放在现场50m处，人工回填（夯填），均为天然密实土壤，余土自卸车外运1km。

2. 散水不考虑土方挖填，混凝土垫层原槽浇捣，挖土方不放坡不设挡土板，垂直运输机械考虑卷扬机，不考虑夜间施工、二次搬运、冬雨期施工、排水、降水。

3. 所有混凝土均为现场搅拌。

4. 工期60日历天。

（三）计算说明

1. 挖土方，需要考虑工作面和放坡增加的工程量，沟槽工作面每边增加 300mm。

2. 建筑工程计算范围：

（1）土方工程，不计算 3：7 灰土垫层中土的体积。

（2）砌筑工程，只计算框架间墙。

（3）混凝土工程，只计算独立基础、框架柱、框架梁、屋面板、散水。

（4）模板工程，只计算有梁板的模板。

（5）屋面工程，不计算屋面排水工程。

（6）措施项目，仅计算综合脚手架、梁板的模板、垂直运输。

3. 计算工程数量以“m”“m^2”“m^3”为单位，步骤计算结果保留三位小数，最终计算结果保留两位小数。

【问题】

根据以上背景资料及现行国家标准《建设工程工程量清单计价规范》GB 50500、《房屋建筑与装饰工程工程量计算规范》GB 50854、《江苏省建筑与装饰工程计价定额》（2014版）及其他相关文件的规定，试列出该工程要求计算项目的工程量及相应的综合单价分析表、施工图预算表。

【参考答案】

该工程要求计算的项目的工程量及相应的综合单价分析表、施工图预算表见表 3-7～表 3-9。

表 3-7　工程量计算表

工程名称：某工程

序号	项目编码	项目名称	计算式	工程量合计	计量单位
		建筑面积	大厅：$S_1=(14.4+0.24\times2)\times(12.6+0.24\times2)\approx194.63(m^2)$ 办公室：$S_2=(6.3+0.24\times2)\times5.7\approx38.65(m^2)$ 小计：$S=194.63+38.65=233.28(m^2)$	233.28	m^2
1	010101001001	平整场地	S=建筑面积$=233.28(m^2)$	233.28	m^2
2	010101003001	挖基础沟槽土方	人工挖三类土，挖土深度 $1.7-0.45=1.24(m)<1.5(m)$，不放坡 $V=\{(0.3+0.6)\times[(6.3-3.2)\times5+(5.7-3.2)\times2]+(0.35+0.6)\times(7.2-3.2)\times4\}\times(1.7-0.45)$ $=\{0.9\times20.5+0.95\times16\}\times(1.7-0.45)$ $=33.56\times1.25$ $=41.95(m^3)$	41.95	m^3

（续）

序号	项目编码	项目名称	计算式	工程量合计	计量单位
3	010101004001	挖基坑土方	三类土，人工挖土放坡系数0.33，放坡自垫层下表面开始计算。挖土工作面每边增加宽度300mm 1. 单个基坑 [方法一] $V=(2.6+0.6)\times(2.6+0.6)\times(2.7-0.45)+[(2.6+0.6)\times2\times0.33\times(2.7-0.45)\times(2.7-0.45)]+4/3\times0.33\times0.33\times(2.7-0.45)\times(2.7-0.45)\times(2.7-0.45)$ $\approx23.040+10.692+1.654$ $\approx35.39(m^3)$ [方法二] $V=(2.6+0.6+0.33\times2.25)\times(2.6+0.6+0.33\times2.25)\times2.25+1/3\times0.33\times0.33\times2.25\times2.25\times2.25$ $\approx34.972+0.413\approx35.39(m^3)$ [方法三] $V=1/3\times2.25\times\{(2.6+0.6)\times(2.6+0.6)+(2.6+0.6+0.33\times2.25\times2)\times(2.6+0.6+0.33\times2.25\times2)+[(2.6+0.6)\times(2.6+0.6)\times(2.6+0.6+0.33\times2.25\times2)\times(2.6+0.6+0.33\times2.25\times2)]^{0.5}\}$ $\approx1/3\times2.25\times(32.189+14.992)$ $\approx35.39(m^3)$ 2. 小计 $V_3=5.39\times10=353.90(m^3)$	353.90	m^3
4	010103001001	回填方	室外地坪以下应扣除的柱、梁、砖基、垫层、独立基础的体积 1. 垫层 $V_1=(2.4+0.1\times2)\times(2.4+0.1\times2)\times0.1\times10=6.760(m^3)$ 2. 柱 $V_2=0.48\times0.48\times(1.9-0.45)\times10\approx3.341(m^3)$ 3. 地基梁 $V_3=0.3\times0.45\times(6.3-0.48)\times4+0.35\times0.45\times(7.2-0.48)\times4+0.3\times0.35\times(5.7\times2+6.3-0.48\times3)$ $\approx3.143+4.234+1.707$ $=9.084(m^3)$ 4. 砖基础 $V_4=\{[(14.4+0.12\times2+12.6+0.12\times2)\times2-0.48\times8]\times(1.7-0.45-0.45)+(5.7\times2+6.3+0.12\times2-0.48\times3)\times(1.7-0.35-0.45)\}\times0.24$ $=55.746\times0.24$ $\approx13.38(m^3)$ 5. 室外地坪以下应扣除的体积 $V_5=35.74+6.760+3.341+9.084+13.38=68.305(m^3)$ 其中，35.74为独立基础体积 6. 小计 $V=353.90+41.95-68.305\approx327.55(m^3)$	327.55	m^3

（续）

序号	项目编码	项目名称	计算式	工程量合计	计量单位
5	010103001002	房心回填土方	1. 房心回填土面积 $S=(7.2\times2)\times(6.3\times2)+6.3\times(5.7-0.24)$ $=181.44+34.398=215.84(m^2)$ 2. 回填厚度 $h=0.45-(0.1+0.05+0.02)=0.45-0.17=0.28(m)$ 3. 回填体积 $V=215.84\times0.28=60.44(m^3)$	60.44	m^3
6	010103002001	余方弃置	$V=41.95+353.90-327.55-60.44=7.86(m^3)$	7.86	m^3
7	010401001001	砖基础	1. 基础中心线长度：扣除独立基础所占长度 $L=[(14.4+0.12\times2+12.6+0.12\times2)\times2-0.48\times8]+(5.7\times2+6.3+0.12\times2-0.48\times3)=51.12+16.50=67.62(m)$ 2. 基础防潮层面积 $S=67.62\times0.24\approx16.23(m^2)$ 3. 基础所占体积 [方法一] $V=51.12\times0.24\times(1.7-0.45-0.45)+16.50\times0.24\times(1.7-0.35-0.45)\approx13.38(m^3)$ [方法二] $V=\{[(14.4+0.12\times2+12.6+0.12\times2)\times2-0.48\times8]\times(1.7-0.45-0.45)+(5.7\times2+6.3+0.12\times2-0.48\times3)\times(1.7-0.35-0.45)\}\times0.24$ $=55.746\times0.24$ $\approx13.38(m^3)$	13.38	m^3
8	010401003001	实心砖墙	1. 框架间墙投影面积 $S_1=(6.3-0.48)\times(4.3-0.45)\times3+(7.2-0.48)\times(4.3-0.4)\times4+(6.3-0.48)\times(4.3-0.45-0.35)+(5.7\times2+6.3-0.48\times3)\times(3.2-0.35)$ $=67.221+104.832+20.37+46.341$ $=238.764(m^3)$ 2. 扣除门窗洞口 $S_1=(1.8+0.25\times2)\times2.4+(1.1+0.25\times2)\times2\times2.4+(1.2+0.25\times2)\times6\times1.8+(2.8+0.25\times2)\times3\times1.8+(2.1+0.25\times2)\times2\times1.5$ $=5.52+7.68+18.36+17.82+7.8$ $=57.18(m^3)$ 3. 扣除墙内过梁体积 $V_1=0.24\times0.2\times[(1.8+0.25\times2)+(1.1+0.25\times2)\times2+(1.2+0.25\times2)\times6+(2.8+0.25\times2)\times3+(2.1+0.25\times2)\times2]$ $=0.24\times0.2\times(2.3+3.2+10.2+9.9+5.2)$ $=1.478(m^3)$ 4. 小计 $(238.764-57.18)\times0.24-1.478\approx42.10(m^3)$	42.10	m^3

(续)

序号	项目编码	项目名称	计算式	工程量合计	计量单位
9	010501001001	独立基础垫层	$V=(2.4+0.1\times2)\times(2.4+0.1\times2)\times0.1\times10=6.76(m^3)$	6.76	m^3
10	010501001002	地面垫层(门厅、办公室)	$V=(181.44+34.40+1.44+1.08)\times0.05\approx10.92(m^3)$	10.92	m^3
11	010501003001	独立基础	1. 单个基础 $V=2.4\times2.4\times0.45+0.35/3\times[2.4\times2.4+0.58\times0.58+(2.4^2\times0.58^2)^{0.5}]+0.32\times0.58\times0.58$ $\approx2.592+0.35/3\times[5.76+0.336+1.392]+0.108$ $=2.70+0.35/3\times7.488$ $=3.574(m^3)$ 2. 小计 $3.574\times10=35.74(m^3)$	35.74	m^3
12	010502001001	矩形柱	$V=0.48\times0.48\times[(1.9+4.3)\times8+(1.9+3.2)\times2]$ $=0.48\times0.48\times59.8$ $\approx13.78(m^3)$	13.78	m^3
13	010503001001	基础梁	$V=0.3\times0.45\times(6.3-0.48)\times4+0.35\times0.45\times(7.2-0.48)\times4+0.3\times0.35\times(5.7\times2+6.3-0.48\times3)$ $\approx3.143+4.234+1.707$ $\approx9.08(m^3)$	9.08	m^3
14	010503005001	过梁	$V=0.24\times0.2\times[(1.8+0.25\times2)+(1.1+0.25\times2)\times2+(1.2+0.25\times2)\times6+(2.8+0.25\times2)\times3+(2.1+0.25\times2)\times2]$ $=0.24\times0.2\times(2.3+3.2+10.2+9.9+5.2)$ $\approx1.48(m^3)$	1.48	m^3
15	010505001001	现浇混凝土有梁板	1. 梁 $V_1=0.3\times0.45\times(6.3-0.48)\times4+0.3\times0.4\times(7.2-0.48)\times4+0.4\times0.5\times(12.6-0.48)+0.3\times0.35\times[(5.7+6.3)\times2-0.48\times4]$ $\approx3.143+3.226+2.424+2.318$ $\approx11.11(m^3)$ 2. 混凝土板 $V_2=(14.4-0.06\times2-0.4)\times(12.6-0.06\times2)\times0.12+(6.3-0.06\times2)\times(5.7-0.24-0.06)\times0.1$ $\approx20.787+3.337$ $\approx24.12(m^3)$ 3. 板周围凸出梁侧面的柱角 120mm 厚板周围凸出梁侧面的柱角 $S_1=(0.48-0.30)\times(0.48-0.30)\times4+(0.48-0.30)\times0.48\times2+(0.48-0.40)\times(0.48-0.30)\times4$ $\approx0.032\times4+0.086\times2+0.014\times4$ $=0.356(m^2)$ 100mm 厚板周围凸出梁侧面的柱角 $S_2=(0.48-0.30)\times(0.48-0.30)\times2$ $\approx0.032\times2$ $=0.064(m^2)$ 单个柱角的面积均小于 $0.3m^2$，根据计算规则，不予扣除 4. 小计 $V=11.11+24.12=35.23(m^3)$	35.23	m^3

（续）

序号	项目编码	项目名称	计算式	工程量合计	计量单位
16	010507001001	散水	1. 散水与外墙交界长度：扣除 M1、M2 两处门口台阶宽度 $L_1=(20.58+13.08)\times2-(2.2+0.3\times4)-(1.8+0.3\times4)$ $=60.92(m)$ 2. 散水变形缝数量 $n=60.92/6\approx10.15$，取 10 3. 散水变形缝总长度 $L_2=10\times0.9=9(m)$ 4. 需进行建筑油膏处理的长度 $L=60.92+9=69.92(m)$ 5. 散水面积 [方法一] $S=[(20.58+0.9+13.08+0.9)\times2-(2.2+0.3\times4+1.8+0.3\times4)]\times0.9$ $=[70.92-6.4]\times0.9$ $\approx58.07(m^2)$ [方法二] $S=[(20.58+13.08)\times2+0.45\times8-(2.2+0.3\times4+1.8+0.3\times4)]\times0.9$ $=[70.92-6.4]\times0.9$ $=58.07(m^2)$	58.07	m^2
17	010902001001	屋面 APP 卷材防水	1. 屋面净面积 $S_1=14.4\times12.6+6.3\times(5.7-0.24)\approx215.83(m^2)$ 2. 增加净周长 $L=(14.4+12.6)\times2+(6.3+6-0.24)\times2=78.12(m)$ 3. 小计 $S=215.83+78.12\times0.25=235.36(m^2)$	235.36	m^2
18	010902003001	屋面刚性层	1. 屋面女儿墙与刚性层相交界面长度 $L=(7.2\times2+12.6)\times2+(5.7-0.24)\times2+6.3=71.22(m)$ 2. 刚性层面积 $S=14.4\times12.6+6.3\times(5.7-0.24)\approx215.83(m^2)$	215.83	m^2
19	011101006001	屋面找平层	1. 屋面找平层面积 $S=215.83+78.12\times0.25=235.36(m^2)$ 按施工做法需两遍找平，可在单价上予以调整	235.36	m^2
20	011001001001	保温屋面	$S=14.4\times12.6+6.3\times(5.7-0.24)\approx215.83(m^2)$ $V=215.83\times0.12=25.90(m^3)$	215.83	m^2
21	011701001001	综合脚手架（大厅）	$S=$建筑面积（大厅）$=(14.4+0.24\times2)\times(12.6+0.24\times2)$ $\approx194.63(m^2)$	194.63	m^2
22	011701001002	综合脚手架（办公室）	$S=$建筑面积（办公室）$=(6.3+0.24\times2)\times5.7\approx38.65(m^2)$	38.65	m^2

（续）

序号	项目编码	项目名称	计算式	工程量合计	计量单位
23	011702016001	有梁板模板（大厅）	1. 大厅板模板 $S_1=(14.4-0.06\times2-0.4)\times(12.6-0.06\times2)\approx173.222(m^2)$ 2. 大厅框架梁梁侧模板 WKL1：$S_2=(12.6+0.24\times2-0.48\times3)\times(0.45+0.45-0.12)\times2\approx18.158(m^2)$ WKL2：$S_3=(12.6+0.24\times2-0.48\times2)\times(0.5-0.12)\times2\approx9.211(m^2)$ WKL3：$S_4=(14.4+0.24\times2-0.48\times3)\times(0.4+0.4-0.12)\times2\approx18.278(m^2)$ 3. 小计 $S=173.222+18.158+9.211+18.278\approx218.87(m^2)$	218.87	m^2
24	011702016002	有梁板模板（办公室）	1. 办公室板模板 $S_1=(6.3-0.06\times2)\times(5.7-0.24-0.06)=33.372(m^2)$ 2. 办公室框架梁梁侧模板 WKL1：$S_2=(5.7-0.24+0.24-0.48)\times(0.35+0.35-0.1)\times2=6.264(m^2)$ WKL2：$S_3=(6.3+0.24\times2-0.48\times2)\times(0.35+0.35-0.1)\times2=6.984(m^2)$ 3. 小计 $S=33.372+6.264+6.984=46.62(m^2)$	46.62	m^2
25	011703001001	垂直运输（大厅）	60	60	天
26	011703001002	垂直运输（办公室）	60	60	天

注：1. 挖沟槽土方，将工作面增加的工程量并入土方工程量中，工作面根据现行国家标准《房屋建筑与装饰工程工程量计算规范》GB 50854 附录表 A. 1-4 规定计算。

2. 现浇混凝土基础垫层执行现行国家标准《房屋建筑与装饰工程工程量计算规范》GB 50854 附录 E. 1 垫层项目规定。

3. 按规定，屋面防水反边应并入清单工程量。

4. 屋面找平层按现行国家标准《房屋建筑与装饰工程工程量计算规范》GB 50854 附录 K. 1 楼地面装饰工程“平面砂浆找平层”项目编码列项。

表 3-8　建筑安装工程施工图预算综合单价分析表

施工图预算编号：　　　　　　单项工程名称：　　　　　　第 1 页共 16 页

项目编码	010101001001	项目名称	平整场地		计量单位	m^2	工程数量	233.28
综合单价组成分析								
定额编号	定额名称	定额单位	定额直接费单价(元)			直接费合价(元)		
			人工费	材料费	机械费	人工费	材料费	机械费
1-98	平整场地	$10m^2$	43.89			4.389		
间接费及利润税金计算	类别	取费基数描述	取费基数		费率(%)	金额(元)		备注
	管理费					10.97		$10m^2$
	利润					5.27		$10m^2$
	规费							另计
	税金							另计
综合单价(元)				6.01				
预算定额人材机消耗量和单价分析	人材机项目名称及规格、型号		单位	消耗量	单价(元)	合价(元)	备注	
	三类工		工日	0.57	43.89	43.89		
项目编码	010101003001	项目名称	挖基础沟槽土方		计量单位	m^3	工程数量	41.95
综合单价组成分析								
定额编号	定额名称	定额单位	定额直接费单价(元)			直接费合价(元)		
			人工费	材料费	机械费	人工费	材料费	机械费
1-27	沟槽人工挖土	m^3	34.65			34.65		
1-92	双轮车运输(50m 以内)	m^3	14.63			14.63		
间接费及利润税金计算	类别	取费基数描述	取费基数		费率(%)	金额(元)		备注
	管理费					8.66+3.66		
	利润					4.16+1.76		
	规费							另计
	税金							另计
综合单价(元)				67.52				
预算定额人材机消耗量和单价分析	人材机项目名称及规格、型号		单位	消耗量	单价(元)	合价(元)	备注	
	三类工		工日	0.45	77.00	34.65		
	三类工		工日	0.19	77.00	14.63		

（续）

施工图预算编号：　　　　　　单项工程名称：　　　　　　第 2 页共 16 页

项目编码	010101004001	项目名称	挖基坑土方		计量单位	m^3	工程数量	353.90
综合单价组成分析								
定额编号	定额名称	定额单位	定额直接费单价(元)			直接费合价(元)		
			人工费	材料费	机械费	人工费	材料费	机械费
1-7	基坑人工挖土干土、三类(深度 1.5m 以内)	m^3	23.87			23.87		
1-14	挖土深度超过 1.5m 增加费	m^3	6.93			6.93		
1-92	双轮车运输(50m 以内)	m^3	14.63			14.63		
间接费及利润税金计算	类别	取费基数描述	取费基数		费率(%)	金额(元)		备注
	管理费					5.97+1.73+3.66		
	利润					2.86+0.83+1.76		
	规费							另计
	税金							另计
综合单价(元)				62.24				
预算定额人材机消耗量和单价分析	人材机项目名称及规格、型号		单位	消耗量	单价(元)	合价(元)	备注	
	三类工		工日	0.31	77.00	23.87		
	三类工		工日	0.09	77.00	6.93		
	三类工		工日	0.19	77.00	14.63		
项目编码	010103001001	项目名称	回填方		计量单位	m^3	工程数量	327.55
综合单价组成分析								
定额编号	定额名称	定额单位	定额直接费单价(元)			直接费合价(元)		
			人工费	材料费	机械费	人工费	材料费	机械费
1-102	回填土(夯填)	m^3	20.02		0.71	20.02		0.71
1-92	双轮车运输(50m 以内)	m^3	14.63			14.63		
间接费及利润税金计算	类别	取费基数描述	取费基数		费率(%)	金额(元)		备注
	管理费					5.18+3.66		
	利润					2.49+1.76		
	规费							另计
	税金							另计
综合单价(元)				48.45				
预算定额人材机消耗量和单价分析	人材机项目名称及规格、型号		单位	消耗量	单价(元)	合价(元)	备注	
	三类工		工日	0.26	77.00	20.02	夯填	
	夯实机	电动,夯击能力 20~62N · m	台班	0.027	26.47	0.71		
	三类工		工日	0.19	77.00	14.63	运输	

（续）

施工图预算编号： 单项工程名称： 第3页共16页

项目编码	010103001002	项目名称	房心回填土方		计量单位	m³	工程数量	60.44
综合单价组成分析								
定额编号	定额名称	定额单位	定额直接费单价(元)			直接费合价(元)		
			人工费	材料费	机械费	人工费	材料费	机械费
1-102	回填土(夯填)	m³	20.02		0.71	20.02		0.71
1-92	双轮车运输(50m以内)	m³	14.63			14.63		
间接费及利润税金计算	类别	取费基数描述	取费基数		费率(%)	金额(元)		备注
	管理费					5.18+3.66		
	利润					2.49+1.76		
	规费							另计
	税金							另计
综合单价(元)				48.45				
预算定额人材机消耗量和单价分析	人材机项目名称及规格、型号		单位	消耗量	单价(元)	合价(元)	备注	
	三类工		工日	0.26	77.00	20.02	夯填	
	夯实机	电动，夯击能力20~62N·m	台班	0.027	26.47	0.71		
	三类工		工日	0.19	77.00	14.63	运输	
项目编码	010103002001	项目名称	余方弃置		计量单位	m³	工程数量	7.86
综合单价组成分析								
定额编号	定额名称	定额单位	定额直接费单价(元)			直接费合价(元)		
			人工费	材料费	机械费	人工费	材料费	机械费
1-262	自卸汽车运土(运距1km)	1000m³		40.42	7432.96		0.04	7.43
间接费及利润税金计算	类别	取费基数描述	取费基数		费率(%)	金额(元)		备注
	管理费					1858.24		1000m³
	利润					891.96		1000m³
	规费							另计
	税金							另计
综合单价(元)				10.22				
预算定额人材机消耗量和单价分析	人材机项目名称及规格、型号		单位	消耗量	单价(元)	合价(元)	备注	
	水		m³	8.60	4.70	40.42		
	自卸汽车		台班	8.127	884.59	7189.06		
	洒水车	水罐容量4000L	台班	0.43	567.21	243.90		

（续）

施工图预算编号：　　　　单项工程名称：　　　　第 4 页共 16 页

项目编码	010401001001	项目名称	砖基础	计量单位	m^3	工程数量	13.38
综合单价组成分析							
定额编号	定额名称	定额单位	定额直接费单价（元）			直接费合价（元）	
			人工费	材料费	机械费	人工费	材料费	机械费
4-1	砖基础	m^3	98.40	266.08	5.89	98.40	266.08	5.89
间接费及利润税金计算	类别	取费基数描述	取费基数		费率（%）	金额（元）		备注
	管理费					26.07		
	利润					12.51		
	规费							另计
	税金							另计
综合单价（元）				408.95				
预算定额人材机消耗量和单价分析	人材机项目名称及规格、型号		单位	消耗量	单价（元）	合价（元）	备注	
	二类工		工日	1.20	82.00	98.40		
	标准砖	240mm×115mm×53mm	百块	5.22	42.00	219.24		
	水泥砂浆	M10	m^3	0.242	191.53	46.35		
	水		m^3	0.104	4.70	0.49		
	灰浆搅拌机	拌筒容量 200L	台班	0.048	122.64	5.89		
项目编码	010401001001	项目名称	砖基础（防潮层）	计量单位	m^2	工程数量	16.23	
综合单价组成分析								
定额编号	定额名称	定额单位	定额直接费单价（元）			直接费合价（元）		
			人工费	材料费	机械费	人工费	材料费	机械费
10-121	防水砂浆（平面）	$10m^2$	68.06	85.60	4.91	6.81	8.56	0.49
间接费及利润税金计算	类别	取费基数描述	取费基数		费率（%）	金额（元）		备注
	管理费					18.24		$10m^2$
	利润					8.76		$10m^2$
	规费							另计
	税金							另计
综合单价（元）				18.56				
预算定额人材机消耗量和单价分析	人材机项目名称及规格、型号		单位	消耗量	单价（元）	合价（元）	备注	
	二类工		工日	0.83	82	68.06		
	防水砂浆	1 : 2	m^3	0.202	414.89	83.81		
	水		m^3	0.38	4.70	1.79		
	灰浆搅拌机	拌筒容量 200L	台班	0.04	122.64	4.91		

（续）

施工图预算编号：　　　　　　　　单项工程名称：　　　　　　　　第5页共16页

项目编码	010401003001	项目名称	实心砖墙		计量单位	m^3	工程数量	42.10
综合单价组成分析								
定额编号	定额名称	定额单位	定额直接费单价（元）			直接费合价（元）		
			人工费	材料费	机械费	人工费	材料费	机械费
4-35	1砖外墙	m^3	118.90	272.39	5.76	118.90	272.39	5.76
间接费及利润税金计算	类别	取费基数描述	取费基数		费率（%）	金额（元）		备注
	管理费					31.17		
	利润					14.96		
	规费							另计
	税金							另计
综合单价（元）				443.18				
预算定额人材机消耗量和单价分析	人材机项目名称及规格、型号		单位	消耗量	单价（元）	合价（元）	备注	
	二类工		工日	1.45	82	118.90		
	标准砖	240mm×115mm×53mm	百块	5.36	42	225.12		
	水泥	32.5级	kg	0.30	0.31	0.09		
	混合砂浆	M7.5	m^3	0.234	195.20	45.68		
	水		m^3	0.107	4.70	0.50		
	其他材料		元			1.00		
	灰浆搅拌机	拌筒容量200L	台班	0.047	122.64	5.76		
项目编码	010501001001	项目名称	独立基础垫层		计量单位	m^3	工程数量	6.76
综合单价组成分析								
定额编号	定额名称	定额单位	定额直接费单价（元）			直接费合价（元）		
			人工费	材料费	机械费	人工费	材料费	机械费
6-1	垫层	m^3	112.34	222.07	7.09	112.34	222.07	7.09
间接费及利润税金计算	类别	取费基数描述	取费基数		费率（%）	金额（元）		备注
	管理费					29.86		
	利润					14.33		
	规费							另计
	税金							另计
综合单价（元）				385.69				
预算定额人材机消耗量和单价分析	人材机项目名称及规格、型号		单位	消耗量	单价（元）	合价（元）	备注	
	二类工		工日	1.37	82.00	112.34		
	现浇混凝土	C10	m^3	1.01	217.54	219.72		
	水		m^3	0.50	4.70	2.35		
	混凝土搅拌机	出料容量400L	台班	0.038	156.81	5.96		
	混凝土振捣器	平板式	台班	0.076	14.93	1.13		

（续）

施工图预算编号：　　　　单项工程名称：　　　　

项目编码	010501001002	项目名称	地面垫层（门厅、办公室）	计量单位	m^3	工程数量	10.92
综合单价组成分析							
定额编号	定额名称	定额单位	定额直接费单价(元)		直接费合价(元)		
			人工费	材料费	机械费	人工费	材料费	机械费
6-1	垫层	m^3	112.34	222.07	7.09	112.34	222.07	7.09
间接费及利润税金计算	类别	取费基数描述	取费基数		费率(%)	金额(元)		备注
	管理费					29.86		
	利润					14.33		
	规费							另计
	税金							另计
综合单价(元)				385.69				
预算定额人材机消耗量和单价分析	人材机项目名称及规格、型号		单位	消耗量	单价（元）	合价（元）	备注	
	二类工		工日	1.37	82.00	112.34		
	现浇混凝土	C10	m^3	1.01	217.54	219.72		
	水		m^3	0.50	4.70	2.35		
	混凝土搅拌机	出料容量 400L	台班	0.038	156.81	5.96		
	混凝土振捣器	平板式	台班	0.076	14.93	1.13		
项目编码	010501003001	项目名称	独立基础	计量单位	m^3	工程数量	35.74	
综合单价组成分析								
定额编号	定额名称	定额单位	定额直接费单价(元)			直接费合价(元)		
			人工费	材料费	机械费	人工费	材料费	机械费
6-8	独立柱基	m^3	61.50	260.45	31.20	61.50	260.45	31.20
间接费及利润税金计算	类别	取费基数描述	取费基数		费率(%)	金额(元)		备注
	管理费					23.18		
	利润					11.12		
	规费							另计
	税金							另计
综合单价(元)				387.45				
预算定额人材机消耗量和单价分析	人材机项目名称及规格、型号		单位	消耗量	单价（元）	合价（元）	备注	
	二类工		工日	0.75	82.00	61.50		
	现浇混凝土	C30	m^3	1.015	251.84	255.62		
	塑料薄膜		m^2	0.81	0.80	0.65		
	水		m^3	0.89	4.70	4.18		
	混凝土搅拌机	出料容量 400L	台班	0.035	156.81	5.49		
	混凝土振捣器	插入式	台班	0.069	11.87	0.82		
	机动翻斗车	装载质量 1t	台班	0.131	190.03	24.89		

（续）

施工图预算编号：　　　　　　　单项工程名称：　　　　　　　　　　第7页共16页

项目编码	010502001001	项目名称	矩形柱		计量单位	m^3	工程数量	13.78
综合单价组成分析								
定额编号	定额名称	定额单位	定额直接费单价(元)			直接费合价(元)		
			人工费	材料费	机械费	人工费	材料费	机械费
6-14	矩形柱	m^3	157.44	275.50	10.85	157.44	275.50	10.85
间接费及利润税金计算	类别	取费基数描述	取费基数		费率(%)	金额(元)		备注
	管理费					42.07		
	利润					20.19		
	规费							另计
	税金							另计
综合单价(元)				506.05				
预算定额人材机消耗量和单价分析	人材机项目名称及规格、型号		单位	消耗量	单价(元)	合价(元)	备注	
	二类工		工日	1.92	82.00	157.44		
	现浇混凝土	C30	m^3	0.985	264.98	261.01		
	水泥砂浆	1∶2	m^3	0.031	275.64	8.54		
	塑料薄膜		m^2	0.28	0.80	0.22		
	水		m^3	1.22	4.70	5.73		
	混凝土搅拌机	出料容量400L	台班	0.056	156.81	8.78		
	混凝土振捣器	插入式	台班	0.112	11.87	1.33		
	灰浆搅拌机	搅拌筒容量200L	台班	0.006	122.64	0.74		
项目编码	010503001001	项目名称	基础梁		计量单位	m^3	工程数量	9.08
综合单价组成分析								
定额编号	定额名称	定额单位	定额直接费单价(元)			直接费合价(元)		
			人工费	材料费	机械费	人工费	材料费	机械费
6-18	基础梁	m^3	62.32	276.51	35.18	62.32	276.51	35.18
间接费及利润税金计算	类别	取费基数描述	取费基数		费率(%)	金额(元)		备注
	管理费					24.38		
	利润					11.70		
	规费							另计
	税金							另计
综合单价(元)				410.09				
预算定额人材机消耗量和单价分析	人材机项目名称及规格、型号		单位	消耗量	单价(元)	合价(元)	备注	
	二类工		工日	0.76	82.00	62.32		
	现浇混凝土	C30	m^3	1.015	264.98	268.95		
	塑料薄膜		m^2	1.05	0.80	0.84		
	水		m^3	1.43	4.70	6.72		
	混凝土搅拌机	出料容量400L	台班	0.057	156.81	8.94		
	混凝土振捣器	插入式	台班	0.114	11.87	1.35		
	机动翻斗车	装载质量1t	台班	0.131	190.03	24.89		

（续）

施工图预算编号：　　　　　　　单项工程名称：　　　　　　　第 8 页共 16 页

项目编码	010503005001	项目名称	过梁		计量单位	m^3	工程数量	1.48
综合单价组成分析								
定额编号	定额名称	定额单位	定额直接费单价(元)			直接费合价(元)		
			人工费	材料费	机械费	人工费	材料费	机械费
6-22	过梁	m^3	207.46	269.56	10.29	207.46	269.56	10.29
间接费及利润税金计算	类别	取费基数描述	取费基数		费率(%)	金额(元)		备注
	管理费					54.44		
	利润					26.13		
	规费							另计
	税金							另计
综合单价(元)					567.88			
预算定额人材机消耗量和单价分析	人材机项目名称及规格、型号		单位	消耗量	单价（元）	合价（元）	备注	
	二类工		工日	2.53	82.00	207.46		
	现浇混凝土	C20	m^3	1.015	254.72	258.54		
	塑料薄膜		m^2	2.20	0.80	1.76		
	水		m^3	1.97	4.70	9.26		
	混凝土搅拌机	出料容量 400L	台班	0.057	156.81	8.94		
	混凝土振捣器	插入式	台班	0.114	11.87	1.35		
项目编码	010505001001	项目名称	现浇混凝土有梁板		计量单位	m^3	工程数量	35.23
综合单价组成分析								
定额编号	定额名称	定额单位	定额直接费单价(元)			直接费合价(元)		
			人工费	材料费	机械费	人工费	材料费	机械费
6-32	有梁板	m^3	91.84	290.03	10.64	91.84	290.03	10.64
间接费及利润税金计算	类别	取费基数描述	取费基数		费率(%)	金额(元)		备注
	管理费					25.62		
	利润					12.30		
	规费							另计
	税金							另计
综合单价(元)					430.43			
预算定额人材机消耗量和单价分析	人材机项目名称及规格、型号		单位	消耗量	单价（元）	合价（元）	备注	
	二类工		工日	1.12	82.00	91.84		
	现浇混凝土	C30	m^3	1.015	272.52	276.61		
	塑料薄膜		m^2	5.03	0.80	4.02		
	水		m^3	2.00	4.70	9.40		
	混凝土搅拌机	出料容量 400L	台班	0.057	156.81	8.94		
	混凝土振捣器	插入式	台班	0.114	14.93	1.70		

（续）

施工图预算编号：　　　　　　单项工程名称：　　　　　　第 9 页共 16 页

项目编码	010507001001	项目名称	散水(C10 混凝土垫层厚 20)		计量单位	m^3	工程数量	1.16
综合单价组成分析								
定额编号	定额名称	定额单位	定额直接费单价(元)			直接费合价(元)		
			人工费	材料费	机械费	人工费	材料费	机械费
6-1	垫层	m^3	112.34	222.07	7.09	112.34	222.07	7.09
间接费及利润税金计算	类别	取费基数描述	取费基数		费率(%)	金额(元)		备注
	管理费					29.86		
	利润					14.33		
	规费							另计
	税金							另计
综合单价(元)				385.69				
预算定额人材机消耗量和单价分析	人材机项目名称及规格、型号		单位	消耗量	单价(元)	合价(元)	备注	
	二类工		工日	1.37	82.00	112.34		
	现浇混凝土	C10	m^3	1.01	217.54	219.72		
	水		m^3	0.50	4.70	2.35		
	混凝土搅拌机	出料容量 400L	台班	0.038	156.81	5.96		
	混凝土振捣器	平板式	台班	0.076	14.93	1.13		
项目编码	010507001001	项目名称	散水		计量单位	m^2	工程数量	58.07
综合单价组成分析								
定额编号	定额名称	定额单位	定额直接费单价(元)			直接费合价(元)		
			人工费	材料费	机械费	人工费	材料费	机械费
13-163	混凝土散水	$10m^2$ 水平投影面积	191.06	346.20	10.54	19.11	34.62	1.05
间接费及利润税金计算	类别	取费基数描述	取费基数		费率(%)	金额(元)		备注
	管理费					50.40		$10m^2$
	利润					24.19		$10m^2$
	规费							另计
	税金							另计
综合单价(元)				62.24				
预算定额人材机消耗量和单价分析	人材机项目名称及规格、型号		单位	消耗量	单价(元)	合价(元)	备注	
	二类工		工日	2.33	82.00	191.06		
	现浇混凝土	C20	m^3	0.66	258.23	170.43		
	水泥砂浆	1∶2.5	m^3	0.202	265.07	53.54		
	素水泥浆		m^3	0.01	472.71	4.73		
	碎石	5~16mm	t	0.15	68.00	10.20		
	碎石	5~40mm	t	1.67	62.00	103.54		
	水		m^3	0.80	4.70	3.76		
	混凝土搅拌机	出料容量 400L	台班	0.026	156.81	4.08		
	灰浆搅拌机	搅拌筒容量 200L	台班	0.04	122.64	4.91		
	夯实机	电动,夯击能力 20~62N·次	台班	0.029	26.47	0.77		
	混凝土振捣器	平板式	台班	0.052	14.93	0.78		

（续）

施工图预算编号：　　　　单项工程名称：　　　　第 10 页共 16 页

项目编码	010507001001	项目名称	散水（建筑油膏嵌缝）		计量单位	m	工程数量	69.92
综合单价组成分析								
定额编号	定额名称	定额单位	定额直接费单价（元）			直接费合价（元）		
			人工费	材料费	机械费	人工费	材料费	机械费
10-170	建筑油膏	10m	45.10	53.10		4.51	5.31	
间接费及利润税金计算	类别	取费基数描述	取费基数		费率（%）	金额（元）		备注
	管理费					11.28		长 10m
	利润					5.41		长 10m
	规费							
	税金							
综合单价（元）				11.49				
预算定额人材机消耗量和单价分析	人材机项目名称及规格、型号		单位	消耗量	单价（元）	合价（元）	备注	
	二类工		工日	0.55	82.00	45.10		长 10m
	建筑油膏		kg	10.08	3.50	35.28		长 10m
	木材		kg	5.40	1.10	5.94		长 10m
	煤		kg	10.80	1.10	11.88		长 10m
项目编码	011101006001	项目名称	屋面找平层		计量单位	m^2	工程数量	235.36
综合单价组成分析								
定额编号	定额名称	定额单位	定额直接费单价（元）			直接费合价（元）		
			人工费	材料费	机械费	人工费	材料费	机械费
13-15	水泥砂浆（厚 20mm）	$10m^2$	54.94	48.69	4.91	10.99	9.74	0.98
间接费及利润税金计算	类别	取费基数描述	取费基数		费率（%）	金额（元）		备注
	管理费					17.63		$10m^2$
	利润					8.46		$10m^2$
	规费							另计
	税金							另计
综合单价（元）				26.93				
预算定额人材机消耗量和单价分析	人材机项目名称及规格、型号		单位	消耗量	单价（元）	合价（元）	备注	
	二类工		工日	0.67	82.00	54.94		$10m^2$
	水泥砂浆	1：3	m^3	0.202	239.65	48.41		$10m^2$
	水		m^3	0.06	4.70	0.28		$10m^2$
	灰浆搅拌机	拌筒容量 200L	台班	0.04	122.64	4.91		$10m^2$

（续）

施工图预算编号： 单项工程名称： 第 11 页共 16 页

项目编码	010902003001	项目名称	屋面刚性层		计量单位	m^2	工程数量	215.83
综合单价组成分析								
定额编号	定额名称	定额单位	定额直接费单价（元）			直接费合价（元）		
			人工费	材料费	机械费	人工费	材料费	机械费
10-78	细石混凝土（无分格缝）	$10m^2$	142.68	147.71	4.53	14.27	14.77	0.45
间接费及利润税金计算	类别	取费基数描述	取费基数		费率（%）	金额（元）		备注
	管理费					36.80		$10m^2$
	利润					17.67		$10m^2$
	规费							另计
	税金							另计
综合单价（元）				34.94				
预算定额人材机消耗量和单价分析	人材机项目名称及规格、型号		单位	消耗量	单价（元）	合价（元）	备注	
	二类工		工日	1.74	82.00	142.68		
	现浇混凝土	C20	m^3	0.404	258.23	104.32		
	石油沥青油毡	350 号	m^2	10.50	3.90	40.95		
	水		m^3	0.52	4.70	2.44		
	混凝土搅拌机	出料容量 400L	台班	0.025	156.81	3.92		
	混凝土振捣器	平板式	台班	0.041	14.93	0.61		
项目编码	010902003001	项目名称	屋面刚性层（建筑油膏嵌缝）		计量单位	m	工程数量	71.22
综合单价组成分析								
定额编号	定额名称	定额单位	定额直接费单价（元）			直接费合价（元）		
			人工费	材料费	机械费	人工费	材料费	机械费
10-170	建筑油膏	10m	45.10	53.10		4.51	5.31	
间接费及利润税金计算	类别	取费基数描述	取费基数		费率（%）	金额（元）		备注
	管理费					11.28		10m
	利润					5.41		10m
	规费							
	税金							
综合单价（元）				11.49				
预算定额人材机消耗量和单价分析	人材机项目名称及规格、型号		单位	消耗量	单价（元）	合价（元）	备注	
	二类工		工日	0.55	82.00	45.10		10m
	建筑油膏		kg	10.08	3.50	35.28		10m
	木材		kg	5.40	1.10	5.94		10m
	煤		kg	10.80	1.10	11.88		10m

（续）

施工图预算编号：　　　　单项工程名称：　　　　第 12 页共 16 页

项目编码	010902001001	项目名称	屋面APP卷材防水		计量单位	m^2	工程数量	235.36
综合单价组成分析								
定额编号	定额名称	定额单位	定额直接费单价(元)			直接费合价(元)		
			人工费	材料费	机械费	人工费	材料费	机械费
10-38	APP改性沥青防水卷材(冷粘法，单层)	$10m^2$	49.20	467.91		4.92	46.79	
间接费及利润税金计算	类别	取费基数描述	取费基数		费率(%)	金额(元)		备注
	管理费					12.30		$10m^2$
	利润					5.90		$10m^2$
	规费							另计
	税金							另计
综合单价(元)				53.53				
预算定额人材机消耗量和单价分析	人材机项目名称及规格、型号		单位	消耗量	单价(元)	合价(元)	备注	
	二类工		工日	0.60	82.00	49.20		
	APP聚酯胎乙烯膜卷材	3mm厚	m^2	12.50	26.00	325.00		
	改性沥青胶黏剂		kg	13.40	7.90	105.86		
	APP及SBS基层处理剂		kg	3.55	8.00	28.40		
	APP封口油膏		kg	0.62	7.80	4.84		
	钢压条		kg	0.52	5.00	2.60		
	钢钉		kg	0.03	7.00	0.21		
	其他材料					1.00		
项目编码	011001001001	项目名称	保温屋面		计量单位	m^3	工程数量	25.90
综合单价组成分析								
定额编号	定额名称	定额单位	定额直接费单价(元)			直接费合价(元)		
			人工费	材料费	机械费	人工费	材料费	机械费
11-6	屋面保温(现浇水泥珍珠岩)	m^3	82.00	244.35		82.00	244.35	
间接费及利润税金计算	类别	取费基数描述	取费基数		费率(%)	金额(元)		备注
	管理费					20.50		
	利润					9.84		
	规费							另计
	税金							另计
综合单价(元)				356.69				
预算定额人材机消耗量和单价分析	人材机项目名称及规格、型号		单位	消耗量	单价(元)	合价(元)	备注	
	二类工		工日	1.00	82.00	82.00		
	水泥珍珠岩浆	1∶8	m^3	1.02	239.56	244.35		

（续）

施工图预算编号： 单项工程名称： 第13页共16页

项目编码	011701001001	项目名称	综合脚手架（大厅）		计量单位	m^2	工程数量	194.63
综合单价组成分析								
定额编号	定额名称	定额单位	定额直接费单价（元）			直接费合价（元）		
			人工费	材料费	机械费	人工费	材料费	机械费
20-2	综合脚手架	$1m^2$ 建筑面积	24.60	19.62	3.63	24.60	19.62	3.63
间接费及利润税金计算	类别	取费基数描述	取费基数		费率（%）	金额（元）		备注
	管理费					7.06		
	利润					3.39		
	规费							另计
	税金							另计
综合单价（元）				58.30				
预算定额人材机消耗量和单价分析	人材机项目名称及规格、型号		单位	消耗量	单价（元）	合价（元）	备注	
	二类工		工日	0.30	82.00	24.60	超3.6m增加系数	
	周转木材		m^3	0.002	1850.00	3.70		
	脚手钢管		kg	1.51	4.29	6.48		
	底座		个	0.006	4.80	0.03		
	脚手架扣件		个	0.25	5.70	1.43		
	镀锌铁丝	8号	kg	0.49	4.90	2.40		
	其他材料费					5.58		
	载货汽车	装载质量4t	台班	0.008	453.50	3.63		
项目编码	011701001002	项目名称	综合脚手架（办公室）		计量单位	m^2	工程数量	38.65
综合单价组成分析								
定额编号	定额名称	定额单位	定额直接费单价（元）			直接费合价（元）		
			人工费	材料费	机械费	人工费	材料费	机械费
20-1	综合脚手架	$1m^2$ 建筑面积	6.56	7.14	1.36	6.56	7.14	1.36
间接费及利润税金计算	类别	取费基数描述	取费基数		费率（%）	金额（元）		备注
	管理费					1.98		
	利润					1.95		
	规费							另计
	税金							另计
综合单价（元）				18.99				
预算定额人材机消耗量和单价分析	人材机项目名称及规格、型号		单位	消耗量	单价（元）	合价（元）	备注	
	二类工		工日	0.08	82.00	6.56		
	周转木材		m^3	0.01	1850.00	1.85		
	工具式金属脚手		kg	0.10	4.76	0.48		
	脚手钢管		kg	0.46	4.29	1.97		
	底座		个	0.002	4.80	0.01		
	脚手架扣件		个	0.08	5.7	0.46		
	镀锌铁丝	8号	kg	0.14	4.90	0.69		
	其他材料					1.68		
	载货汽车	装载质量4t	台班	0.003	453.50	1.36		

（续）

施工图预算编号： 单项工程名称： 第 14 页共 16 页

项目编码	011702016001	项目名称	有梁板模板（大厅）		计量单位	m^2	工程数量	218.87
综合单价组成分析								
定额编号	定额名称	定额单位	定额直接费单价（元）			直接费合价（元）		
			人工费	材料费	机械费	人工费	材料费	机械费
21-58	现浇板（厚度20cm 以内）	$10m^2$	317.67	145.76	37.53	31.77	14.57	3.75
间接费及利润税金计算	类别	取费基数描述	取费基数		费率（%）	金额（元）		备注
	管理费					70.47		$10m^2$
	利润					33.83		$10m^2$
	规费							另计
	税金							另计
综合单价（元）				60.52				
预算定额人材机消耗量和单价分析	人材机项目名称及规格、型号		单位	消耗量	单价（元）	合价（元）	备注	
	二类工		工日	2.98	82.00	244.36	超 3.6m 增加系数	1.3
	组合钢模板		kg	6.08	5.00	30.40		
	卡具		kg	3.62	4.88	17.67	超 3.6m 增加系数	1.07
	钢管支撑		kg	6.94	4.19	29.08	超 3.6m 增加系数	1.07
	周转木材		m^3	0.027	1850.00	49.95		
	铁钉		kg	0.25	4.20	1.05		
	镀锌铁丝	22 号	kg	0.03	5.50	0.17		
	回库修理、保养费		元			3.67		
	其他材料费		元			10.50		
	载货汽车	装载质量 4t	台班	0.046	453.50	20.86		
	汽车起重机	提升质量 5t	台班	0.031	531.62	16.48		
	木工圆锯机	直径 500mm	台班	0.007	27.63	0.19		

（续）

施工图预算编号： 单项工程名称： 第15页共16页

项目编码	011702016002	项目名称	有梁板模板（办公室）		计量单位	m^2	工程数量	46.62
综合单价组成分析								
定额编号	定额名称	定额单位	定额直接费单价（元）			直接费合价（元）		
			人工费	材料费	机械费	人工费	材料费	机械费
21-56	现浇板（厚度10cm以内）	$10m^2$	203.36	137.38	33.13	20.34	13.74	3.31
间接费及利润税金计算	类别	取费基数描述	取费基数		费率（%）	金额（元）		备注
	管理费					59.12		$10m^2$
	利润					28.38		$10m^2$
	规费							另计
	税金							另计
综合单价（元）				46.14				
预算定额人材机消耗量和单价分析	人材机项目名称及规格、型号		单位	消耗量	单价（元）	合价（元）	备注	
	二类工		工日	2.48	82.00	203.36		
	组合钢模板		kg	6.08	5.00	30.40		
	卡具		kg	3.62	4.88	17.67		
	钢管支撑		kg	5.79	4.19	24.26		
	周转木材		m^3	0.027	1850.00	49.95		
	铁钉		kg	0.25	4.20	1.05		
	镀锌铁丝	22号	kg	0.03	5.50	0.17		
	回库修理、保养费		元			3.38		
	其他材料费					10.50		
	载货汽车	装载质量4t	台班	0.041	453.50	18.59		
	汽车起重机	提升质量5t	台班	0.027	531.62	14.35		
	木工圆锯机	直径500mm	台班	0.007	27.63	0.19		

（续）

施工图预算编号：　　　　单项工程名称：　　　　第 16 页共 16 页

项目编码	011703001001	项目名称	垂直运输		计量单位	天	工程数量	60
综合单价组成分析								
定额编号	定额名称	定额单位	定额直接费单价(元)			直接费合价(元)		
			人工费	材料费	机械费	人工费	材料费	机械费
23-3	卷扬机施工（现浇框架）	天			307.84			307.84
间接费及利润税金计算	类别	取费基数描述	取费基数		费率(%)	金额(元)		备注
	管理费					76.96		
	利润					36.94		
	规费							另计
	税金							另计
综合单价(元)				421.74				
预算定额人材机消耗量和单价分析	人材机项目名称及规格、型号		单位	消耗量	单价（元）	合价（元）	备注	
	卷扬机	带塔，牵引力 1t	台班	1.736	177.33	307.84		

注：1. 垂直运输高度小于 3.6m 的单层建筑物、单独地下室和围墙，不计算垂直运输机械台班。

2. 一个工程出现两个或两个以上檐口高度（层数），使用同一垂直运输机械时，定额不做调整；使用不同垂直运输机械时，应按国家工期定额分别计算。

3. 建筑物垂直运输机械台班用量，区分不同结构类型、檐口高度（层数）按国家工期定额套用单项工程工期以日历天计算。

表 3-9　建筑工程施工图预算表

施工图预算编号：　　　　单项工程项目名称：　　　　第 1 页共 3 页

序号	项目编码	工程项目或费用名称	项目特征	单位	数量	综合单价（元）	合价（元）
一		分部分项工程					
（一）		土石方工程					
1	010101001001	平整场地	三类土，取弃土运距由投标人根据施工现场情况自行考虑	m^2	233.28	6.01	1402.01
2	010101003001	挖基础沟槽土方	三类土，挖土深度：1.0m；现场内运输堆放距离为 50m、场外运输距离为 1km	m^3	41.95	67.52	2832.46
3	010101004001	挖基坑土方	三类土；挖土深度：2.05m；现场内运输堆放距离为 50m、场外运输距离为 1km	m^3	353.90	62.24	22026.74
4	010103001001	回填方	原土、运距 50m	m^3	327.55	48.45	15869.80
5	010103001002	房心回填土方	原土、运距 50m	m^3	60.44	48.45	2928.32
6	010103002001	余方弃置	运距 1km	m^3	7.86	10.22	80.33
		（其他略）					

（续）

施工图预算编号：　　　　单项工程项目名称：　　　　第 2 页共 3 页

序号	项目编码	工程项目或费用名称	项目特征	单位	数量	综合单价（元）	合价（元）
（二）		砌筑工程					
1	010401001001	砖基础	MU15 页岩标准砖，240mm×115mm×53mm，M10 水泥砂浆	m^3	13.38	408.95	5471.75
2	010401001001	砖基础（防潮层）	防水砂浆 1：2	m^2	16.23	18.56	301.23
3	010401003001	实心砖墙	MU10 灰砂标准砖，240mm×240mm×115mm，M7.5 混合砂浆	m^3	42.10	443.18	18657.88
		（其他略）					
（三）		混凝土及钢筋混凝土工程					
1	010501001001	独立基础垫层	现场搅拌，C10	m^3	6.76	385.69	2607.26
2	010501001002	地面垫层	现场搅拌，C10	m^3	10.92	385.69	4211.73
3	010501003001	独立基础	现场搅拌，C30	m^3	35.74	387.45	13847.46
4	010502001001	矩形柱	现场搅拌，C30	m^3	13.78	506.05	6973.37
5	010503001001	基础梁	现场搅拌，C30	m^3	9.08	410.09	3723.62
6	010503005001	过梁	现场搅拌，C20	m^3	1.48	567.88	840.46
7	010505001001	现浇混凝土有梁板	现场搅拌，C30	m^3	35.23	430.43	15164.05
8	010507001001	散水	现场搅拌，C10，厚 20mm	m^3	1.16	385.69	447.40
9	010507001001	散水	面层厚度 80mm；现场搅拌，C20	m^2	58.07	62.24	3614.28
10	010507001001	散水（建筑油膏嵌缝）	建筑油膏嵌缝断面尺寸为 30mm×20mm	m	69.92	11.49	804.78
		（其他略）					
（四）		屋面及防水工程					
1	011101006001	屋面找平层	20mm 厚 1：3 水泥砂浆，两遍	m^2	235.36	26.93	6338.24
2	010902003001	屋面刚性层	刚性防水层 40mm 厚，现浇细石混凝土，C20	m^2	215.83	34.94	7541.10
3	010902003001	屋面刚性层（建筑油膏嵌缝）	建筑油膏嵌缝断面尺寸为 30mm×40mm，沿着女儿墙与刚性层相交处贯通	m	71.22	11.49	1196.50
4	010902001001	屋面 APP 卷材防水	APP 防水卷材，厚 3mm	m^2	235.36	53.53	12598.82
		（其他略）					
（五）		保温、隔热、防腐					
1	011001001001	保温屋面	1：8 现浇水泥珍珠岩砂浆，找坡 2%，平均厚度 120mm	m^3	25.90	356.69	9238.27

（续）

施工图预算编号： 单项工程项目名称： 第 3 页共 3 页

序号	项目编码	工程项目或费用名称	项目特征	单位	数量	综合单价（元）	合价（元）
		（其他略）					
		分部分项工程费用小计					158717.86
二		可计量措施项目					
（一）		脚手架工程					
1	011701001001	综合脚手架（大厅）	框架结构；檐口高度：4.63m	m^2	194.63	58.30	11346.93
2	011701001002	综合脚手架（办公室）	砖混框架结构；檐口高度：3.55m	m^2	38.65	18.99	733.96
（二）		模板工程					
1	011702016001	有梁板模板（大厅）	支撑高度 4.18m	m^2	218.87	60.52	13246.01
2	011702016002	有梁板模板（办公室）	支撑高度 3.10m	m^2	46.62	46.14	2151.05
（三）		垂直运输					
1	011703001001	垂直运输	框架结构；建筑物檐口高度 4.63m、3.55m	天	60	421.74	25304.40
		（其他略）					
		可计量措施项目费小计					52782.35
三		综合取定的措施项目费					
1		安全文明施工费					
2		夜间施工增加费					
3		二次搬运费					
4		冬雨期施工增加费					
		（其他略）					
		综合取定措施项目费小计					
		合计					156530.11

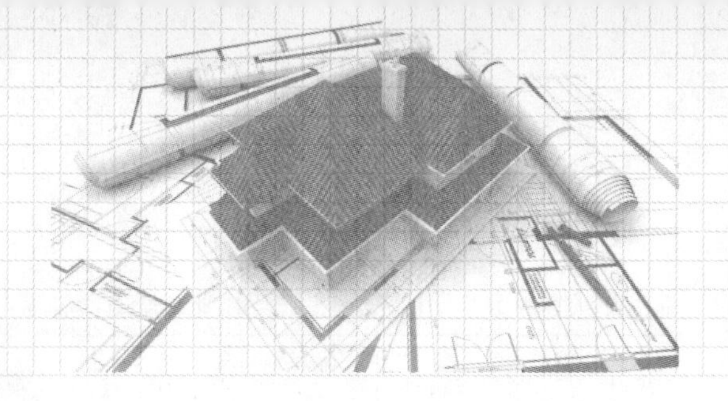

第四天

招标控制价的编制及实例

第一节　招标控制价基础

招标控制价是指根据国家或省级建设行政主管部门颁发的有关计价依据和办法，依据拟订的招标文件和招标工程量清单，结合工程具体情况发布的招标工程的最高投标限价。根据住房和城乡建设部颁布的《建筑工程施工发包与承包计价管理办法》（住建部令第 16 号）的规定，国有资金投资的建筑工程招标的，应当设有最高投标限价；非国有资金投资的建筑工程招标的，可以设有最高投标限价或者招标标底。

一、编制依据

招标控制价的编制依据是指在编制招标控制价时需要进行工程量计量、价格确认、工程计价的有关参数、率值的确定等工作时所需的基础性资料，主要包括以下几方面内容：

（1）现行国家标准《建设工程工程量清单计价规范》GB 50500 与专业工程量计算规范。

（2）国家或省级、行业建设主管部门颁发的计价定额和计价办法。

（3）建设工程设计文件及相关资料。

（4）拟定的招标文件及招标工程量清单。

（5）与建设项目相关的标准、规范、技术资料。

（6）施工现场情况、工程特点及常规施工方案。

（7）工程造价管理机构发布的工程造价信息；工程造价信息没有发布的，参照市场价。

（8）其他相关资料。

二、招标控制价计价程序

建设工程的招标控制价反映的是单位工程费用，各单位工程费用是由分部分项工程费、措施项目费、其他项目费、规费和税金组成的。单位工程招标控制价计价程序见表 4-1。

表 4-1　单位工程招标控制价计价程序表

工程名称：　　　　　　　　　　　标段：　　　　　　　　　　　第　页　共　页

序号	汇总内容	计算方法	金额(元)
1	分部分项工程	按计价规定计算/(自主报价)	
1.1			
1.2			
2	措施项目	按计价规定计算/(自主报价)	

（续）

工程名称： 标段： 第 页 共 页

序号	汇总内容	计算方法	金额(元)
2.1	其中:安全文明施工费	按规定标准估算/(按规定标准计算)	
3	其他项目		
3.1	其中:暂列金额	按计价规定估算/(按招标文件提供金额计列)	
3.2	其中:专业工程暂估价	按计价规定估算/(按招标文件提供金额计列)	
3.3	其中:计日工	按计价规定估算/(自主报价)	
3.4	其中:总承包服务费	按计价规定估算/(自主报价)	
4	规费	按规定标准计算	
5	税金	(人工费+材料费+施工机具使用费+企业管理费+利润+规费)×增值税税率	
招标控制价		合计=1+2+3+4+5	

注：本表适用于单位工程招标控制价计算，如无单位工程划分，单项工程也使用本表。

三、编制内容

1. 分部分项工程费的编制

分部分项工程费应根据招标文件中的分部分项工程项目清单及有关要求，按现行国家标准《建设工程工程量清单计价规范》GB 50500有关规定确定综合单价计价。

(1) 综合单价的组价过程。招标控制价的分部分项工程费应由各单位工程的招标工程量清单中给定的工程量乘以其相应综合单价汇总而成。综合单价应按照招标人发布的分部分项工程项目清单的项目名称、工程量、项目特征描述，依据工程所在地区颁发的计价定额和人工、材料、机具台班价格信息等进行组价确定。

首先，依据提供的工程量清单和施工图纸，按照工程所在地区颁发的计价定额的规定，确定所组价的定额项目名称，并计算出相应的工程量；其次，依据工程造价政策规定或工程造价信息确定其人工、材料、机具台班单价；同时，在考虑风险因素确定管理费费率和利润率的基础上，按规定程序计算出所组价定额项目的合价，见式（4-1），然后将若干项所组价的定额项目合价相加除以工程量清单项目工程量，便得到工程量清单项目综合单价，见式（4-2），对于未计价材料费（包括暂估单价的材料费）应计入综合单价。

$$\text{定额项目合价}=\text{定额项目工程量}\times[\sum(\text{定额人工消耗量}\times\text{人工单价})+\sum(\text{定额材料消耗量}\times\text{材料单价})+\sum(\text{定额机械台班消耗量}\times\text{机械台班单价})+\text{价差(基价或人工、材料、机械费用)}+\text{管理费和利润}] \quad (4\text{-}1)$$

$$\text{工程量清单综合单价}=(\sum\text{定额项目合价}+\text{未计价材料})\div\text{工程量清单项目工程量} \quad (4\text{-}2)$$

(2) 综合单价中的风险因素。为使招标控制价与投标报价所包含的内容一致，综合单价中应包括招标文件中要求投标人所承担的风险内容及其范围（幅度）产生的风险费用。主要应注意以下几方面：

1）对于技术难度较大和管理复杂的项目，可考虑一定的风险费用，并纳入到综合单价中。

2）对于工程设备、材料价格的市场风险，应依据招标文件的规定，工程所在地或行业工程造价管理机构的有关规定，以及市场价格趋势考虑一定率值的风险费用，纳入到综合单价中。

3）税金、规费等法律、法规、规章和政策变化的风险和人工单价等风险费用不应纳入综合单价。

2. 措施项目费的编制

（1）措施项目费中的安全文明施工费应当按照国家或省级、行业建设主管部门的规定标准计价，该部分不得作为竞争性费用。

（2）措施项目应按招标文件中提供的措施项目清单确定，措施项目分为以“量”计算措施项目和以“项”计算措施项目两种。对于可计量的措施项目，以“量”计算，即按其工程量用与分部分项工程项目清单单价相同的方式确定综合单价；对于不可计量的措施项目，则以“项”为单位，采用费率法，按有关规定综合取定，采用费率法时需确定某项费用的计费基数及其费率，结果应包括除规费、税金以外的全部费用，计算公式为

以“项”计算的措施项目清单费=措施项目计费基数×费率　　(4-3)

3. 其他项目费的编制

（1）暂列金额。暂列金额由招标人根据工程特点、工期长短，按有关计价规定进行估算，一般可以分部分项工程费的10%~15%为参考。

（2）暂估价。暂估价中的材料单价应按照工程造价管理机构发布的工程造价信息中的材料单价计算，工程造价信息未发布的材料单价，其单价参考市场价格估算；暂估价中的专业工程暂估价应分不同专业，按有关计价规定进行估算。

（3）计日工。在编制招标控制价时，对计日工中的人工单价和施工机具台班单价应按省级、行业建设主管部门或其授权的工程造价管理机构公布的单价计算；材料应按工程造价管理机构发布的工程造价信息中的材料单价计算，工程造价信息未发布单价的材料，其价格应按市场调查确定的单价计算。

（4）总承包服务费。总承包服务费应按照省级或行业建设主管部门的规定计算，在计算时可参考以下几个标准：

1）招标仅要求对分包的专业工程进行总承包管理和协调时，按分包的专业工程估算造价的1.5%计算。

2）招标人要求对分包的专业工程进行总承包管理和协调，并同时要求提供配合服务时，根据招标文件中列出的配合服务内容和提出的要求，按分包的专业工程估算造价的3%~5%计算。

3）招标人自行供应材料的，按招标人供应材料价值的1%计算。

4. 规费和税金的编制

规费和税金必须按国家或省级、行业建设主管部门的规定计算，其中

税金=(人工费+材料费+施工机具使用费+企业管理费+利润+规费)×增值税税率　　(4-4)

第二节　招标控制价编制实例

根据第三天第三节中实例的背景资料，对其要求计算的项目，试列出用于招标控制价的分部分项工程和单价措施项目清单与计价表和工程量清单综合单价分析表，见表4-2和表4-3。

表 4-2　分部分项工程和单价措施项目清单与计价表

工程名称：某工程　　　　第 1 页共 3 页

序号	项目编码	项目名称	项目特征描述	计量单位	工程量	金额(元)	
						综合单价	合价
			土石方工程				
1	010101001001	平整场地	1. 土壤类别:三类 2. 取弃土运距:由投标人根据施工现场情况自行考虑	m^2	233.28	6.01	1402.01
2	010101003001	挖基础沟槽土方	1. 土壤类别:三类 2. 挖土深度:1.0m 3. 弃土运距:现场内运输堆放距离为 50m、场外运输距离为 1km	m^3	41.95	67.52	2832.46
3	010101004001	挖基坑土方	1. 土壤类别:三类 2. 挖土深度:2.05m 3. 弃土运距:现场内运输堆放距离为 50m、场外运输距离为 1km	m^3	353.90	62.24	22026.74
4	010103001001	回填方	1. 密实度要求:满足设计和规范要求 2. 填方来源、运距:原土、50m	m^3	327.55	48.45	15869.80
5	010103001002	房心回填土方	1. 密实度要求:满足设计和规范要求 2. 填方来源、运距:原土、50m	m^3	60.44	48.45	2928.32
6	010103002001	余方弃置	运距:1km	m^3	7.86	10.22	80.33
			砌筑工程				
7	010401001001	砖基础	1. 砖品种、规格、强度等级:页岩标准砖、240mm×115mm×53mm、MU15 2. 砂浆强度等级:M10 水泥砂浆 3. 防潮层材料种类:1∶2 防水砂浆防潮层	m^3	13.38	431.47	5773.07
8	010401003001	实心砖墙	1. 砖品种、规格、强度等级:MU10 灰砂标准砖、240mm×240mm×115mm 2. 砂浆强度等级:M7.5 混合砂浆	m^3	42.10	443.18	18657.88
			混凝土及钢筋混凝土工程				
9	010501001001	独立基础垫层	1. 混凝土种类:现场搅拌 2. 混凝土强度等级:C10	m^3	6.76	385.69	2607.26
10	010501001002	地面垫层(门厅、办公室)	1. 混凝土种类:现场搅拌 2. 混凝土强度等级:C10	m^3	10.92	385.69	4211.73
11	010501003001	独立基础	1. 混凝土类别:现场搅拌 2. 混凝土强度等级:C30	m^3	35.74	400.78	14323.88
12	010502001001	矩形柱	1. 混凝土类别:现场搅拌 2. 混凝土强度等级:C30	m^3	13.78	506.05	6973.37
13	010503001001	基础梁	1. 混凝土类别:现场搅拌 2. 混凝土强度等级:C30	m^3	9.08	410.09	3723.62

（续）

工程名称：某工程　　　　第 2 页共 3 页

序号	项目编码	项目名称	项目特征描述	计量单位	工程量	金额(元)	
						综合单价	合价
混凝土及钢筋混凝土工程							
14	010503005001	过梁	1. 混凝土类别：现场搅拌 2. 混凝土强度等级：C20	m^3	1.48	567.88	840.46
15	010505001001	现浇混凝土有梁板	1. 混凝土类别：现场搅拌 2. 混凝土强度等级：C30	m^3	35.23	430.43	15164.05
16	010507001001	散水	1. 垫层材料种类、厚度：C10 混凝土、厚 20mm 2. 面层厚度：80mm 3. 混凝土强度等级：C20 4. 填塞材料种类：建筑油膏	m^2	58.07	83.73	4862.20
屋面及防水工程							
17	010902001001	屋面 APP 卷材防水	1. 卷材品种、规格：APP 防水卷材、厚 3mm 2. 防水层做法：详见国家建筑标准图集《平屋面建筑构造》12J201 中 A4 卷材、涂膜防水屋面构造做法；H2 常用防水层收头做法；A14 卷材、涂膜防水屋面立墙泛水；A15 卷材、涂膜防水屋面变形缝	m^2	235.36	53.53	12598.82
18	010902003001	屋面刚性层	1. 刚性层厚度：刚性防水层 40mm 厚 2. 混凝土种类：现浇细石混凝土 3. 混凝土强度等级：C20 4. 嵌缝材料种类：建筑油膏嵌缝，沿着女儿墙与刚性层相交处贯通	m^2	215.83	38.73	8359.10
19	011101006001	屋面找平层	找平层厚度、配合比：20mm 厚 1∶3 水泥砂浆，两遍	m^2	235.36	26.93	6338.24
保温、隔热、防腐							
20	011001001001	保温屋面	1. 部位：屋面 2. 材料品种及厚度：1∶8 现浇水泥珍珠岩砂浆找坡 2%、平均厚度 120mm	m^2	215.83	42.80	9237.52
措施项目							
21	011701001001	综合脚手架（大厅）	1. 形式：框架结构 2. 檐口高度：4.63m	m^2	194.63	58.30	11346.93
22	011701001002	综合脚手架（办公室）	1. 形式：砖混框架结构 2. 檐口高度：3.55m	m^2	38.65	18.99	733.96
23	011702016001	有梁板模板（大厅）	支撑高度：4.18m	m^2	218.87	60.52	13246.01

（续）

工程名称：某工程　　　　第 3 页共 3 页

<table>
<tr><th rowspan="2">序号</th><th rowspan="2">项目编码</th><th rowspan="2">项目名称</th><th rowspan="2">项目特征描述</th><th rowspan="2">计量单位</th><th rowspan="2">工程量</th><th colspan="2">金额(元)</th></tr>
<tr><th>综合单价</th><th>合价</th></tr>
<tr><td colspan="8">措施项目</td></tr>
<tr><td>24</td><td>011702016002</td><td>有梁板模板（办公室）</td><td>支撑高度：3.10m</td><td>m^2</td><td>46.62</td><td>46.14</td><td>2151.05</td></tr>
<tr><td>25</td><td>011703001001</td><td>垂直运输（大厅）</td><td>1. 建筑物建筑类型及结构形式：房屋建筑、框架结构
2. 建筑物檐口高度、层数：4.63m、一层；3.55m、一层</td><td>天</td><td>60</td><td>421.74</td><td>25304.40</td></tr>
</table>

表 4-3　工程量清单综合单价分析表

工程名称：某工程　　　　标段：　　　　第 1 页共 13 页

<table>
<tr><td>项目编码</td><td colspan="3">010101001001</td><td>项目名称</td><td colspan="3">平整场地</td><td>计量单位</td><td>m^2</td><td>工程量</td><td>233.28</td></tr>
<tr><td colspan="12">清单综合单价组成明细</td></tr>
<tr><td rowspan="2">定额编号</td><td rowspan="2">定额名称</td><td rowspan="2">定额单位</td><td rowspan="2">数量</td><td colspan="4">单价</td><td colspan="4">合价</td></tr>
<tr><td>人工费</td><td>材料费</td><td>机械费</td><td>管理费和利润</td><td>人工费</td><td>材料费</td><td>机械费</td><td>管理费和利润</td></tr>
<tr><td>1-98</td><td>平整场地</td><td>$10m^2$</td><td>0.10</td><td>43.89</td><td></td><td></td><td>16.24</td><td>4.39</td><td></td><td></td><td>1.62</td></tr>
<tr><td colspan="4">人工单价</td><td colspan="4">小计</td><td>4.39</td><td></td><td></td><td>1.62</td></tr>
<tr><td colspan="4">77 元/工日</td><td colspan="4">未计价材料费</td><td colspan="4"></td></tr>
<tr><td colspan="8">清单项目综合单价</td><td colspan="4">6.01</td></tr>
<tr><td rowspan="6">材料费明细</td><td colspan="5">主要材料名称、规格、型号</td><td>单位</td><td>数量</td><td>单价（元）</td><td>合价（元）</td><td>暂估单价（元）</td><td>暂估合价（元）</td></tr>
<tr><td colspan="5"></td><td></td><td></td><td></td><td></td><td></td><td></td></tr>
<tr><td colspan="5"></td><td></td><td></td><td></td><td></td><td></td><td></td></tr>
<tr><td colspan="5"></td><td></td><td></td><td></td><td></td><td></td><td></td></tr>
<tr><td colspan="7">其他材料费</td><td>—</td><td></td><td>—</td><td></td></tr>
<tr><td colspan="7">材料费小计</td><td>—</td><td></td><td>—</td><td></td></tr>
</table>

（续）

工程名称：某工程　　　　　　　　　标段：　　　　　　　　　　　　第2页共13页

项目编码	010101003001		项目名称	挖基础沟槽土方			计量单位	m^3		工程量	41.95
清单综合单价组成明细											
定额编号	定额名称	定额单位	数量	单价				合价			
				人工费	材料费	机械费	管理费和利润	人工费	材料费	机械费	管理费和利润
1-27	沟槽人工挖土	m^3		34.65			12.82	34.65			12.82
1-92	双轮车运输（50m以内）	m^3		14.63			5.42	14.63			5.42
人工单价				小计				49.28			18.24
77元/工日				未计价材料费							
清单项目综合单价								67.52			
材料费明细	主要材料名称、规格、型号					单位	数量	单价（元）	合价（元）	暂估单价（元）	暂估合价（元）
	其他材料费							—		—	
	材料费小计							—		—	
项目编码	010101004001		项目名称	挖基坑土方			计量单位	m^3		工程量	353.90
清单综合单价组成明细											
定额编号	定额名称	定额单位	数量	单价				合价			
				人工费	材料费	机械费	管理费和利润	人工费	材料费	机械费	管理费和利润
1-7	基坑人工挖土干土、三类（深度1.5m以内）	m^3	1	23.87			8.83	23.87			8.83
1-14	挖土深度超过1.5m增加费	m^3	1	6.93			2.56	6.93			2.56
1-92	双轮车运输（50m以内）	m^3	1	14.63			5.42	14.63			5.42
人工单价				小计				45.43			16.81
77元/工日				未计价材料费							
清单项目综合单价								62.24			
材料费明细	主要材料名称、规格、型号					单位	数量	单价（元）	合价（元）	暂估单价（元）	暂估合价（元）
	其他材料费							—		—	
	材料费小计							—		—	

（续）

工程名称：某工程　　　　　　　　　　标段：　　　　　　　　　　　　　　第3页共13页

项目编码	010103001001		项目名称		回填方			计量单位	m^3	工程量	327.55
清单综合单价组成明细											
定额编号	定额名称	定额单位	数量	单价				合价			
				人工费	材料费	机械费	管理费和利润	人工费	材料费	机械费	管理费和利润
1-102	回填土（夯填）	m^3	1	20.02		0.71	7.67	20.02		0.71	7.67
1-92	双轮车运输（50m以内）	m^3	1	14.63			5.42	14.63			5.42
人工单价				小计				34.65		0.71	13.09
77元/工日				未计价材料费							
清单项目综合单价								48.45			
材料费明细	主要材料名称、规格、型号					单位	数量	单价（元）	合价（元）	暂估单价（元）	暂估合价（元）
	其他材料费							—		—	
	材料费小计							—		—	
项目编码	010103001002		项目名称		房心回填土方			计量单位	m^3	工程量	60.44
清单综合单价组成明细											
定额编号	定额名称	定额单位	数量	单价				合价			
				人工费	材料费	机械费	管理费和利润	人工费	材料费	机械费	管理费和利润
1-102	回填土（夯填）	m^3		20.02		0.71	7.67	20.02		0.71	7.67
1-92	双轮车运输（50m以内）	m^3		14.63			5.42	14.63			5.42
人工单价				小计				34.65		0.71	13.09
77元/工日				未计价材料费							
清单项目综合单价								48.45			
材料费明细	主要材料名称、规格、型号					单位	数量	单价（元）	合价（元）	暂估单价（元）	暂估合价（元）
	其他材料费							—		—	
	材料费小计							—		—	

（续）

工程名称：某工程　　　　标段：　　　　第 4 页共 13 页

项目编码	010103002001	项目名称	余方弃置	计量单位	m^3	工程量	7.86

清单综合单价组成明细

定额编号	定额名称	定额单位	数量	单价				合价			
				人工费	材料费	机械费	管理费和利润	人工费	材料费	机械费	管理费和利润
1-262	自卸汽车运土（运距 1km）	$1000m^3$	0.001		40.42	7432.96	2750.20		0.04	7.43	2.75
人工单价				小计					0.04	7.43	2.75
元/工日				未计价材料费							
清单项目综合单价								10.22			

材料费明细	主要材料名称、规格、型号	单位	数量	单价（元）	合价（元）	暂估单价（元）	暂估合价（元）
	水	m^3	0.0086	4.70	0.04		
	其他材料费			—		—	
	材料费小计			—	0.04	—	

项目编码	010401001001	项目名称	砖基础	计量单位	m^3	工程量	13.38

清单综合单价组成明细

定额编号	定额名称	定额单位	数量	单价				合价			
				人工费	材料费	机械费	管理费和利润	人工费	材料费	机械费	管理费和利润
4-1	砖基础	m^3	1	98.40	266.08	5.89	38.58	98.40	266.08	5.89	38.58
10-121	防水砂浆（平面）	$10m^2$	0.1213	68.06	85.60	4.91	27.00	8.26	10.38	0.60	3.28
人工单价				小计				106.66	276.46	6.49	41.86
82 元/工日				未计价材料费							
清单项目综合单价								431.47			

材料费明细	主要材料名称、规格、型号	单位	数量	单价（元）	合价（元）	暂估单价（元）	暂估合价（元）
	标准砖，240mm×115mm×53mm	百块	5.22	42.00	219.24		
	水泥砂浆 M10	m^3	0.242	191.53	46.35		
	水	m^3	0.104	4.70	0.49		
	防水砂浆 1：2	m^3	0.0245	414.89	10.16		
	水	m^3	0.046	4.70	0.22		
	其他材料费			—		—	
	材料费小计			—	276.46	—	

（续）

工程名称：某工程　　　　标段：　　　　第 5 页共 13 页

项目编码	010401003001		项目名称	实心砖墙			计量单位	m³		工程量	42.10
清单综合单价组成明细											
定额编号	定额名称	定额单位	数量	单价				合价			
				人工费	材料费	机械费	管理费和利润	人工费	材料费	机械费	管理费和利润
4-35	1 砖外墙	m³	1	118.90	272.39	5.76	46.13	118.90	272.39	5.76	46.13
人工单价				小计				118.90	272.39	5.76	46.13
82 元/工日				未计价材料费							
清单项目综合单价								443.18			
材料费明细	主要材料名称、规格、型号					单位	数量	单价（元）	合价（元）	暂估单价（元）	暂估合价（元）
	标准砖，240mm×115mm×53mm					百块	5.36	42.00	225.12		
	水泥，32.5 级					kg	0.30	0.31	0.09		
	混合砂浆，M7.5					m³	0.234	195.20	45.68		
	水					m³	0.107	4.70	0.50		
	其他材料					元			1.00		
	其他材料费							—		—	
	材料费小计							—	272.39	—	

项目编码	010501001001		项目名称	独立基础垫层			计量单位	m³		工程量	6.76
清单综合单价组成明细											
定额编号	定额名称	定额单位	数量	单价				合价			
				人工费	材料费	机械费	管理费和利润	人工费	材料费	机械费	管理费和利润
6-1	垫层	m³	1	112.34	222.07	7.09	44.19	112.34	222.07	7.09	44.19
人工单价				小计				112.34	222.07	7.09	44.19
82 元/工日				未计价材料费							
清单项目综合单价								385.69			
材料费明细	主要材料名称、规格、型号					单位	数量	单价（元）	合价（元）	暂估单价（元）	暂估合价（元）
	现浇混凝土，C10					m³	1.01	217.54	219.72		
	水					m³	0.50	4.70	2.35		
	其他材料费							—		—	
	材料费小计							—	222.07	—	

（续）

工程名称：某工程　　　　标段：　　　　第 6 页共 13 页

项目编码	010501001002		项目名称		地面垫层（门厅、办公室）		计量单位		m^3	工程量	10.92
清单综合单价组成明细											
定额编号	定额名称	定额单位	数量	单价				合价			
				人工费	材料费	机械费	管理费和利润	人工费	材料费	机械费	管理费和利润
6-1	垫层	m^3	1	112.34	222.07	7.09	44.19	112.34	222.07	7.09	44.19
人工单价				小计				112.34	222.07	7.09	44.19
82元/工日				未计价材料费							
清单项目综合单价								385.69			
材料费明细	主要材料名称、规格、型号					单位	数量	单价（元）	合价（元）	暂估单价（元）	暂估合价（元）
	现浇混凝土，C10					m^3	1.01	217.54	219.72		
	水					m^3	0.50	4.70	2.35		
	其他材料费							—		—	
	材料费小计							—	222.07	—	

项目编码	010501003001		项目名称		独立基础		计量单位		m^3	工程量	35.74
清单综合单价组成明细											
定额编号	定额名称	定额单位	数量	单价				合价			
				人工费	材料费	机械费	管理费和利润	人工费	材料费	机械费	管理费和利润
6-8	独立柱基	m^3	1	61.50	273.78	31.20	34.30	61.50	273.78	31.20	34.30
人工单价				小计				61.50	273.78	31.20	34.30
82元/工日				未计价材料费							
清单项目综合单价								400.78			
材料费明细	主要材料名称、规格、型号					单位	数量	单价（元）	合价（元）	暂估单价（元）	暂估合价（元）
	现浇混凝土，C30					m^3	1.015	264.98	268.95		
	塑料薄膜					m^2	0.81	0.80	0.65		
	水					m^3	0.89	4.70	4.18		
	其他材料费							—		—	
	材料费小计							—	273.78	—	

（续）

工程名称：某工程　　标段：　　第7页共13页

项目编码	010502001001		项目名称	矩形柱			计量单位	m^3	工程量	13.78
清单综合单价组成明细										
定额编号	定额名称	定额单位	数量	单价				合价		
				人工费	材料费	机械费	管理费和利润	人工费	材料费	机械费	管理费和利润
6-14	矩形柱	m^3	1	157.44	275.50	10.85	62.26	157.44	275.50	10.85	62.26
人工单价				小计				157.44	275.50	10.85	62.26
82元/工日				未计价材料费							
清单项目综合单价								506.05			
材料费明细	主要材料名称、规格、型号					单位	数量	单价（元）	合价（元）	暂估单价（元）	暂估合价（元）
	现浇混凝土，C30					m^3	0.985	264.98	261.01		
	水泥砂浆，1：2					m^3	0.031	275.64	8.54		
	塑料薄膜					m^2	0.28	0.80	0.22		
	水					m^3	1.22	4.70	5.73		
	其他材料费							—		—	
	材料费小计							—	275.50	—	
项目编码	010503001001		项目名称	基础梁			计量单位	m^3	工程量	9.08
清单综合单价组成明细										
定额编号	定额名称	定额单位	数量	单价				合价		
				人工费	材料费	机械费	管理费和利润	人工费	材料费	机械费	管理费和利润
6-18	基础梁	m^3		62.32	276.51	35.18	36.08	62.32	276.51	35.18	36.08
人工单价				小计				62.32	276.51	35.18	36.08
82元/工日				未计价材料费							
清单项目综合单价								410.09			
材料费明细	主要材料名称、规格、型号					单位	数量	单价（元）	合价（元）	暂估单价（元）	暂估合价（元）
	现浇混凝土，C30					m^3	1.015	264.98	268.95		
	塑料薄膜					m^2	1.05	0.80	0.84		
	水					m^3	1.43	4.70	6.72		
	其他材料费							—		—	
	材料费小计							—		—	

（续）

工程名称：某工程　　　　　　　　标段：　　　　　　　　　　　　　　第 8 页共 13 页

项目编码	010503005001		项目名称	过梁		计量单位	m³	工程量	1.48
清单综合单价组成明细									
定额编号	定额名称	定额单位	数量	单价				合价			
				人工费	材料费	机械费	管理费和利润	人工费	材料费	机械费	管理费和利润
6-22	过梁	m³		207.46	269.56	10.29	80.57	207.46	269.56	10.29	80.57
人工单价				小计				207.46	269.56	10.29	80.57
82元/工日				未计价材料费							
清单项目综合单价								567.88			
材料费明细	主要材料名称、规格、型号					单位	数量	单价（元）	合价（元）	暂估单价（元）	暂估合价（元）
	现浇混凝土，C20					m³	1.015	254.72	258.54		
	塑料薄膜					m²	2.20	0.80	1.76		
	水					m³	1.97	4.70	9.26		
	其他材料费							—		—	
	材料费小计							—	269.56	—	

项目编码	010505001001		项目名称	现浇混凝土有梁板		计量单位	m³	工程量	35.23
清单综合单价组成明细									
定额编号	定额名称	定额单位	数量	单价				合价			
				人工费	材料费	机械费	管理费和利润	人工费	材料费	机械费	管理费和利润
6-32	有梁板	m³		91.84	290.03	10.64	37.92	91.84	290.03	10.64	37.92
人工单价				小计				91.84	290.03	10.64	37.92
82元/工日				未计价材料费							
清单项目综合单价								430.43			
材料费明细	主要材料名称、规格、型号					单位	数量	单价（元）	合价（元）	暂估单价（元）	暂估合价（元）
	现浇混凝土，C30					m³	1.015	272.52	276.61		
	塑料薄膜					m²	5.03	0.80	4.02		
	水					m³	2.00	4.70	9.40		
	其他材料费							—		—	
	材料费小计							—	290.03	—	

（续）

工程名称：某工程　　　　标段：　　　　第 9 页 7 共 13 页

项目编码	010507001001	项目名称	散水	计量单位	m^3	工程量	58.07

清单综合单价组成明细

定额编号	定额名称	定额单位	数量	单价				合价			
				人工费	材料费	机械费	管理费和利润	人工费	材料费	机械费	管理费和利润
6-1	垫层	m^3	0.02	112.34	222.07	7.09	44.19	2.25	4.44	0.14	0.88
13-163	混凝土散水	$10m^2$	0.1	191.06	346.20	10.54	74.59	19.11	34.62	1.05	7.46
10-170	建筑油膏	10m	0.12	45.10	53.10		16.69	5.41	6.37		2.00
人工单价				小计				26.77	45.43	1.19	10.34
82 元/工日				未计价材料费							
清单项目综合单价								83.73			

材料费明细	主要材料名称、规格、型号	单位	数量	单价（元）	合价（元）	暂估单价（元）	暂估合价（元）
	现浇混凝土，C10	m^3	0.0202	217.54	4.394		
	水	m^3	0.010	4.70	0.047		
	现浇混凝土，C20	m^3	0.066	258.23	17.043		
	水泥砂浆，1∶2.5	m^3	0.020	265.07	5.301		
	素水泥浆	m^3	0.001	472.71	0.473		
	碎石，5～16mm	t	0.015	68.00	1.020		
	碎石，5～40mm	t	0.167	62.00	10.354		
	水	m^3	0.080	4.70	0.376		
	建筑油膏	kg	1.210	3.50	4.235		
	木材	kg	0.648	1.10	0.713		
	煤	kg	1.296	1.10	1.426		
	其他材料费			—	0.05	—	
	材料费小计			—	45.43	—	

项目编码	011101006001	项目名称	屋面找平层	计量单位	m^2	工程量	235.36

清单综合单价组成明细

定额编号	定额名称	定额单位	数量	单价				合价			
				人工费	材料费	机械费	管理费和利润	人工费	材料费	机械费	管理费和利润
13-15	水泥砂浆（厚 20mm）	$10m^2$	0.2	54.94	48.69	4.91	26.09	10.99	9.74	0.98	5.22
人工单价				小计				10.99	9.74	0.98	5.22
82 元/工日				未计价材料费							
清单项目综合单价								26.93			

材料费明细	主要材料名称、规格、型号	单位	数量	单价（元）	合价（元）	暂估单价（元）	暂估合价（元）
	水泥砂浆 1∶3	m^3	0.0404	239.65	9.682		
	水	m^3	0.012	4.70	0.056		
	其他材料费			—		—	
	材料费小计			—	9.74	—	

（续）

工程名称：某工程　　　　　　　　标段：　　　　　　　　　　　　第 10 页 7 共 13 页

项目编码	010902003001		项目名称		屋面刚性层		计量单位	m²		工程量	215.83
清单综合单价组成明细											
定额编号	定额名称	定额单位	数量	单价				合价			
				人工费	材料费	机械费	管理费和利润	人工费	材料费	机械费	管理费和利润
10-78	细石混凝土（无分格缝）	$10m^2$	0.1	142.68	147.71	4.53	54.47	14.27	14.77	0.45	5.45
10-170	建筑油膏	10m	0.033	45.10	53.10		16.69	1.49	1.75		0.55
人工单价				小计				15.76	16.52	0.45	6.00
82 元/工日				未计价材料费							
清单项目综合单价								38.73			
材料费明细	主要材料名称、规格、型号					单位	数量	单价（元）	合价（元）	暂估单价（元）	暂估合价（元）
	现浇混凝土，C20					m^3	0.0404	258.23	10.432		
	石油沥青油毡，350 号					m^2	1.050	3.90	4.095		
	水					m^3	0.052	4.70	0.244		
	建筑油膏					kg	0.333	3.50	1.166		
	木材					kg	0.178	1.10	0.196		
	煤					kg	0.356	1.10	0.392		
	其他材料费							—		—	
	材料费小计							—	16.53	—	
项目编码	010902001001		项目名称		屋面 APP 卷材防水		计量单位	m²		工程量	235.36
清单综合单价组成明细											
定额编号	定额名称	定额单位	数量	单价				合价			
				人工费	材料费	机械费	管理费和利润	人工费	材料费	机械费	管理费和利润
10-38	APP 改性沥青防水卷材（冷粘法，单层）	$10m^2$	0.1	49.20	467.91		18.20	4.92	46.79		1.82
人工单价				小计				4.92	46.79		1.82
82 元/工日				未计价材料费							
清单项目综合单价								53.53			
材料费明细	主要材料名称、规格、型号					单位	数量	单价（元）	合价（元）	暂估单价（元）	暂估合价（元）
	APP 聚酯胎乙烯膜卷材					m^2	1.250	26.00	32.500		
	改性沥青胶黏剂					kg	1.340	7.90	10.586		
	APP 及 SBS 基层处理剂					kg	0.355	8.00	2.840		
	APP 封口油膏					kg	0.062	7.80	0.484		
	钢压条					kg	0.052	5.00	0.260		
	钢钉					kg	0.003	7.00	0.021		
	其他材料费							—	0.100	—	
	材料费小计							—	46.79	—	

（续）

工程名称：某工程　　　　标段：　　　　第 11 页 7 共 13 页

项目编码	011001001001		项目名称		保温屋面		计量单位		m^2	工程量	215.83
清单综合单价组成明细											
定额编号	定额名称	定额单位	数量	单价				合价			
				人工费	材料费	机械费	管理费和利润	人工费	材料费	机械费	管理费和利润
11-6	屋面保温（现浇水泥珍珠岩）	m^3	0.12	82.00	244.35		30.34	9.84	29.32		3.64
人工单价				小计				9.84	29.32		3.64
82 元/工日				未计价材料费							
清单项目综合单价								42.80			
材料费明细	主要材料名称、规格、型号					单位	数量	单价（元）	合价（元）	暂估单价（元）	暂估合价（元）
	水泥珍珠岩浆，1：8					m^3	0.1224	239.56	29.32		
	其他材料费							—		—	
	材料费小计							—	29.32	—	
项目编码	011701001001		项目名称		综合脚手架（大厅）		计量单位		m^2	工程量	194.63
清单综合单价组成明细											
定额编号	定额名称	定额单位	数量	单价				合价			
				人工费	材料费	机械费	管理费和利润	人工费	材料费	机械费	管理费和利润
20-2	综合脚手架	$1m^2$ 建筑面积	1	24.60	19.62	3.63	10.45	24.60	19.62	3.63	10.45
人工单价				小计				24.60	19.62	3.63	10.45
82 元/工日				未计价材料费							
清单项目综合单价								58.30			
材料费明细	主要材料名称、规格、型号					单位	数量	单价（元）	合价（元）	暂估单价（元）	暂估合价（元）
	周转木材					m^3	0.002	1850.00	3.70		
	脚手钢管					kg	1.51	4.29	6.48		
	底座					个	0.006	4.80	0.03		
	脚手架扣件					个	0.25	5.70	1.43		
	镀锌铁丝 8 号					kg	0.49	4.90	2.40		
	其他材料费							—	5.58	—	
	材料费小计							—	19.62	—	
项目编码	011701001002		项目名称		综合脚手架（办公室）		计量单位		m^2	工程量	38.65

（续）

工程名称：某工程　　　　　　　　标段：　　　　　　　　　　第12页7共13页

清单综合单价组成明细											
定额编号	定额名称	定额单位	数量	单价				合价			
				人工费	材料费	机械费	管理费和利润	人工费	材料费	机械费	管理费和利润
20-1	综合脚手架	$1m^2$ 建筑面积	1	6.56	7.14	1.36	3.93	6.56	7.14	1.36	3.93
人工单价				小计				6.56	7.14	1.36	3.93
82元/工日				未计价材料费							
清单项目综合单价								18.99			
材料费明细	主要材料名称、规格、型号					单位	数量	单价（元）	合价（元）	暂估单价（元）	暂估合价（元）
	周转木材					m^3	0.01	1850.00	1.85		
	工具式金属脚手					kg	0.10	4.76	0.48		
	脚手钢管					kg	0.46	4.29	1.97		
	底座					个	0.002	4.80	0.01		
	脚手架扣件					个	0.08	5.7	0.46		
	镀锌铁丝8号					kg	0.14	4.90	0.69		
	其他材料费							—	1.68	—	
	材料费小计							—	7.14	—	
项目编码	011702016001		项目名称		有梁板模板（大厅）			计量单位	m^2	工程量	218.87
清单综合单价组成明细											
定额编号	定额名称	定额单位	数量	单价				合价			
				人工费	材料费	机械费	管理费和利润	人工费	材料费	机械费	管理费和利润
21-58	现浇板（厚度20cm以内）	$10m^2$	0.1	317.67	145.76	37.53	104.3	31.77	14.57	3.75	10.43
人工单价				小计				31.77	14.57	3.75	10.43
82元/工日				未计价材料费							
清单项目综合单价								60.52			
材料费明细	主要材料名称、规格、型号					单位	数量	单价（元）	合价（元）	暂估单价（元）	暂估合价（元）
	组合钢模板					kg	0.608	5.00	3.040		
	卡具					kg	0.387	4.88	1.890		
	钢管支撑					kg	0.743	4.19	3.11		
	周转木材					m^3	0.0027	1850.00	4.995		
	铁钉					kg	0.025	4.20	0.105		
	镀锌铁丝22号					kg	0.003	5.50	0.017		
	回库修理、保养费					元			0.367		
	其他材料费							—	1.050	—	
	材料费小计							—	14.57	—	

（续）

工程名称：某工程　　　　　　　　标段：　　　　　　　　　　第 13 页 7 共 13 页

项目编码	011702016002		项目名称	有梁板模板（办公室）			计量单位	m²		工程量	46.62
清单综合单价组成明细											
定额编号	定额名称	定额单位	数量	单价				合价			
				人工费	材料费	机械费	管理费和利润	人工费	材料费	机械费	管理费和利润
21-56	现浇板（厚度10cm 以内）	10m²	0.1	203.36	137.38	33.13	87.50	20.34	13.74	3.31	8.75
人工单价				小计				20.34	13.74	3.31	8.75
82 元/工日				未计价材料费							
清单项目综合单价								46.14			
材料费明细	主要材料名称、规格、型号					单位	数量	单价（元）	合价（元）	暂估单价（元）	暂估合价（元）
	组合钢模板					kg	0.608	5.00	3.040		
	卡具					kg	0.362	4.88	1.767		
	钢管支撑					kg	0.579	4.19	2.426		
	周转木材					m³	0.0027	1850.00	4.995		
	铁钉					kg	0.025	4.20	0.105		
	镀锌铁丝 22 号					kg	0.003	5.50	0.017		
	回库修理、保养费					元			0.338		
	其他材料费							—	1.050	—	
	材料费小计							—	13.74	—	
项目编码	011703001001		项目名称	垂直运输			计量单位	天		工程量	60
清单综合单价组成明细											
定额编号	定额名称	定额单位	数量	单价				合价			
				人工费	材料费	机械费	管理费和利润	人工费	材料费	机械费	管理费和利润
23-3	卷扬机施工（现浇框架）	天	1			307.84	113.90			307.84	113.90
人工单价				小计						307.84	113.90
元/工日				未计价材料费							
清单项目综合单价								421.74			
材料费明细	主要材料名称、规格、型号					单位	数量	单价（元）	合价（元）	暂估单价（元）	暂估合价（元）
	其他材料费							—		—	
	材料费小计							—		—	

注：对辅助性材料不必细列，可归并到其他材料费中以金额表示。为方便读者学习理解，本表将各项辅助材料逐一列出。

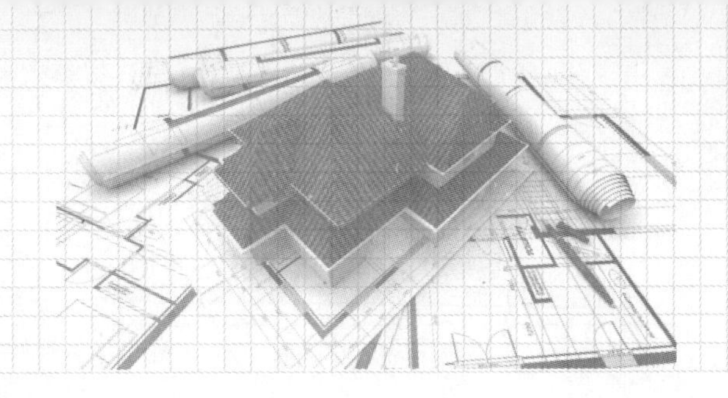

第五天

投标报价的编制及实例

第一节　投标报价的编制要点

一、编制原则和依据

1. 编制原则

(1) 投标报价由投标人自主确定，但必须执行现行国家标准《建设工程工程量清单计价规范》GB 50500的强制性规定。投标报价应由投标人或受其委托、具有相应资质的工程造价咨询人员编制。

(2) 投标人的投标报价不得低于工程成本。

(3) 投标报价要以招标文件中设定的发承包双方责任划分，作为考虑投标报价费用项目和费用计算的基础，发承包双方的责任划分不同，会导致合同风险不同的分摊，从而导致投标人选择不同的报价；根据工程发承包模式考虑投标报价的费用内容和计算深度。

(4) 以施工方案、技术措施等作为投标报价计算的基本条件；以反映企业技术和管理水平的企业定额作为计算人工、材料和机具台班消耗量的基本依据；充分利用现场考察、调研成果、市场价格信息和行情资料，编制基础标价。

(5) 报价计算方法要科学严谨，简明适用。

2. 编制依据

现行国家标准《建设工程工程量清单计价规范》GB 50500规定，投标报价应根据下列依据编制：

(1)《建设工程工程量清单计价规范》GB 50500与专业工程量计算规范。

(2) 国家或省级、行业建设主管部门颁发的计价办法。

(3) 企业定额，国家或省级、行业建设主管部门颁发的计价定额。

(4) 招标文件、工程量清单及其补充通知、答疑纪要。

(5) 建设工程设计文件及相关资料。

(6) 施工现场情况、工程特点及投标时拟定的施工组织设计或施工方案。

(7) 与建设项目相关的标准、规范等技术资料。

(8) 市场价格信息或工程造价管理机构发布的工程造价信息。

(9) 其他相关资料。

二、分部分项工程和措施项目清单与计价表的编制

投标报价的编制过程，应首先根据招标人提供的工程量清单编制分部分项工程和措施项

目清单与计价表，其他项目清单与计价汇总表，规费、税金项目计价表，计算完毕之后，汇总得到单位工程投标报价汇总表，再层层汇总，分别得出单项工程投标报价汇总表和工程项目投标总价汇总表。在编制过程中，投标人应按招标人提供的工程量清单填报价格。填写的项目编码、项目名称、项目特征、计量单位、工程量必须与招标人提供的一致。

1. 确定综合单价

承包人投标报价中的分部分项工程费和以单价计算的措施项目费应按招标文件中分部分项工程和单价措施项目清单与计价表的特征描述确定综合单价。

确定综合单价是分部分项工程和单价措施项目清单与计价表编制过程中最主要的内容。综合单价包括完成一个规定清单项目所需的人工费、材料和工程设备费、施工机具使用费、企业管理费、利润，并考虑风险费用的分摊。

$$综合单价=人工费+材料和工程设备费+施工机具使用费+企业管理费+利润 \quad (5\text{-}1)$$

当分部分项工程内容比较简单，由单一计价子项计价，且现行国家标准《建设工程工程量清单计价规范》GB 50500 及其配套的工程量计算规范与所使用计价定额中的工程量计算规则相同时，综合单价的确定只需用相应计价定额子目中的人、材、机费作为基数计算管理费、利润，再考虑相应的风险费用即可。当工程量清单给出的分部分项工程与所用计价定额的单位不同或工程量计算规则不同，则需要按计价定额的计算规则重新计算工程量，并按照下列步骤来确定综合单价。

（1）确定计算基础。计算基础主要包括消耗量指标和生产要素单价。应根据本企业的实际消耗量水平，结合拟定的施工方案确定完成清单项目需要消耗的各种人工、材料、机具台班的数量。计算时应采用企业定额，在没有企业定额或企业定额缺项时，可参照与本企业实际水平相近的国家、地区、行业定额，并通过调整来确定清单项目的人工、材料、机具单位用量。各种人工、材料、机具台班的单价，则应根据询价的结果和市场行情综合确定。

（2）分析每一项清单项目的工程内容。在招标工程量清单中，招标人已对项目特征进行了准确、详细的描述，投标人根据这一描述，再结合施工现场情况和拟定的施工方案确定完成各清单项目实际应发生的工程内容。

（3）计算工程内容的工程数量与清单单位的含量。每一项工程内容都应根据所选定额的工程量计算规则计算其工程数量，当定额的工程量计算规则与清单的工程量计算规则相一致时，可直接以工程量清单中的工程量作为工程内容的工程数量。

当采用清单单位含量计算人工费、材料费、施工机具使用费时，还需要计算每一计量单位的清单项目所分摊的工程内容的工程数量，即

$$清单单位含量=某工程内容的定额工程量\div清单工程量 \quad (5\text{-}2)$$

（4）分部分项工程人工、材料、施工机具使用费的计算。以完成每一计量单位的清单项目所需的人工、材料、机具用量为基础计算，即

$$每一计量单位清单项目某种资源的使用量=该资源的定额单位用量\times相应定额条目的清单单位含量 \quad (5\text{-}3)$$

根据预先确定的各种生产要素的单位价格，可计算出每一计量单位清单项目的分部分项工程的人工费、材料费与施工机具使用费，即

$$人工费=完成单位清单项目所需人工的工日数量\times人工工日单价 \quad (5\text{-}4)$$

材料费 = Σ（完成单位清单项目所需各种材料、半成品数量×各种材料、

半成品单价)+工程设备费 (5-5)

施工机具使用费 = Σ(完成单位清单项目所需各种机械的台班数量×各种机械的台班单价)+ Σ(完成单位清单项目所需各种仪器仪表的台班数量×各种仪器仪表的台班单价) (5-6)

当招标人提供的其他项目清单中列示了材料暂估价时，应根据招标人提供的价格计算材料费，并在分部分项工程项目清单与计价表中表现出来。

(5) 计算综合单价。企业管理费和利润的计算可按照规定的取费基数以及一定的费率取费计算，若以人工费与施工机具使用费之和为取费基数，则

企业管理费 =(人工费+施工机具使用费)×企业管理费费率 (5-7)

利润 =(人工费+施工机具使用费)×利润率 (5-8)

将上述五项费用汇总，并考虑合理的风险费用后，即可得到清单综合单价。根据计算出的综合单价，可编制分部分项工程和单价措施项目清单与计价表。

2. 工程量清单综合单价分析表的编制

为表明综合单价的合理性，投标人应对其进行单价分析，以作为评标时的判断依据。综合单价分析表的编制应反映上述综合单价的编制过程，并按照规定的格式进行。

3. 总价措施项目清单与计价表的编制

对于不能精确计量的措施项目，应编制总价措施项目清单与计价表。投标人对措施项目中的总价项目投标报价时应遵循以下几个原则：

(1) 措施项目的内容应依据招标人提供的措施项目清单和投标人投标时拟定的施工组织设计或施工方案确定。

(2) 措施项目费由投标人自主确定，但其中安全文明施工费必须按照国家或省级、行业建设主管部门的规定计价，不得作为竞争性费用。招标人不得要求投标人对该项费用进行优惠，投标人也不得将该项费用参与市场竞争。

三、其他项目清单与计价表的编制

其他项目费主要包括暂列金额、暂估价、计日工以及总承包服务费。投标人对其他项目费投标报价时应遵循以下几个原则：

(1) 暂列金额应按照招标人提供的其他项目清单中列出的金额填写，不得变动。

(2) 暂估价不得变动和更改。暂估价中的材料、工程设备暂估价必须按照招标人提供的暂估单价计入清单项目的综合单价；专业工程暂估价必须按照招标人提供的其他项目清单中列出的金额填写。材料、工程设备暂估单价和专业工程暂估价均由招标人提供，为暂估价格，在工程实施过程中，对于不同类型的材料与专业工程采用不同的计价方法。

(3) 计日工应按照招标人提供的其他项目清单列出的项目和估算的数量，自主确定各项综合单价并计算费用。

(4) 总承包服务费应根据招标人在招标文件中列出的分包专业工程内容和供应材料、设备情况，按照招标人提出的协调、配合与服务要求和施工现场管理需要自主确定。

四、规费、税金项目计价表的编制

规费和税金应按国家或省级、行业建设主管部门的规定计算，不得作为竞争性费用。这是由于规费和税金的计取标准是依据有关法律、法规和政策规定制定的，具有强制性。因

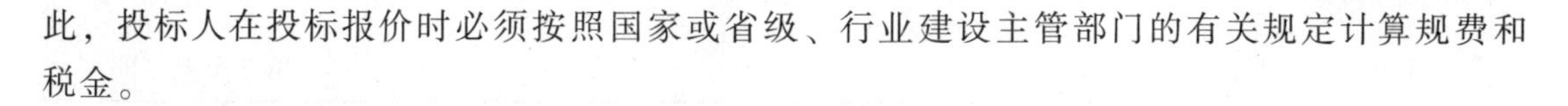

此，投标人在投标报价时必须按照国家或省级、行业建设主管部门的有关规定计算规费和税金。

五、投标报价的汇总

投标人的投标总价应当与组成工程量清单的分部分项工程费、措施项目费、其他项目费和规费、税金的合计金额相一致，即投标人在进行工程量清单招标的投标报价时，不能进行投标总价优惠（或降价、让利），投标人对投标报价的任何优惠（或降价、让利）均应反映在相应清单项目的综合单价中。

第二节　投标报价的编制实例

根据第三天第三节中实例的背景资料，对其要求计算的项目编制相应的投标报价，试列出用于投标报价的“分部分项工程和单价措施项目清单与计价表”和“工程量清单综合单价分析表”，见表 5-1 和表 5-2。

表 5-1　分部分项工程和单价措施项目清单与计价表

工程名称：某工程　　　　　　　　　　　　　　　　　　　　第 1 页共 3 页

序号	项目编码	项目名称	项目特征描述	计量单位	工程量	金额(元)	
						综合单价	合价
			土石方工程				
1	010101001001	平整场地	1. 土壤类别：三类 2. 取弃土运距：由投标人根据施工现场情况自行考虑	m^2	233.28	5.57	1299.37
2	010101003001	挖基础沟槽土方	1. 土壤类别：三类 2. 挖土深度：1.0m 3. 弃土运距：现场内运输堆放距离为 50m、场外运输距离为 1km	m^3	41.95	62.57	2624.81
3	010101004001	挖基坑土方	1. 土壤类别：三类 2. 挖土深度：2.05m 3. 弃土运距：现场内运输堆放距离为 50m、场外运输距离为 1km	m^3	353.90	57.44	20328.02
4	010103001001	回填方	1. 密实度要求：满足设计和规范要求 2. 填方来源、运距：原土、50m	m^3	327.55	44.68	14634.93
5	010103001002	房心回填土方	1. 密实度要求：满足设计和规范要求 2. 填方来源、运距：原土、50m	m^3	60.44	44.68	2700.46
6	010103002001	余方弃置	运距：1km	m^3	7.86	9.21	72.39
			砌筑工程				
7	010401001001	砖基础	1. 砖品种、规格、强度等级：页岩标准砖、240mm × 115mm × 53mm、MU15 2. 砂浆强度等级：M10 水泥砂浆 3. 防潮层材料种类：1 ∶ 2 防水砂浆防潮层	m^3	13.38	413.78	5536.38

（续）

工程名称：某工程　　　　第2页共3页

序号	项目编码	项目名称	项目特征描述	计量单位	工程量	金额（元）	
						综合单价	合价
8	010401003001	实心砖墙	1. 砖品种、规格、强度等级：MU10灰砂标准砖、240mm×240mm×115mm 2. 砂浆强度等级：M7.5 混合砂浆	m^3	42.10	423.69	17837.35
混凝土及钢筋混凝土工程							
9	010501001001	独立基础垫层	1. 混凝土种类：现场搅拌 2. 混凝土强度等级：C10	m^3	6.76	371.12	2508.77
10	010501001002	地面垫层（门厅、办公室）	1. 混凝土种类：现场搅拌 2. 混凝土强度等级：C10	m^3	10.92	371.12	4052.63
11	010501003001	独立基础	1. 混凝土类别：现场搅拌 2. 混凝土强度等级：C30	m^3	35.74	389.66	13926.45
12	010502001001	矩形柱	1. 混凝土类别：现场搅拌 2. 混凝土强度等级：C30	m^3	13.78	485.12	6684.95
13	010503001001	基础梁	1. 混凝土类别：现场搅拌 2. 混凝土强度等级：C30	m^3	9.08	398.72	3620.38
14	010503005001	过梁	1. 混凝土类别：现场搅拌 2. 混凝土强度等级：C20	m^3	1.48	543.42	804.26
15	010505001001	现浇混凝土有梁板	1. 混凝土类别：现场搅拌 2. 混凝土强度等级：C30	m^3	35.23	408.92	14406.25
16	010507001001	散水	1. 垫层材料种类、厚度：C10 混凝土、厚 20mm 2. 面层厚度：80mm 3. 混凝土强度等级：C20 4. 填塞材料种类：建筑油膏	m^2	58.07	79.18	4597.98
屋面及防水工程							
17	010902001001	屋面 APP 卷材防水	1. 卷材品种、规格：APP 防水卷材、厚 3mm 2. 防水层做法：详见国家建筑标准图集《平屋面建筑构造》12J201 中 A4 卷材、涂膜防水屋面构造做法；H2 常用防水层收头做法；A14 卷材、涂膜防水屋面立墙泛水；A15 卷材、涂膜防水屋面变形缝	m^2	235.36	50.62	11913.92
18	010902003001	屋面刚性层	1. 刚性层厚度：刚性防水层 40mm 厚 2. 混凝土种类：现浇细石混凝土 3. 混凝土强度等级：C20 4. 嵌缝材料种类：建筑油膏嵌缝，沿着女儿墙与刚性层相交处贯通	m^2	215.83	36.77	7936.07

（续）

工程名称：某工程　　　　　　　　　　　　　　　　　　　　第 3 页共 3 页

序号	项目编码	项目名称	项目特征描述	计量单位	工程量	金额（元）	
						综合单价	合价
19	011101006001	屋面找平层	找平层厚度：20mm 厚 1∶3 水泥砂浆，两遍	m^2	235.36	25.51	6004.03
保温、隔热、防腐							
20	011001001001	保温屋面	1. 部位：屋面 2. 材料品种及厚度：1∶8 现浇水泥珍珠岩砂浆找坡 2%、平均厚度 120mm	m^2	215.83	41.62	8982.84
措施项目							
21	011701001001	综合脚手架（大厅）	1. 形式：框架结构 2. 檐口高度：4.63m	m^2	194.63	55.78	10856.46
22	011701001002	综合脚手架（办公室）	1. 形式：砖混框架结构 2. 檐口高度：3.55m	m^2	38.65	18.27	706.14
23	011702016001	有梁板模板（大厅）	支撑高度：4.18m	m^2	218.87	57.49	12582.84
24	011702016002	有梁板模板（办公室）	支撑高度：3.10m	m^2	46.62	43.92	2047.55
25	011703001001	垂直运输（大厅）	1. 建筑物建筑类型及结构形式：房屋建筑、框架结构 2. 建筑物檐口高度、层数：4.63m、一层；3.55m、一层	天	60	408.31	24498.60

表 5-2　工程量清单综合单价分析表

工程名称：某工程　　　　　　　　标段：　　　　　　　　　　第 1 页共 12 页

项目编码	010101001001		项目名称	平整场地			计量单位	m^2	工程量		233.28
清单综合单价组成明细											
定额编号	定额名称	定额单位	数量	单价				合价			
				人工费	材料费	机械费	管理费和利润	人工费	材料费	机械费	管理费和利润
1-98	平整场地	$10m^2$	0.10	40.59			15.12	4.06			1.51
人工单价				小计				4.06			1.51
77 元/工日				未计价材料费							
清单项目综合单价								5.57			
材料费明细	主要材料名称、规格、型号					单位	数量	单价（元）	合价（元）	暂估单价（元）	暂估合价（元）
	其他材料费							—		—	
	材料费小计							—		—	
项目编码	010101003001		项目名称	挖基础沟槽土方			计量单位	m^3	工程量		41.95

（续）

工程名称：某工程　　　　标段：　　　　第 2 页共 12 页

清单综合单价组成明细											
定额编号	定额名称	定额单位	数量	单价				合价			
				人工费	材料费	机械费	管理费和利润	人工费	材料费	机械费	管理费和利润
1-27	沟槽人工挖土	m^3	1.00	32.05			11.94	32.05			11.94
1-92	双轮车运输（50m 以内）	m^3	1.00	13.53			5.05	13.53			5.05
人工单价				小计				45.58			16.99
77.00 元/工日				未计价材料费							
清单项目综合单价								62.57			
材料费明细	主要材料名称、规格、型号					单位	数量	单价（元）	合价（元）	暂估单价（元）	暂估合价（元）
	其他材料费							—		—	
	材料费小计							—		—	
项目编码	010101004001		项目名称		挖基坑土方			计量单位	m^3	工程量	353.90
清单综合单价组成明细											
定额编号	定额名称	定额单位	数量	单价				合价			
				人工费	材料费	机械费	管理费和利润	人工费	材料费	机械费	管理费和利润
1-7	基坑人工挖土干土、三类（深度 1.5m 以内）	m^3	1.00	22.23			7.96	22.23			7.96
1-14	挖土深度超过 1.5m 增加费	m^3	1.00	6.45			2.31	6.45			2.31
1-92	双轮车运输（50m 以内）	m^3	1.00	13.61			4.88	13.61			4.88
人工单价				小计				42.29			15.15
77 元/工日				未计价材料费							
清单项目综合单价								57.44			
材料费明细	主要材料名称、规格、型号					单位	数量	单价（元）	合价（元）	暂估单价（元）	暂估合价（元）
	其他材料费							—		—	
	材料费小计							—		—	

（续）

工程名称：某工程　　　　　　　　　　标段：　　　　　　　　　　第 3 页共 12 页

项目编码	010103001001		项目名称	回填方				计量单位	m³	工程量	327.55
清单综合单价组成明细											
定额编号	定额名称	定额单位	数量	单价				合价			
				人工费	材料费	机械费	管理费和利润	人工费	材料费	机械费	管理费和利润
1-102	回填土（夯填）	m³	1.00	18.58		0.71	6.92	18.58		0.71	6.92
1-92	双轮车运输（50m 以内）	m³	1.00	13.58			4.89	13.58			4.89
人工单价				小计				32.16		0.71	11.81
77 元/工日				未计价材料费							
清单项目综合单价								44.68			
材料费明细	主要材料名称、规格、型号					单位	数量	单价（元）	合价（元）	暂估单价（元）	暂估合价（元）
	其他材料费							—		—	
	材料费小计							—		—	
项目编码	010103001002		项目名称	房心回填土方				计量单位	m³	工程量	60.44
清单综合单价组成明细											
定额编号	定额名称	定额单位	数量	单价				合价			
				人工费	材料费	机械费	管理费和利润	人工费	材料费	机械费	管理费和利润
1-102	回填土（夯填）	m³	1.00	18.58		0.71	6.92	18.58		0.71	6.92
1-92	双轮车运输（50m 以内）	m³	1.00	13.58			4.89	13.58			4.89
人工单价				小计				32.16		0.71	11.81
77 元/工日				未计价材料费							
清单项目综合单价								44.68			
材料费明细	主要材料名称、规格、型号					单位	数量	单价（元）	合价（元）	暂估单价（元）	暂估合价（元）
	其他材料费							—		—	
	材料费小计							—		—	
项目编码	010103002001		项目名称	余方弃置				计量单位	m³	工程量	7.86
清单综合单价组成明细											

（续）

工程名称：某工程　　　　标段：　　　　第 4 页共 12 页

定额编号	定额名称	定额单位	数量	单价				合价			
				人工费	材料费	机械费	管理费和利润	人工费	材料费	机械费	管理费和利润
1-262	自卸汽车运土（运距 1km）	$1000m^3$	0.001		40.42	6689.66	2475.18		0.04	6.69	2.48
人工单价				小计					0.04	6.69	2.48
元/工日				未计价材料费							
清单项目综合单价								9.21			
材料费明细	主要材料名称、规格、型号					单位	数量	单价（元）	合价（元）	暂估单价（元）	暂估合价（元）
	水					m^3	0.0086	4.70	0.04		
	其他材料费							—		—	
	材料费小计							—	0.04	—	
项目编码	010401001001		项目名称		砖基础			计量单位	m^3	工程量	13.38
清单综合单价组成明细											
定额编号	定额名称	定额单位	数量	单价				合价			
				人工费	材料费	机械费	管理费和利润	人工费	材料费	机械费	管理费和利润
4-1	砖基础	m^3	1.00	91.02	266.08	5.89	34.80	91.02	260.56	5.89	34.80
10-121	防水砂浆（平面）	$10m^2$	0.1213	62.96	85.60	4.91	24.35	7.64	10.32	0.60	2.95
人工单价				小计				98.66	270.88	6.49	37.75
82 元/工日				未计价材料费							
清单项目综合单价								413.78			
材料费明细	主要材料名称、规格、型号					单位	数量	单价（元）	合价（元）	暂估单价（元）	暂估合价（元）
	标准砖，240mm×115mm×53mm					百块	5.22	41.00	214.02		
	水泥砂浆 M10					m^3	0.242	190.30	46.05		
	水					m^3	0.104	4.70	0.49		
	防水砂浆 1∶2					m^3	0.0245	412.50	10.10		
	水					m^3	0.046	4.70	0.22		
	其他材料费							—		—	
	材料费小计							—	270.87	—	
项目编码	010401003001		项目名称		实心砖墙			计量单位	m^3	工程量	42.10
清单综合单价组成明细											

（续）

工程名称：某工程　　　　　　　　　　标段：　　　　　　　　　　第 5 页共 12 页

定额编号	定额名称	定额单位	数量	单价				合价			
				人工费	材料费	机械费	管理费和利润	人工费	材料费	机械费	管理费和利润
4-35	1 砖外墙	m^3	1.00	110.70	272.39	5.76	41.61	110.70	265.62	5.76	41.61
人工单价				小计				110.70	265.62	5.76	41.61
82 元/工日				未计价材料费							
清单项目综合单价								423.69			
材料费明细	主要材料名称、规格、型号					单位	数量	单价（元）	合价（元）	暂估单价（元）	暂估合价（元）
	标准砖，240mm×115mm×53mm					百块	5.36	41.00	219.76		
	水泥，32.5 级					kg	0.30	0.29	0.09		
	混合砂浆，M7.5					m^3	0.234	189.20	44.27		
	水					m^3	0.107	4.70	0.50		
	其他材料					元			1.00		
	其他材料费							—		—	
	材料费小计							—	265.62	—	
项目编码	010501001001		项目名称		独立基础垫层			计量单位	m^3	工程量	6.76
清单综合单价组成明细											
定额编号	定额名称	定额单位	数量	单价				合价			
				人工费	材料费	机械费	管理费和利润	人工费	材料费	机械费	管理费和利润
6-1	垫层	m^3	1.00	104.25	222.07	7.09	39.77	104.25	220.01	7.09	39.77
人工单价				小计				104.25	220.01	7.09	39.77
82 元/工日				未计价材料费							
清单项目综合单价								371.12			
材料费明细	主要材料名称、规格、型号					单位	数量	单价（元）	合价（元）	暂估单价（元）	暂估合价（元）
	现浇混凝土，C10					m^3	1.01	215.50	217.66		
	水					m^3	0.50	4.70	2.35		
	其他材料费							—		—	
	材料费小计							—	220.01	—	
项目编码	010501001002		项目名称		地面垫层（门厅、办公室）			计量单位	m^3	工程量	10.92
清单综合单价组成明细											

（续）

工程名称:某工程　　　　标段:　　　　第6页共12页

定额编号	定额名称	定额单位	数量	单价				合价			
				人工费	材料费	机械费	管理费和利润	人工费	材料费	机械费	管理费和利润
6-1	垫层	m^3	1.00	104.25	222.07	7.09	39.77	104.25	220.01	7.09	39.77
人工单价				小计				104.25	220.01	7.09	39.77
82元/工日				未计价材料费							
清单项目综合单价								371.12			
材料费明细	主要材料名称、规格、型号					单位	数量	单价（元）	合价（元）	暂估单价（元）	暂估合价（元）
	现浇混凝土,C10					m^3	1.01	215.50	217.66		
	水					m^3	0.50	4.70	2.35		
	其他材料费							—		—	
	材料费小计							—	220.01	—	
项目编码	010501003001		项目名称	独立基础				计量单位	m^3	工程量	35.74
清单综合单价组成明细											
定额编号	定额名称	定额单位	数量	单价				合价			
				人工费	材料费	机械费	管理费和利润	人工费	材料费	机械费	管理费和利润
6-8	独立柱基	m^3	1.00	57.26	270.26	31.20	30.94	57.26	270.26	31.20	30.94
人工单价				小计				57.26	270.26	31.20	30.94
82元/工日				未计价材料费							
清单项目综合单价								389.66			
材料费明细	主要材料名称、规格、型号					单位	数量	单价（元）	合价（元）	暂估单价（元）	暂估合价（元）
	现浇混凝土,C30					m^3	1.015	261.50	265.43		
	塑料薄膜					m^2	0.81	0.80	0.65		
	水					m^3	0.89	4.70	4.18		
	其他材料费							—		—	
	材料费小计							—	270.26	—	
项目编码	010502001001		项目名称	矩形柱				计量单位	m^3	工程量	13.78
清单综合单价组成明细											
定额编号	定额名称	定额单位	数量	单价				合价			
				人工费	材料费	机械费	管理费和利润	人工费	材料费	机械费	管理费和利润
6-14	矩形柱	m^3	1.00	146.10	275.50	10.85	56.16	146.10	272.01	10.85	56.16
人工单价				小计				146.10	272.01	10.85	56.16
82元/工日				未计价材料费							
清单项目综合单价								485.12			
材料费明细	主要材料名称、规格、型号					单位	数量	单价（元）	合价（元）	暂估单价（元）	暂估合价（元）
	现浇混凝土,C30					m^3	0.985	261.50	257.58		
	水泥砂浆,1∶2					m^3	0.031	273.50	8.48		
	塑料薄膜					m^2	0.28	0.80	0.22		
	水					m^3	1.22	4.70	5.73		
	其他材料费							—		—	
	材料费小计							—	272.01	—	

（续）

工程名称：某工程　　　　　　　　　　　标段：　　　　　　　　　　　第 7 页共 12 页

项目编码	010503001001		项目名称	基础梁			计量单位	m^3	工程量		9.08
清单综合单价组成明细											
定额编号	定额名称	定额单位	数量	单价				合价			
				人工费	材料费	机械费	管理费和利润	人工费	材料费	机械费	管理费和利润
6-18	基础梁	m^3	1.00	58.02	276.51	35.18	32.54	58.02	272.98	35.18	32.54
人工单价				小计				58.02	272.98	35.18	32.54
82 元/工日				未计价材料费							
清单项目综合单价								398.72			
材料费明细	主要材料名称、规格、型号					单位	数量	单价（元）	合价（元）	暂估单价（元）	暂估合价（元）
	现浇混凝土，C30					m^3	1.015	261.50	265.42		
	塑料薄膜					m^2	1.05	0.80	0.84		
	水					m^3	1.43	4.70	6.72		
	其他材料费							—		—	
	材料费小计							—	272.98	—	

项目编码	010503005001		项目名称	过梁			计量单位	m^3	工程量		1.48
清单综合单价组成明细											
定额编号	定额名称	定额单位	数量	单价				合价			
				人工费	材料费	机械费	管理费和利润	人工费	材料费	机械费	管理费和利润
6-22	过梁	m^3	1.00	193.15	269.56	10.29	72.67	193.15	267.31	10.29	72.67
人工单价				小计				193.15	267.31	10.29	72.67
82 元/工日				未计价材料费							
清单项目综合单价								543.42			
材料费明细	主要材料名称、规格、型号					单位	数量	单价（元）	合价（元）	暂估单价（元）	暂估合价（元）
	现浇混凝土，C20					m^3	1.015	252.50	256.29		
	塑料薄膜					m^2	2.20	0.80	1.76		
	水					m^3	1.97	4.70	9.26		
	其他材料费							—		—	
	材料费小计							—	267.31	—	

项目编码	010505001001		项目名称	现浇混凝土有梁板			计量单位	m^3	工程量		35.23
清单综合单价组成明细											
定额编号	定额名称	定额单位	数量	单价				合价			
				人工费	材料费	机械费	管理费和利润	人工费	材料费	机械费	管理费和利润
6-32	有梁板	m^3	1.00	85.23	290.03	10.64	34.20	85.23	278.85	10.64	34.20
人工单价				小计				85.23	278.85	10.64	34.20
82 元/工日				未计价材料费							
清单项目综合单价								408.92			
材料费明细	主要材料名称、规格、型号					单位	数量	单价（元）	合价（元）	暂估单价（元）	暂估合价（元）
	现浇混凝土，C30					m^3	1.015	261.50	265.43		
	塑料薄膜					m^2	5.03	0.80	4.02		
	水					m^3	2.00	4.70	9.40		
	其他材料费							—		—	
	材料费小计							—	278.85	—	

（续）

工程名称：某工程　　　　　　　　标段：　　　　　　　　第 8 页共 12 页

项目编码	010507001001		项目名称	散水		计量单位		m^3	工程量		58.07
清单综合单价组成明细											
定额编号	定额名称	定额单位	数量	单价				合价			
				人工费	材料费	机械费	管理费和利润	人工费	材料费	机械费	管理费和利润
6-1	垫层	m^3	0.02	104.25	222.07	7.09	39.77	2.09	4.40	0.14	0.80
13-163	混凝土散水	$10m^2$	0.10	176.73	346.20	10.54	68.01	17.67	34.15	1.05	6.80
10-170	建筑油膏	10m	0.12	41.72	53.10		15.44	4.17	6.37		1.54
人工单价				小计				23.93	44.92	1.19	9.14
82 元/工日				未计价材料费							
清单项目综合单价								79.18			
材料费明细	主要材料名称、规格、型号					单位	数量	单价（元）	合价（元）	暂估单价（元）	暂估合价（元）
	现浇混凝土，C10					m^3	0.0202	215.50	4.353		
	水					m^3	0.010	4.70	0.047		
	现浇混凝土，C20					m^3	0.066	252.50	16.665		
	水泥砂浆，1：2.5					m^3	0.020	263.27	5.265		
	素水泥浆					m^3	0.001	470.20	0.470		
	碎石，5～16mm					t	0.015	68.00	1.020		
	碎石，5～40mm					t	0.167	62.00	10.354		
	水					m^3	0.080	4.70	0.376		
	建筑油膏					kg	1.210	3.50	4.235		
	木材					kg	0.648	1.10	0.713		
	煤					kg	1.296	1.10	1.426		
	其他材料费							—		—	
	材料费小计							—	44.92	—	
项目编码	011101006001		项目名称	屋面找平层		计量单位		m^2	工程量		235.36
清单综合单价组成明细											
定额编号	定额名称	定额单位	数量	单价				合价			
				人工费	材料费	机械费	管理费和利润	人工费	材料费	机械费	管理费和利润
13-15	水泥砂浆（厚 20mm）	$10m^2$	0.20	50.82	48.69	4.91	23.53	10.16	9.66	0.98	4.71
人工单价				小计				10.16	9.66	0.98	4.71
82 元/工日				未计价材料费							
清单项目综合单价								25.51			
材料费明细	主要材料名称、规格、型号					单位	数量	单价（元）	合价（元）	暂估单价（元）	暂估合价（元）
	水泥砂浆 1：3					m^3	0.0404	237.65	9.601		
	水					m^3	0.012	4.70	0.056		
	其他材料费							—		—	
	材料费小计							—	9.66	—	

（续）

工程名称：某工程　　　　标段：　　　　第9页共12页

项目编码	010902003001		项目名称		屋面刚性层		计量单位	m²		工程量	215.83
清单综合单价组成明细											
定额编号	定额名称	定额单位	数量	单价				合价			
				人工费	材料费	机械费	管理费和利润	人工费	材料费	机械费	管理费和利润
10-78	细石混凝土（无分格缝）	10m²	0.10	132.84	147.71	4.53	49.13	13.28	14.49	0.45	4.91
10-170	建筑油膏	10m	0.033	41.72	53.10		15.44	1.38	1.75		0.51
人工单价				小计				14.66	16.24	0.45	5.42
82元/工日				未计价材料费							
清单项目综合单价								36.77			
材料费明细	主要材料名称、规格、型号					单位	数量	单价（元）	合价（元）	暂估单价（元）	暂估合价（元）
	现浇混凝土，C20					m³	0.0404	252.50	10.201		
	石油沥青油毡，350号					m²	1.050	3.85	4.043		
	水					m³	0.052	4.70	0.244		
	建筑油膏					kg	0.333	3.50	1.166		
	木材					kg	0.178	1.10	0.196		
	煤					kg	0.356	1.10	0.392		
	其他材料费							—		—	
	材料费小计							—	16.24	—	
项目编码	010902001001		项目名称		屋面APP卷材防水		计量单位	m²		工程量	235.36
清单综合单价组成明细											
定额编号	定额名称	定额单位	数量	单价				合价			
				人工费	材料费	机械费	管理费和利润	人工费	材料费	机械费	管理费和利润
10-38	APP改性沥青防水卷材（冷粘法，单层）	10m²	0.10	45.81	467.91		16.42	4.58	44.40		1.64
人工单价				小计				4.58	44.40		1.64
82元/工日				未计价材料费							
清单项目综合单价								50.62			
材料费明细	主要材料名称、规格、型号					单位	数量	单价（元）	合价（元）	暂估单价（元）	暂估合价（元）
	APP聚酯胎乙烯膜卷材					m²	1.250	24.80	31.00		
	改性沥青胶黏剂					kg	1.340	7.30	9.782		
	APP及SBS基层处理剂					kg	0.355	7.80	2.769		
	APP封口油膏					kg	0.062	7.50	0.465		
	钢压条					kg	0.052	5.00	0.260		
	钢钉					kg	0.003	6.5	0.020		
	其他材料费							—	0.100	—	
	材料费小计							—	44.40	—	

（续）

工程名称：某工程　　　　标段：　　　　第 10 页共 12 页

项目编码	011001001001		项目名称	保温屋面			计量单位	m^2		工程量	215.83
清单综合单价组成明细											
定额编号	定额名称	定额单位	数量	单价				合价			
				人工费	材料费	机械费	管理费和利润	人工费	材料费	机械费	管理费和利润
11-6	屋面保温（现浇水泥珍珠岩）	m^3	0.12	76.34	242.25		28.25	9.16	29.07		3.39
人工单价				小计				9.16	29.07		3.39
82 元/工日				未计价材料费							
清单项目综合单价								41.62			
材料费明细	主要材料名称、规格、型号					单位	数量	单价（元）	合价（元）	暂估单价（元）	暂估合价（元）
	水泥珍珠岩浆，1∶8					m^3	0.1224	237.50	29.07		
	其他材料费							—		—	
	材料费小计							—	29.07	—	
项目编码	011701001001		项目名称	综合脚手架（大厅）			计量单位	m^2		工程量	194.63
清单综合单价组成明细											
定额编号	定额名称	定额单位	数量	单价				合价			
				人工费	材料费	机械费	管理费和利润	人工费	材料费	机械费	管理费和利润
20-2	综合脚手架	$1m^2$ 建筑面积	1.00	22.83	19.62	3.63	9.70	22.83	19.62	3.63	9.70
人工单价				小计				22.83	19.62	3.63	9.70
82 元/工日				未计价材料费							
清单项目综合单价								55.78			
材料费明细	主要材料名称、规格、型号					单位	数量	单价（元）	合价（元）	暂估单价（元）	暂估合价（元）
	周转木材					m^3	0.002	1850.00	3.70		
	脚手钢管					kg	1.51	4.29	6.48		
	底座					个	0.006	4.80	0.03		
	脚手架扣件					个	0.25	5.70	1.43		
	镀锌铁丝 8 号					kg	0.49	4.90	2.40		
	其他材料费							—	5.58	—	
	材料费小计							—	19.62	—	
项目编码	011701001002		项目名称	综合脚手架（办公室）			计量单位	m^2		工程量	38.65
清单综合单价组成明细											

(续)

工程名称:某工程　　　　　　　　　　标段:　　　　　　　　　　　　　第 11 页共 12 页

定额编号	定额名称	定额单位	数量	单价				合价			
				人工费	材料费	机械费	管理费和利润	人工费	材料费	机械费	管理费和利润
20-1	综合脚手架	1m² 建筑面积	1.00	6.11	7.14	1.36	3.66	6.11	7.14	1.36	3.66
人工单价				小计				6.11	7.14	1.36	3.66
82 元/工日				未计价材料费							
清单项目综合单价								18.27			
材料费明细	主要材料名称、规格、型号					单位	数量	单价(元)	合价(元)	暂估单价(元)	暂估合价(元)
	周转木材					m³	0.01	1850.00	1.85		
	工具式金属脚手					kg	0.10	4.76	0.48		
	脚手钢管					kg	0.46	4.29	1.97		
	底座					个	0.002	4.80	0.01		
	脚手架扣件					个	0.08	5.7	0.46		
	镀锌铁丝 8 号					kg	0.14	4.90	0.69		
	其他材料费							—	1.68	—	
	材料费小计							—	7.14	—	
项目编码	011702016001		项目名称		有梁板模板(大厅)			计量单位	m²	工程量	218.87
清单综合单价组成明细											
定额编号	定额名称	定额单位	数量	单价				合价			
				人工费	材料费	机械费	管理费和利润	人工费	材料费	机械费	管理费和利润
21-58	现浇板(厚度20cm 以内)	10m²	0.10	295.75	145.76	37.53	97.10	29.58	14.45	3.75	9.71
人工单价				小计				29.58	14.45	3.75	9.71
82 元/工日				未计价材料费							
清单项目综合单价								57.49			
材料费明细	主要材料名称、规格、型号					单位	数量	单价(元)	合价(元)	暂估单价(元)	暂估合价(元)
	组合钢模板					kg	0.608	4.80	2.918		
	卡具					kg	0.387	4.88	1.890		
	钢管支撑					kg	0.743	4.19	3.11		
	周转木材					m³	0.0027	1850.00	4.995		
	铁钉					kg	0.025	4.20	0.105		
	镀锌铁丝 22 号					kg	0.003	5.50	0.017		
	回库修理、保养费					元			0.367		
	其他材料费							—	1.050	—	
	材料费小计							—	14.45	—	

（续）

工程名称：某工程　　　　　　　　　　　　标段：　　　　　　　　　　　　　　第 12 页共 12 页

项目编码	011702016002		项目名称	有梁板模板（办公室）		计量单位		m^2	工程量	46.62	
清单综合单价组成明细											
定额编号	定额名称	定额单位	数量	单价				合价			
				人工费	材料费	机械费	管理费和利润	人工费	材料费	机械费	管理费和利润
21-56	现浇板（厚度10cm 以内）	$10m^2$	0.10	188.72	137.38	33.13	81.20	18.87	13.62	3.31	8.12
人工单价				小计				18.87	13.62	3.31	8.12
82 元/工日				未计价材料费							
清单项目综合单价								43.92			
材料费明细	主要材料名称、规格、型号					单位	数量	单价（元）	合价（元）	暂估单价（元）	暂估合价（元）
	组合钢模板					kg	0.608	4.80	2.918		
	卡具					kg	0.362	4.88	1.767		
	钢管支撑					kg	0.579	4.19	2.426		
	周转木材					m^3	0.0027	1850.00	4.995		
	铁钉					kg	0.025	4.20	0.105		
	镀锌铁丝 22 号					kg	0.003	5.50	0.017		
	回库修理、保养费					元			0.338		
	其他材料费							—	1.050	—	
	材料费小计							—	13.62	—	

项目编码	011703001001		项目名称	垂直运输		计量单位		天	工程量	60	
清单综合单价组成明细											
定额编号	定额名称	定额单位	数量	单价				合价			
				人工费	材料费	机械费	管理费和利润	人工费	材料费	机械费	管理费和利润
23-3	卷扬机施工（现浇框架）	天	1.00			305.23	106.05			302.26	106.05
人工单价				小计						302.26	106.05
元/工日				未计价材料费							
清单项目综合单价								408.31			
材料费明细	主要材料名称、规格、型号					单位	数量	单价（元）	合价（元）	暂估单价（元）	暂估合价（元）
	其他材料费							—		—	
	材料费小计							—		—	

注：对辅助性材料可不必细列，可归并到其他材料费中以金额表示。为方便读者学习理解，本表将各项辅助材料逐一列出。

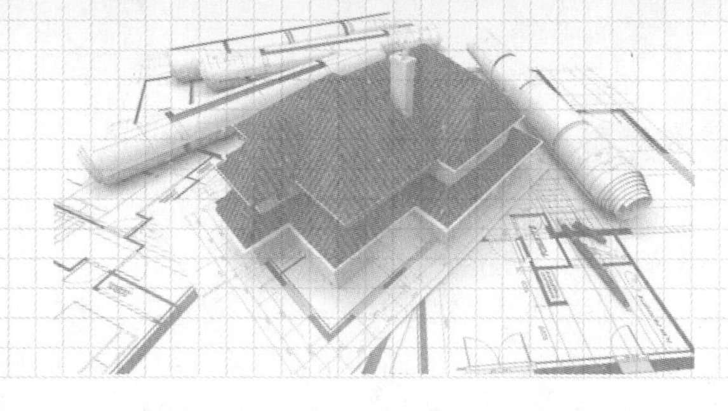

第六天

竣工结算的编制及实例

第一节　竣工结算的编制要点

工程竣工结算是指工程项目完工并经竣工验收合格后，发承包双方按照施工合同的约定对所完成的工程项目进行的合同价款的计算、调整和确认。工程竣工结算分为单位工程竣工结算、单项工程竣工结算和建设项目竣工总结算，其中，单位工程竣工结算和单项工程竣工结算也可看成是分阶段结算。

一、竣工结算的编制依据及原则

1. 竣工结算的编制依据

工程竣工结算由承包人或受其委托具有相应资质的工程造价咨询人编制，由发包人或受其委托具有相应资质的工程造价咨询人核对。工程竣工结算编制的主要依据有以下几个方面内容：

(1) 现行国家标准《建设工程工程量清单计价规范》GB 50500。

(2) 工程合同。

(3) 发承包双方实施过程中已确认的工程量及其结算的合同价款。

(4) 发承包双方实施过程中已确认调整后追加（减）的合同价款。

(5) 建设工程设计文件及相关资料。

(6) 投标文件。

(7) 其他依据。

2. 竣工结算的编制原则

在采用工程量清单计价的方式下，工程竣工结算的编制原则如下。

(1) 分部分项工程和措施项目中的单价项目应依据双方确认的工程量与已标价工程量清单的综合单价计算；如发生调整的，以发承包双方确认调整的综合单价计算。

(2) 措施项目中的总价项目应依据合同约定的项目和金额计算；如发生调整的，以发承包双方确认调整的金额计算，其中安全文明施工费必须按照国家或省级、行业建设主管部门的规定计算。

(3) 其他项目应按下列规定计价：

1) 计日工应按发包人实际签证确认的事项计算。

2) 暂估价应由发、承包双方按照现行国家标准《建设工程工程量清单计价规范》GB 50500的相关规定计算。

3) 总承包服务费应依据合同约定金额计算，如发生调整的，以发承包双方确认调整的金额计算。

4）施工索赔费用应依据发承包双方确认的索赔事项和金额计算。

5）现场签证费用应依据发承包双方签证资料确认的金额计算。

6）暂列金额应减去工程价款调整（包括索赔、现场签证）金额计算，如有余额归发包人。

（4）规费和税金应按照国家或省级、行业建设主管部门的规定计算。规费中的工程排污费应按工程所在地环境保护部门规定标准缴纳后按实列入。

此外，发承包双方在合同工程实施过程中已经确认的工程计量结果和合同价款，在竣工结算办理中应直接进入结算。

采用总价合同的，应在合同总价基础上，对合同约定能调整的内容及超过合同约定范围的风险因素进行调整；采用单价合同的，在合同约定风险范围内的综合单价应固定不变，并应依据合同约定按实际完成的工程量进行计量。

二、竣工结算的审核

（1）国有资金投资建设工程的发包人，应当委托具有相应资质的工程造价咨询企业对竣工结算文件进行审核，并在收到竣工结算文件后的约定期限内向承包人提出由工程造价咨询企业出具的竣工结算文件审核意见；逾期未答复的，按照合同约定处理；合同没有约定的，竣工结算文件视为已被认可。

（2）非国有资金投资的建筑工程发包人，应当在收到竣工结算文件后的约定期限内予以答复，逾期未答复的，按照合同约定处理，合同没有约定的，竣工结算文件视为已被认可；发包人对竣工结算文件有异议的，应当在答复期内向承包人提出，并可以在提出异议之日起的约定期限内与承包人协商；发包人在协商期内未与承包人协商或者经协商未能与承包人达成协议的，应当委托工程造价咨询企业进行竣工结算审核，并在协商期满后的约定期限内向承包人提出由工程造价咨询企业出具的竣工结算文件审核意见。

（3）发包人委托工程造价咨询机构核对审核竣工结算文件的，工程造价咨询机构应在规定期限内核对完毕，审核意见与承包人竣工结算文件不一致的，应提交给承包人复核，承包人应在规定期限内将同意审核意见或不同意见的说明提交工程造价咨询机构。工程造价咨询机构收到承包人提出的异议后，应再次复核，复核无异议的，发承包双方应在规定期限内在竣工结算文件上签字确认，竣工结算办理完毕；复核后仍有异议的，对于无异议部分办理不完全竣工结算，有异议部分由发承包双方协商解决，协商不成的，按照合同约定的争议解决方式处理。

承包人逾期未提出书面异议的，视为工程造价咨询机构核对的竣工结算文件已经承包人认可。

（4）接受委托的工程造价咨询机构从事竣工结算审核工作，通常应包括以下三个阶段：

1）准备阶段。准备阶段应包括收集、整理竣工结算审核项目的审核依据资料，做好送审资料的交验、核实、签收工作，并应对资料等缺陷向委托方提出书面意见及要求。

2）审核阶段。审核阶段应包括现场踏勘核实，召开审核会议，澄清问题，提出补充依据性资料和必要的弥补性措施，形成会商纪要，进行计量、计价审核与确定工作，完成初步审核报告。

3）审定阶段。审定阶段应包括就竣工结算审核意见与承包人和发包人进行沟通，召开协调会议，处理分歧事项，形成竣工结算审核成果文件，签认竣工结算审定签署表，提交竣工结算审核报告等工作。

（5）竣工结算审核的成果文件应包括竣工结算审核书封面、签署页、竣工结算审核报告、竣工结算审定签署表、竣工结算审核汇总对比表、单项工程竣工结算审核汇总对比表、单位工程竣工结算审核汇总对比表等。

（6）竣工结算审核应采用全面审核法，除委托咨询合同另有约定外，不得采用重点审核法、抽样审核法或类比审核法等其他方法。

第二节　竣工结算的编制实例

根据第三天第三节中实例的背景资料，对其要求计算的项目，试列出用于竣工结算的分部分项工程和单价措施项目清单与计价表和工程量清单综合单价分析表，见表 6-1 和表 6-2。

表 6-1　分部分项工程和单价措施项目清单与计价表

工程名称：某工程　　　　第 1 页共 3 页

序号	项目编码	项目名称	项目特征描述	计量单位	工程量	金额(元)	
						综合单价	合价
土石方工程							
1	010101001001	平整场地	1. 土壤类别:三类 2. 取弃土运距:由投标人根据施工现场情况自行考虑	m^2	233.28	6.36	1483.66
2	010101003001	挖基础沟槽土方	1. 土壤类别:三类 2. 挖土深度:1.0m 3. 弃土运距:现场内运输堆放距离为 50m、场外运输距离为 1km	m^3	41.95	71.39	2994.81
3	010101004001	挖基坑土方	1. 土壤类别:三类 2. 挖土深度:2.05m 3. 弃土运距:现场内运输堆放距离为 50m、场外运输距离为 1km	m^3	353.90	65.30	23109.67
4	010103001001	回填方	1. 密实度要求:满足设计和规范要求 2. 填方来源、运距:原土、50m	m^3	327.55	50.77	16629.71
5	010103001002	房心回填土方	1. 密实度要求:满足设计和规范要求 2. 填方来源、运距:原土、50m	m^3	60.44	50.77	3068.54
6	010103002001	余方弃置	运距:1km	m^3	7.86	9.21	72.39
砌筑工程							
7	010401001001	砖基础	1. 砖品种、规格、强度等级:页岩标准砖、240mm × 115mm × 53mm、MU15 2. 砂浆强度等级:M10 水泥砂浆 3. 防潮层材料种类:1 : 2 防水砂浆防潮层	m^3	13.38	433.48	5799.96

（续）

工程名称：某工程　　　　第 2 页共 3 页

序号	项目编码	项目名称	项目特征描述	计量单位	工程量	金额（元）	
						综合单价	合价
8	010401003001	实心砖墙	1. 砖品种、规格、强度等级：MU10 灰砂标准砖、240mm×240mm×115mm 2. 砂浆强度等级：M7.5 混合砂浆	m^3	42.10	444.94	18731.97
混凝土及钢筋混凝土工程							
9	010501001001	独立基础垫层	1. 混凝土种类：现场搅拌 2. 混凝土强度等级：C10	m^3	6.76	391.54	2646.81
10	010501001002	地面垫层	1. 混凝土种类：现场搅拌 2. 混凝土强度等级：C10	m^3	10.92	391.54	4275.62
11	010501003001	独立基础	1. 混凝土类别：现场搅拌 2. 混凝土强度等级：C30	m^3	35.74	400.65	14319.23
12	010502001001	矩形柱	1. 混凝土类别：现场搅拌 2. 混凝土强度等级：C30	m^3	13.78	513.74	7079.34
13	010503001001	基础梁	1. 混凝土类别：现场搅拌 2. 混凝土强度等级：C30	m^3	9.08	409.86	3721.53
14	010503005001	过梁	1. 混凝土类别：现场搅拌 2. 混凝土强度等级：C20	m^3	1.48	580.50	859.14
15	010505001001	现浇混凝土有梁板	1. 混凝土类别：现场搅拌 2. 混凝土强度等级：C30	m^3	35.23	425.61	14994.24
16	010507001001	散水	1. 垫层材料种类、厚度：C10 混凝土、厚 20mm 2. 面层厚度：80mm 3. 混凝土强度等级：C20 4. 填塞材料种类：建筑油膏	m^2	58.07	84.04	4880.20
屋面及防水工程							
17	010902001001	屋面 APP 卷材防水	1. 卷材品种、规格：APP 防水卷材、厚 3mm 2. 防水层做法：详见国家建筑标准图集《平屋面建筑构造》12J201 中 A4 卷材、涂膜防水屋面构造做法；H2 常用防水层收头做法；A14 卷材、涂膜防水屋面立墙泛水；A15 卷材、涂膜防水屋面变形缝	m^2	235.36	51.50	12121.04
18	010902003001	屋面刚性层	1. 刚性层厚度：刚性防水层 40mm 厚 2. 混凝土种类：现浇细石混凝土 3. 混凝土强度等级：C20 4. 嵌缝材料种类：建筑油膏嵌缝，沿着女儿墙与刚性层相交处贯通	m^2	215.83	39.59	8544.71

（续）

工程名称：某工程　　　　　　　　　　　　　　　　　　　　　　第 3 页共 3 页

序号	项目编码	项目名称	项目特征描述	计量单位	工程量	金额（元）	
						综合单价	合价
19	011101006001	屋面找平层	找平层厚度、配合比：20mm 厚 1∶3 水泥砂浆，两遍	m^2	235.36	27.54	6481.81
保温、隔热、防腐							
20	011001001001	保温屋面	1. 部位：屋面 2. 材料品种及厚度：1∶8 现浇水泥珍珠岩砂浆找坡 2%、平均厚度 120mm	m^2	215.83	43.38	9362.71
措施项目							
21	011701001001	综合脚手架（大厅）	1. 形式：框架结构 2. 檐口高度：4.63m	m^2	194.63	60.25	11726.46
22	011701001002	综合脚手架（办公室）	1. 形式：砖混框架结构 2. 檐口高度：3.55m	m^2	38.65	19.44	751.36
23	011702016001	有梁板模板（大厅）	支撑高度：4.18m	m^2	218.87	63.16	13823.83
24	011702016002	有梁板模板（办公室）	支撑高度：3.10m	m^2	46.62	47.62	2220.04
25	011703001001	垂直运输（大厅）	1. 建筑物建筑类型及结构形式：房屋建筑、框架结构 2. 建筑物檐口高度、层数：4.63m、一层；3.55m、一层	天	60	408.31	24498.60

表 6-2　工程量清单综合单价分析表

工程名称：某工程　　　　　　　　标段：　　　　　　　　　　第 1 页共 13 页

项目编码	010101001001		项目名称	平整场地			计量单位		m^2	工程量	233.28
清单综合单价组成明细											
定额编号	定额名称	定额单位	数量	单价				合价			
				人工费	材料费	机械费	管理费和利润	人工费	材料费	机械费	管理费和利润
1-98	平整场地	$10m^2$	0.10	48.45			15.12	4.85			1.51
人工单价				小计				4.85			1.51
85 元/工日				未计价材料费							
清单项目综合单价								6.36			
材料费明细	主要材料名称、规格、型号				单位	数量		单价（元）	合价（元）	暂估单价（元）	暂估合价（元）
	其他材料费							—		—	
	材料费小计							—		—	
项目编码	010101003001		项目名称	挖基础沟槽土方			计量单位		m^3	工程量	41.95

（续）

工程名称：某工程　　　　标段：　　　　第2页共13页

清单综合单价组成明细											
定额编号	定额名称	定额单位	数量	单价				合价			
				人工费	材料费	机械费	管理费和利润	人工费	材料费	机械费	管理费和利润
1-27	沟槽人工挖土	m^3	1.00	38.25			11.94	38.25			11.94
1-92	双轮车运输（50m以内）	m^3	1.00	16.15			5.05	16.15			5.05
人工单价				小计				54.40			16.99
85元/工日				未计价材料费							
清单项目综合单价								71.39			
材料费明细	主要材料名称、规格、型号					单位	数量	单价（元）	合价（元）	暂估单价（元）	暂估合价（元）
	其他材料费							—		—	
	材料费小计							—		—	
项目编码	010101004001			项目名称	挖基坑土方			计量单位	m^3	工程量	353.90
清单综合单价组成明细											
定额编号	定额名称	定额单位	数量	单价				合价			
				人工费	材料费	机械费	管理费和利润	人工费	材料费	机械费	管理费和利润
1-7	基坑人工挖土干土、三类（深度1.5m以内）	m^3	1.00	26.35			7.96	26.35			7.96
1-14	挖土深度超过1.5m增加费	m^3	1.00	7.65			2.31	7.65			2.31
1-92	双轮车运输（50m以内）	m^3	1.00	16.15			4.88	16.15			4.88
人工单价				小计				50.15			15.15
85元/工日				未计价材料费							
清单项目综合单价								65.30			
材料费明细	主要材料名称、规格、型号					单位	数量	单价（元）	合价（元）	暂估单价（元）	暂估合价（元）
	其他材料费							—		—	
	材料费小计							—		—	
项目编码	010103001001			项目名称	回填方			计量单位	m^3	工程量	327.55
清单综合单价组成明细											

（续）

工程名称：某工程　　　　　　　　标段：　　　　　　　　第 3 页共 13 页

定额编号	定额名称	定额单位	数量	单价				合价			
				人工费	材料费	机械费	管理费和利润	人工费	材料费	机械费	管理费和利润
1-102	回填土（夯填）	m^3	1.00	22.10		0.71	6.92	22.10		0.71	6.92
1-92	双轮车运输（50m 以内）	m^3	1.00	16.15			4.89	16.15			4.89
人工单价				小计				38.25		0.71	11.81
85 元/工日				未计价材料费							
清单项目综合单价								50.77			
材料费明细	主要材料名称、规格、型号					单位	数量	单价（元）	合价（元）	暂估单价（元）	暂估合价（元）
	其他材料费							—		—	
	材料费小计							—		—	
项目编码	010103001002		项目名称		房心回填土方			计量单位	m^3	工程量	60.44
清单综合单价组成明细											
定额编号	定额名称	定额单位	数量	单价				合价			
				人工费	材料费	机械费	管理费和利润	人工费	材料费	机械费	管理费和利润
1-102	回填土（夯填）	m^3	1.00	22.10		0.71	6.92	22.10		0.71	6.92
1-92	双轮车运输（50m 以内）	m^3	1.00	16.15			4.89	16.15			4.89
人工单价				小计				38.25		0.71	11.81
85 元/工日				未计价材料费							
清单项目综合单价								50.77			
材料费明细	主要材料名称、规格、型号					单位	数量	单价（元）	合价（元）	暂估单价（元）	暂估合价（元）
	其他材料费							—		—	
	材料费小计							—		—	
项目编码	010103002001		项目名称		余方弃置			计量单位	m^3	工程量	7.86
清单综合单价组成明细											

（续）

工程名称：某工程　　　　标段：　　　　第4页共13页

定额编号	定额名称	定额单位	数量	单价				合价			
				人工费	材料费	机械费	管理费和利润	人工费	材料费	机械费	管理费和利润
1-262	自卸汽车运土（运距1km）	1000m^3	0.001		40.42	6689.66	2475.18		0.04	6.69	2.48
人工单价				小计					0.04	6.69	2.48
元/工日				未计价材料费							
清单项目综合单价								9.21			
材料费明细	主要材料名称、规格、型号					单位	数量	单价（元）	合价（元）	暂估单价（元）	暂估合价（元）
	水					m^3	0.0086	4.70	0.04		
	其他材料费							—		—	
	材料费小计							—	0.04	—	
项目编码	010401001001		项目名称		砖基础			计量单位	m^3	工程量	13.38
清单综合单价组成明细											
定额编号	定额名称	定额单位	数量	单价				合价			
				人工费	材料费	机械费	管理费和利润	人工费	材料费	机械费	管理费和利润
4-1	砖基础	m^3	1.00	109.20	266.08	5.89	34.80	109.20	260.56	5.89	34.80
10-121	防水砂浆（平面）	10m^2	0.1213	75.53	85.60	4.91	24.35	9.16	10.32	0.60	2.95
人工单价				小计				118.36	270.88	6.49	37.75
91元/工日				未计价材料费							
清单项目综合单价								433.48			
材料费明细	主要材料名称、规格、型号					单位	数量	单价（元）	合价（元）	暂估单价（元）	暂估合价（元）
	标准砖，240mm×115mm×53mm					百块	5.22	41.00	214.02		
	水泥砂浆 M10					m^3	0.242	190.30	46.05		
	水					m^3	0.104	4.70	0.49		
	防水砂浆 1：2					m^3	0.0245	412.50	10.10		
	水					m^3	0.046	4.70	0.22		
	其他材料费							—		—	
	材料费小计							—	270.87	—	
项目编码	010401003001		项目名称		实心砖墙			计量单位	m^3	工程量	42.10
清单综合单价组成明细											

（续）

工程名称：某工程　　　　　　　　　标段：　　　　　　　　　第 5 页共 13 页

定额编号	定额名称	定额单位	数量	单价				合价			
				人工费	材料费	机械费	管理费和利润	人工费	材料费	机械费	管理费和利润
4-35	1 砖外墙	m^3	1.00	131.95	272.39	5.76	41.61	131.95	265.62	5.76	41.61
人工单价				小计				131.95	265.62	5.76	41.61
91 元/工日				未计价材料费							
清单项目综合单价								444.94			

材料费明细	主要材料名称、规格、型号	单位	数量	单价（元）	合价（元）	暂估单价（元）	暂估合价（元）
	标准砖，240mm×115mm×53mm	百块	5.36	41.00	219.76		
	水泥，32.5 级	kg	0.30	0.29	0.09		
	混合砂浆，M7.5	m^3	0.234	189.20	44.27		
	水	m^3	0.107	4.70	0.50		
	其他材料	元			1.00		
	其他材料费			—		—	
	材料费小计			—	265.62	—	

项目编码	010501001001	项目名称	独立基础垫层	计量单位	m^3	工程量	6.76
清单综合单价组成明细							

定额编号	定额名称	定额单位	数量	单价				合价			
				人工费	材料费	机械费	管理费和利润	人工费	材料费	机械费	管理费和利润
6-1	垫层	m^3	1.00	124.67	222.07	7.09	39.77	124.67	220.01	7.09	39.77
人工单价				小计				124.67	220.01	7.09	39.77
91 元/工日				未计价材料费							
清单项目综合单价								391.54			

材料费明细	主要材料名称、规格、型号	单位	数量	单价（元）	合价（元）	暂估单价（元）	暂估合价（元）
	现浇混凝土，C10	m^3	1.01	215.50	217.66		
	水	m^3	0.50	4.70	2.35		
	其他材料费			—		—	
	材料费小计			—	220.01	—	

项目编码	010501001002	项目名称	地面垫层（门厅、办公室）	计量单位	m^3	工程量	10.92
清单综合单价组成明细							

（续）

工程名称：某工程　　　　标段：　　　　第6页共13页

<table>
<tr><td rowspan="2">定额编号</td><td rowspan="2">定额名称</td><td rowspan="2">定额单位</td><td rowspan="2">数量</td><td colspan="4">单价</td><td colspan="4">合价</td></tr>
<tr><td>人工费</td><td>材料费</td><td>机械费</td><td>管理费和利润</td><td>人工费</td><td>材料费</td><td>机械费</td><td>管理费和利润</td></tr>
<tr><td>6-1</td><td>垫层</td><td>m³</td><td>1.00</td><td>124.67</td><td>222.07</td><td>7.09</td><td>39.77</td><td>124.67</td><td>220.01</td><td>7.09</td><td>39.77</td></tr>
<tr><td colspan="4">人工单价</td><td colspan="4">小计</td><td>124.67</td><td>220.01</td><td>7.09</td><td>39.77</td></tr>
<tr><td colspan="4">91元/工日</td><td colspan="4">未计价材料费</td><td colspan="4"></td></tr>
<tr><td colspan="8">清单项目综合单价</td><td colspan="4">391.54</td></tr>
<tr><td rowspan="6">材料费明细</td><td colspan="5">主要材料名称、规格、型号</td><td>单位</td><td>数量</td><td>单价（元）</td><td>合价（元）</td><td>暂估单价（元）</td><td>暂估合价（元）</td></tr>
<tr><td colspan="5">现浇混凝土，C10</td><td>m³</td><td>1.01</td><td>215.50</td><td>217.66</td><td></td><td></td></tr>
<tr><td colspan="5">水</td><td>m³</td><td>0.50</td><td>4.70</td><td>2.35</td><td></td><td></td></tr>
<tr><td colspan="5"></td><td></td><td></td><td></td><td></td><td></td><td></td></tr>
<tr><td colspan="7">其他材料费</td><td>—</td><td></td><td>—</td><td></td></tr>
<tr><td colspan="7">材料费小计</td><td>—</td><td>220.01</td><td>—</td><td></td></tr>
<tr><td>项目编码</td><td colspan="2">010501003001</td><td>项目名称</td><td colspan="4">独立基础</td><td>计量单位</td><td>m³</td><td>工程量</td><td>35.74</td></tr>
<tr><td colspan="12">清单综合单价组成明细</td></tr>
<tr><td rowspan="2">定额编号</td><td rowspan="2">定额名称</td><td rowspan="2">定额单位</td><td rowspan="2">数量</td><td colspan="4">单价</td><td colspan="4">合价</td></tr>
<tr><td>人工费</td><td>材料费</td><td>机械费</td><td>管理费和利润</td><td>人工费</td><td>材料费</td><td>机械费</td><td>管理费和利润</td></tr>
<tr><td>6-8</td><td>独立柱基</td><td>m³</td><td>1.00</td><td>68.25</td><td>270.26</td><td>31.20</td><td>30.94</td><td>68.25</td><td>270.26</td><td>31.20</td><td>30.94</td></tr>
<tr><td colspan="4">人工单价</td><td colspan="4">小计</td><td>68.25</td><td>270.26</td><td>31.20</td><td>30.94</td></tr>
<tr><td colspan="4">91元/工日</td><td colspan="4">未计价材料费</td><td colspan="4"></td></tr>
<tr><td colspan="8">清单项目综合单价</td><td colspan="4">400.65</td></tr>
<tr><td rowspan="6">材料费明细</td><td colspan="5">主要材料名称、规格、型号</td><td>单位</td><td>数量</td><td>单价（元）</td><td>合价（元）</td><td>暂估单价（元）</td><td>暂估合价（元）</td></tr>
<tr><td colspan="5">现浇混凝土，C30</td><td>m³</td><td>1.015</td><td>261.50</td><td>265.43</td><td></td><td></td></tr>
<tr><td colspan="5">塑料薄膜</td><td>m²</td><td>0.81</td><td>0.80</td><td>0.65</td><td></td><td></td></tr>
<tr><td colspan="5">水</td><td>m³</td><td>0.89</td><td>4.70</td><td>4.18</td><td></td><td></td></tr>
<tr><td colspan="7">其他材料费</td><td>—</td><td></td><td>—</td><td></td></tr>
<tr><td colspan="7">材料费小计</td><td>—</td><td>270.26</td><td>—</td><td></td></tr>
<tr><td>项目编码</td><td colspan="2">010502001001</td><td>项目名称</td><td colspan="4">矩形柱</td><td>计量单位</td><td>m³</td><td>工程量</td><td>13.78</td></tr>
<tr><td colspan="12">清单综合单价组成明细</td></tr>
</table>

（续）

工程名称：某工程　　　　标段：　　　　第 7 页共 13 页

定额编号	定额名称	定额单位	数量	单价				合价			
				人工费	材料费	机械费	管理费和利润	人工费	材料费	机械费	管理费和利润
6-14	矩形柱	m^3	1.00	174.72	275.50	10.85	56.16	174.72	272.01	10.85	56.16
人工单价				小计				174.72	272.01	10.85	56.16
91元/工日				未计价材料费							
清单项目综合单价								513.74			
材料费明细	主要材料名称、规格、型号				单位	数量		单价（元）	合价（元）	暂估单价（元）	暂估合价（元）
	现浇混凝土，C30				m^3	0.985		261.50	257.58		
	水泥砂浆，1：2				m^3	0.031		273.50	8.48		
	塑料薄膜				m^2	0.28		0.80	0.22		
	水				m^3	1.22		4.70	5.73		
	其他材料费							—		—	
	材料费小计							—	272.01	—	
项目编码	010503001001		项目名称	基础梁				计量单位	m^3	工程量	9.08
清单综合单价组成明细											
定额编号	定额名称	定额单位	数量	单价				合价			
				人工费	材料费	机械费	管理费和利润	人工费	材料费	机械费	管理费和利润
6-18	基础梁	m^3	1.00	69.16	276.51	35.18	32.54	69.16	272.98	35.18	32.54
人工单价				小计				69.16	272.98	35.18	32.54
91元/工日				未计价材料费							
清单项目综合单价								409.86			
材料费明细	主要材料名称、规格、型号				单位	数量		单价（元）	合价（元）	暂估单价（元）	暂估合价（元）
	现浇混凝土，C30				m^3	1.015		261.50	265.42		
	塑料薄膜				m^2	1.05		0.80	0.84		
	水				m^3	1.43		4.70	6.72		
	其他材料费							—		—	
	材料费小计							—	272.98	—	
项目编码	010503005001		项目名称	过梁				计量单位	m^3	工程量	1.48
清单综合单价组成明细											

（续）

工程名称：某工程　　　　标段：　　　　第 8 页共 13 页

定额编号	定额名称	定额单位	数量	单价				合价			
				人工费	材料费	机械费	管理费和利润	人工费	材料费	机械费	管理费和利润
6-22	过梁	m^3	1.00	230.23	269.56	10.29	72.67	230.23	267.31	10.29	72.67
人工单价				小计				230.23	267.31	10.29	72.67
91 元/工日				未计价材料费							
清单项目综合单价								580.50			

材料费明细	主要材料名称、规格、型号	单位	数量	单价（元）	合价（元）	暂估单价（元）	暂估合价（元）
	现浇混凝土，C20	m^3	1.015	252.50	256.29		
	塑料薄膜	m^2	2.20	0.80	1.76		
	水	m^3	1.97	4.70	9.26		
	其他材料费			—		—	
	材料费小计			—	267.31	—	

项目编码	010505001001	项目名称	现浇混凝土有梁板	计量单位	m^3	工程量	35.23

清单综合单价组成明细

定额编号	定额名称	定额单位	数量	单价				合价			
				人工费	材料费	机械费	管理费和利润	人工费	材料费	机械费	管理费和利润
6-32	有梁板	m^3	1.00	101.92	290.03	10.64	34.20	101.92	278.85	10.64	34.20
人工单价				小计				101.92	278.85	10.64	34.20
91 元/工日				未计价材料费							
清单项目综合单价								425.61			

材料费明细	主要材料名称、规格、型号	单位	数量	单价（元）	合价（元）	暂估单价（元）	暂估合价（元）
	现浇混凝土，C30	m^3	1.015	261.50	265.43		
	塑料薄膜	m^2	5.03	0.80	4.02		
	水	m^3	2.00	4.70	9.40		
	其他材料费			—		—	
	材料费小计			—	278.85	—	

项目编码	010507001001	项目名称	散水	计量单位	m^3	工程量	58.07

清单综合单价组成明细

（续）

工程名称：某工程　　　　标段：　　　　第 9 页共 13 页

定额编号	定额名称	定额单位	数量	单价				合价			
				人工费	材料费	机械费	管理费和利润	人工费	材料费	机械费	管理费和利润
6-1	垫层	m^3	0.02	124.67	222.07	7.09	39.77	2.49	4.40	0.14	0.80
13-163	混凝土散水	$10m^2$	0.10	202.93	346.20	10.54	68.01	20.29	34.15	1.05	6.80
10-170	建筑油膏	10m	0.12	50.05	53.10		15.44	6.01	6.37		1.54
人工单价				小计				28.79	44.92	1.19	9.14
91 元/工日				未计价材料费							
清单项目综合单价								84.04			
材料费明细	主要材料名称、规格、型号					单位	数量	单价（元）	合价（元）	暂估单价（元）	暂估合价（元）
	现浇混凝土，C10					m^3	0.0202	215.50	4.353		
	水					m^3	0.010	4.70	0.047		
	现浇混凝土，C20					m^3	0.066	252.50	16.665		
	水泥砂浆，1：2.5					m^3	0.020	263.27	5.265		
	素水泥浆					m^3	0.001	470.20	0.470		
	碎石，5～16mm					t	0.015	68.00	1.020		
	碎石，5～40mm					t	0.167	62.00	10.354		
	水					m^3	0.080	4.70	0.376		
	建筑油膏					kg	1.210	3.50	4.235		
	木材					kg	0.648	1.10	0.713		
	煤					kg	1.296	1.10	1.426		
	其他材料费							—		—	
	材料费小计							—	44.92	—	
项目编码	011101006001		项目名称	屋面找平层				计量单位	m^2	工程量	235.36
清单综合单价组成明细											
定额编号	定额名称	定额单位	数量	单价				合价			
				人工费	材料费	机械费	管理费和利润	人工费	材料费	机械费	管理费和利润
13-15	水泥砂浆（厚 20mm）	$10m^2$	0.20	60.97	48.69	4.91	23.53	12.19	9.66	0.98	4.71
人工单价				小计				12.19	9.66	0.98	4.71
91 元/工日				未计价材料费							
清单项目综合单价								27.54			
材料费明细	主要材料名称、规格、型号					单位	数量	单价（元）	合价（元）	暂估单价（元）	暂估合价（元）
	水泥砂浆 1：3					m^3	0.0404	237.65	9.601		
	水					m^3	0.012	4.70	0.056		
	其他材料费							—		—	
	材料费小计							—	9.66	—	

（续）

工程名称：某工程　　　　标段：　　　　第10页共13页

项目编码	010902003001		项目名称	屋面刚性层			计量单位	m^2	工程量		215.83
清单综合单价组成明细											
定额编号	定额名称	定额单位	数量	单价				合价			
				人工费	材料费	机械费	管理费和利润	人工费	材料费	机械费	管理费和利润
10-78	细石混凝土（无分格缝）	$10m^2$	0.10	158.34	147.71	4.53	49.13	15.83	14.49	0.45	4.91
10-170	建筑油膏	10m	0.033	50.05	53.10		15.44	1.65	1.75		0.51
人工单价				小计				17.48	16.24	0.45	5.42
91元/工日				未计价材料费							
清单项目综合单价								39.59			
材料费明细	主要材料名称、规格、型号				单位	数量		单价（元）	合价（元）	暂估单价（元）	暂估合价（元）
	现浇混凝土，C20				m^3	0.0404		252.50	10.201		
	石油沥青油毡，350号				m^2	1.050		3.85	4.043		
	水				m^3	0.052		4.70	0.244		
	建筑油膏				kg	0.333		3.50	1.166		
	木材				kg	0.178		1.10	0.196		
	煤				kg	0.356		1.10	0.392		
	其他材料费							—		—	
	材料费小计							—	16.24	—	
项目编码	010902001001		项目名称	屋面APP卷材防水			计量单位	m^2	工程量		235.36
清单综合单价组成明细											
定额编号	定额名称	定额单位	数量	单价				合价			
				人工费	材料费	机械费	管理费和利润	人工费	材料费	机械费	管理费和利润
10-38	APP改性沥青防水卷材（冷粘法，单层）	$10m^2$	0.10	54.60	467.91		16.42	5.46	44.40		1.64
人工单价				小计				5.46	44.40		1.64
91元/工日				未计价材料费							
清单项目综合单价								51.50			
材料费明细	主要材料名称、规格、型号				单位	数量		单价（元）	合价（元）	暂估单价（元）	暂估合价（元）
	APP聚酯胎乙烯膜卷材				m^2	1.250		24.80	31.00		
	改性沥青胶黏剂				kg	1.340		7.30	9.782		
	APP及SBS基层处理剂				kg	0.355		7.80	2.769		
	APP封口油膏				kg	0.062		7.50	0.465		
	钢压条				kg	0.052		5.00	0.260		
	钢钉				kg	0.003		6.5	0.020		
	其他材料费							—	0.100	—	
	材料费小计							—	44.40	—	

（续）

工程名称：某工程　　　　　　　　标段：　　　　　　　　　第 11 页共 13 页

项目编码	011001001001			项目名称	保温屋面			计量单位	m^2	工程量	215.83
清单综合单价组成明细											
定额编号	定额名称	定额单位	数量	单价				合价			
				人工费	材料费	机械费	管理费和利润	人工费	材料费	机械费	管理费和利润
11-6	屋面保温（现浇水泥珍珠岩）	m^3	0.12	91.00	242.25		28.25	10.92	29.07		3.39
人工单价				小计				10.92	29.07		3.39
91 元/工日				未计价材料费							
清单项目综合单价								43.38			
材料费明细	主要材料名称、规格、型号					单位	数量	单价（元）	合价（元）	暂估单价（元）	暂估合价（元）
	水泥珍珠岩浆，1∶8					m^3	0.1224	237.50	29.07		
	其他材料费							—		—	
	材料费小计							—	29.07	—	
项目编码	011701001001			项目名称	综合脚手架（大厅）			计量单位	m^2	工程量	194.63
清单综合单价组成明细											
定额编号	定额名称	定额单位	数量	单价				合价			
				人工费	材料费	机械费	管理费和利润	人工费	材料费	机械费	管理费和利润
20-2	综合脚手架	$1m^2$ 建筑面积	1.00	27.30	19.62	3.63	9.70	27.30	19.62	3.63	9.70
人工单价				小计				27.30	19.62	3.63	9.70
91 元/工日				未计价材料费							
清单项目综合单价								60.25			
材料费明细	主要材料名称、规格、型号					单位	数量	单价（元）	合价（元）	暂估单价（元）	暂估合价（元）
	周转木材					m^3	0.002	1850.00	3.70		
	脚手钢管					kg	1.51	4.29	6.48		
	底座					个	0.006	4.80	0.03		
	脚手架扣件					个	0.25	5.70	1.43		
	镀锌铁丝 8 号					kg	0.49	4.90	2.40		
	其他材料费							—	5.58	—	
	材料费小计							—	19.62	—	
项目编码	011701001002			项目名称	综合脚手架（办公室）			计量单位	m^2	工程量	38.65

（续）

工程名称：某工程　　　　　　标段：　　　　　　第 12 页共 13 页

清单综合单价组成明细											
定额编号	定额名称	定额单位	数量	单价				合价			
				人工费	材料费	机械费	管理费和利润	人工费	材料费	机械费	管理费和利润
20-1	综合脚手架	$1m^2$ 建筑面积	1.00	7.28	7.14	1.36	3.66	7.28	7.14	1.36	3.66
人工单价				小计				7.28	7.14	1.36	3.66
91 元/工日				未计价材料费							
清单项目综合单价								19.44			

材料费明细	主要材料名称、规格、型号	单位	数量	单价（元）	合价（元）	暂估单价（元）	暂估合价（元）
	周转木材	m^3	0.01	1850.00	1.85		
	工具式金属脚手	kg	0.10	4.76	0.48		
	脚手钢管	kg	0.46	4.29	1.97		
	底座	个	0.002	4.80	0.01		
	脚手架扣件	个	0.08	5.7	0.46		
	镀锌铁丝 8 号	kg	0.14	4.90	0.69		
	其他材料费			—	1.68	—	
	材料费小计			—	7.14	—	

项目编码	011702016001	项目名称	有梁板模板（大厅）	计量单位	m^2	工程量	218.87

清单综合单价组成明细											
定额编号	定额名称	定额单位	数量	单价				合价			
				人工费	材料费	机械费	管理费和利润	人工费	材料费	机械费	管理费和利润
21-58	现浇板（厚度 20cm 以内）	$10m^2$	0.10	352.53	145.76	37.53	97.10	35.25	14.45	3.75	9.71
人工单价				小计				35.25	14.45	3.75	9.71
91 元/工日				未计价材料费							
清单项目综合单价								63.16			

材料费明细	主要材料名称、规格、型号	单位	数量	单价（元）	合价（元）	暂估单价（元）	暂估合价（元）
	组合钢模板	kg	0.608	4.80	2.918		
	卡具	kg	0.387	4.88	1.890		
	钢管支撑	kg	0.743	4.19	3.11		
	周转木材	m^3	0.0027	1850.00	4.995		
	铁钉	kg	0.025	4.20	0.105		
	镀锌铁丝 22 号	kg	0.003	5.50	0.017		
	回库修理、保养费	元			0.367		
	其他材料费			—	1.050	—	
	材料费小计			—	14.45	—	

（续）

工程名称：某工程　　　　　　　　标段：　　　　　　　　　　　　第 13 页共 13 页

项目编码	011702016002		项目名称	有梁板模板(办公室)		计量单位	m^2		工程量	46.62	
清单综合单价组成明细											
定额编号	定额名称	定额单位	数量	单价				合价			
				人工费	材料费	机械费	管理费和利润	人工费	材料费	机械费	管理费和利润
21-56	现浇板(厚度10cm 以内)	$10m^2$	0.10	225.68	137.38	33.13	81.20	22.57	13.62	3.31	8.12
人工单价				小计				22.57	13.62	3.31	8.12
91 元/工日				未计价材料费							
清单项目综合单价								47.62			
材料费明细	主要材料名称、规格、型号					单位	数量	单价(元)	合价(元)	暂估单价(元)	暂估合价(元)
	组合钢模板					kg	0.608	4.80	2.918		
	卡具					kg	0.362	4.88	1.767		
	钢管支撑					kg	0.579	4.19	2.426		
	周转木材					m^3	0.0027	1850.00	4.995		
	铁钉					kg	0.025	4.20	0.105		
	镀锌铁丝 22 号					kg	0.003	5.50	0.017		
	回库修理、保养费					元			0.338		
	其他材料费							—	1.050	—	
	材料费小计							—	13.62	—	
项目编码	011703001001		项目名称	垂直运输		计量单位	天		工程量	60	
清单综合单价组成明细											
定额编号	定额名称	定额单位	数量	单价				合价			
				人工费	材料费	机械费	管理费和利润	人工费	材料费	机械费	管理费和利润
23-3	卷扬机施工(现浇框架)	天	1.00			305.23	106.05			302.26	106.05
人工单价				小计						302.26	106.05
元/工日				未计价材料费							
清单项目综合单价								408.31			
材料费明细	主要材料名称、规格、型号					单位	数量	单价(元)	合价(元)	暂估单价(元)	暂估合价(元)
	其他材料费							—		—	
	材料费小计							—		—	

注：对辅助性材料可不必细列，可归并到其他材料费中以金额表示。为方便读者学习理解，本表将各项辅助材料逐一列出。

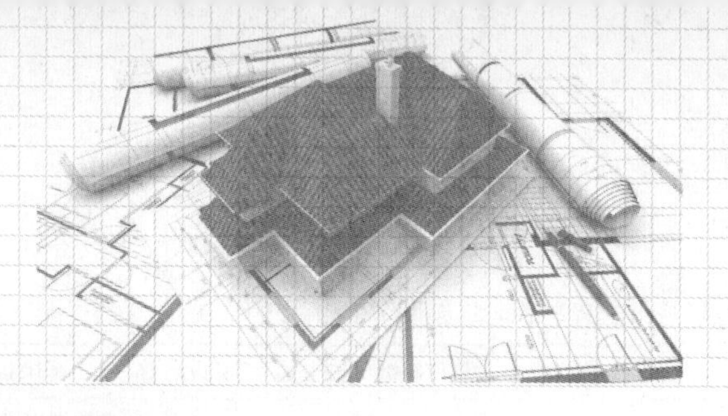

第七天

BIM在工程计量与计价中的应用

第一节　BIM 在工程量计算中的应用

工程量计算是编制工程计价的基础工作，具有工作量大、费时等特点，占工程计价工作量的 50%~70%，计算的精确度和速度也直接影响着工程计价文件的编制质量。20 世纪 90 年代初，随着计算机技术的发展，出现了利用软件表格法算量的计量工具，代替了手工算量的计算工作量，之后逐渐发展到目前广泛使用的自动计算工程量软件。

近年来，建筑信息化模型（Building Information Modeling，BIM）技术在国内外建筑行业中得到了广泛关注和应用。推广和应用建筑信息化模型已成为推进我国建筑业成长的重点工作之一。

由住房和城乡建设部编制的《建筑业“十三五”规划》明确提出了要推进 BIM 协同工作等技术应用，普及可视化、参数化、三维模型设计，以提高设计水平，降低工程投资，减少项目成本，实现从设计、采购、建造、投产到运行的全过程集成应用。

一、BIM 计量

BIM 技术对工程造价信息化建设将带来巨大影响，其将改变工程量计算方法。将工程量计算规则、消耗量指标与 BIM 技术相结合，实现由设计信息到工程造价信息的自动转换，使得工程量计算更加快捷、准确和高效。

以 BIM 模型为依据，可以实时地计算出造价清单，按照 BIM 建筑模型的各个构件自动挂接上对应的清单和定额，一处修改即可实时计量。如果模型有变更修改，也可以在造价工作中有所体现。这样不但提高了清单计算精确度，而且还提高了算量工作效率，而且在 BIM 模型中，通过批量修改、多工程链接、可视化操作等一系列手段，可以灵活地完成工作任务。

二、BIM 在工程造价各阶段的应用

工程建设项目的参与方方要包括建设单位、勘察单位、设计单位、施工单位、项目管理单位、咨询单位、材料供应商、设备供应商等。BIM 作为一个建筑信息的集成体，可以很好地在项目各方之间传递信息、降低成本。同样，分布在工程建设造价全过程中也可以基于这样的模型完成协同、交互和精细化管理工作。

1. BIM 在决策阶段的应用

建设单位在决策阶段可以根据不同的项目方案建立初步的建筑信息模型。BIM 数据模型

的建立，结合可视化技术、虚拟建造等功能，为项目的模拟决策提供了基础。根据 BIM 模型数据，可以调用与拟建项目相似工程的造价数据，高效准确地估算出拟建项目的总投资额，为投资决策提供准确依据。同时，利用 BIM 模型数据，实时获取各项目方案的投资收益指标信息，提高决策阶段项目预测水平，帮助建设单位进行决策。基于 BIM 技术辅助投资决策可以带来项目投资分析效率的极大提升。

2. BIM 在设计阶段的应用

设计阶段包括初步设计、扩大初步设计和施工图设计，相应涉及的造价文件是设计概算和施工图预算。在设计阶段，通过 BIM 技术对设计方案进行优选或限额设计，设计模型的多专业一致性检查，设计概算、施工图预算的编制管理和审核环节的应用，实现对造价的有效控制。

3. BIM 在发承包阶段的应用

在发承包阶段，我国建设工程已基本实现了工程量清单招标投标模式，招标和投标各方都可以利用 BIM 模型进行工程量自动计算、统计分析，从而形成准确的工程量清单，有利于招标人控制造价和投标人报价的编制，提高招标投标工作的效率和准确性，并为后续的工程造价管理和控制提供基础数据。

4. BIM 在施工阶段的应用

BIM 在施工过程中为建设项目各参与方提供了施工计划与造价控制的所有数据。项目各参与方人员在正式开工前就可以通过模型确定不同时间节点的施工进度、施工成本以及资源计划配置，可以直观地按月、按周、按日检查项目的具体实施情况并得到该时间节点的造价数据，方便实时修改调整，实现限额领料施工，最大限度地体现造价控制的效果。

5. BIM 在工程竣工阶段的应用

工程竣工阶段管理工作的主要内容是确定建设工程项目最终的实际造价，这也是确定工程项目最终造价、考核承包企业经济效益及编制竣工决算的依据。基于 BIM 的结算管理不但可以提高工程量计算的效率和准确性，对于结算资料的完备性和规范性也有很大的作用。

第二节　广联达 BIM 土建计量平台 GTJ 2018 简介

广联达系列软件一方面通过以 BIM 技术为核心的三维算量平台处理工程模型数据，为钢筋、土建、装饰和安装等众多专业提供了从建模、算量再到变更、对量的多业务环节的专业功能模块；另一方面其通过以“云数据+端技术”为核心的造价管理平台，处理工程造价数据，功能模块覆盖概算、招标、投标、进度支付、结算、审核等多个业务环节，帮助用户实现全过程造价管理。

目前，建筑设计输出的图纸多数是采用二维设计，提供建筑的平面图、立面图、剖面图，对建筑物进行表达。而建模算量则是将建筑的平面图、立面图、剖面图相结合，建立建筑的空间模型。模型的建立可以准确地表达各类构件之间的空间位置关系；图形算量软件则按计算规则计算各类构件的工程量；构件之间的扣减关系则根据模型由程序进行处理，从而能准确计算出各类构件的工程量。为方便工程量的调用，将工程量以代码的方式提供，套用清单与定额时可以直接套用。

广联达 BIM 土建计量平台 GTJ 2018，内置现行国家标准《房屋建筑与装饰工程计量规范》GB 50845 及全国各地的清单定额计算规则、G101 系列平法钢筋规则，通过智能识别 dwg 图纸、一键导入 BIM 设计模型、云协同等方式建立 BIM 土建计量模型，支持通过 IFC 格式或 GFC 格式与 Revit 进行数据交换，帮助工程造价企业和从业者解决土建专业估概算、招标投标预算、施工进度变更、竣工结算全过程各阶段的算量、提量、检查、审核全流程业务，实现一站式的 BIM 土建计量服务，其主要功能示意如图 7-1 所示。

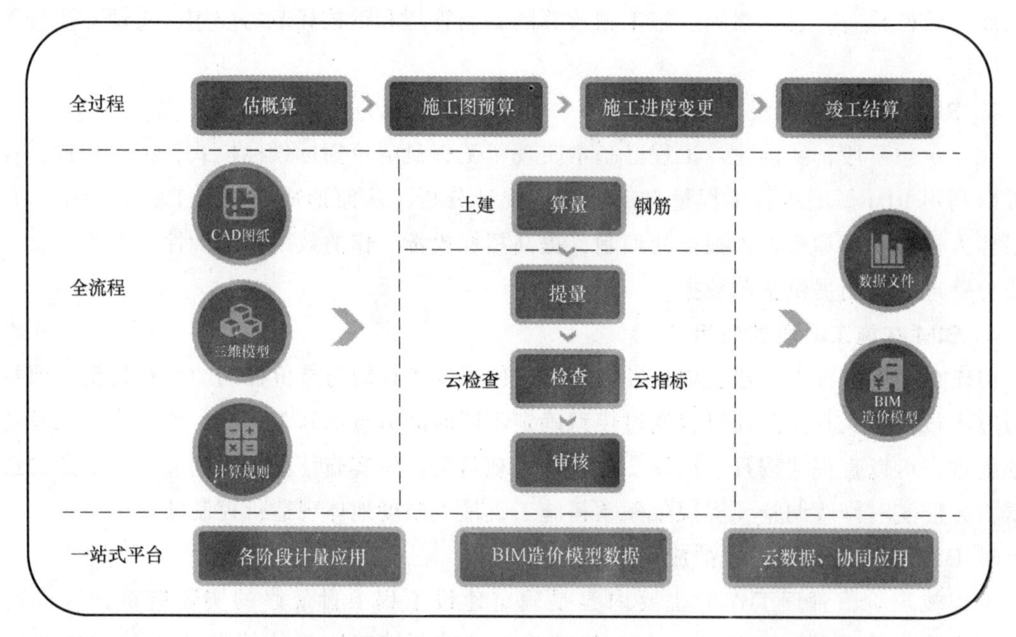

图 7-1　广联达 BIM 土建计量平台 GTJ 2018 主要功能（图片来源：广联达官网）

一、主界面

GTJ 2018 主界面采用全新的 Ribbon 界面（图 7-2），功能是以选项卡来区分不同的功能区域，功能排布符合用户的业务流程，用户按照选项卡的分类可以方便地查找对应功能。

通过点击视图选项卡→用户面板上的按钮，可以显示或隐藏主界面中对应的窗体，例如导航栏、图纸管理、构件列表、图层管理、属性及恢复默认等，用户可自由定制相应窗体的显示、隐藏状态，扩大绘图区域。

(1) 快捷工具栏。图 7-2 左侧显示的是 GTJ 2018 的图标，快捷工具栏主要包括保存、新建、打开、撤销、恢复、汇总计算、查看计算式、查看工程量等功能，使用者可自由定制相应的命令快捷方式。

(2) 功能选项卡。依次为“开始选项卡”“工程设置选项卡”“建模选项卡”“视图选项卡”“工具选项卡”“工程量选项卡”“云应用选项卡”，各选项卡的标签及功能见表 7-1。

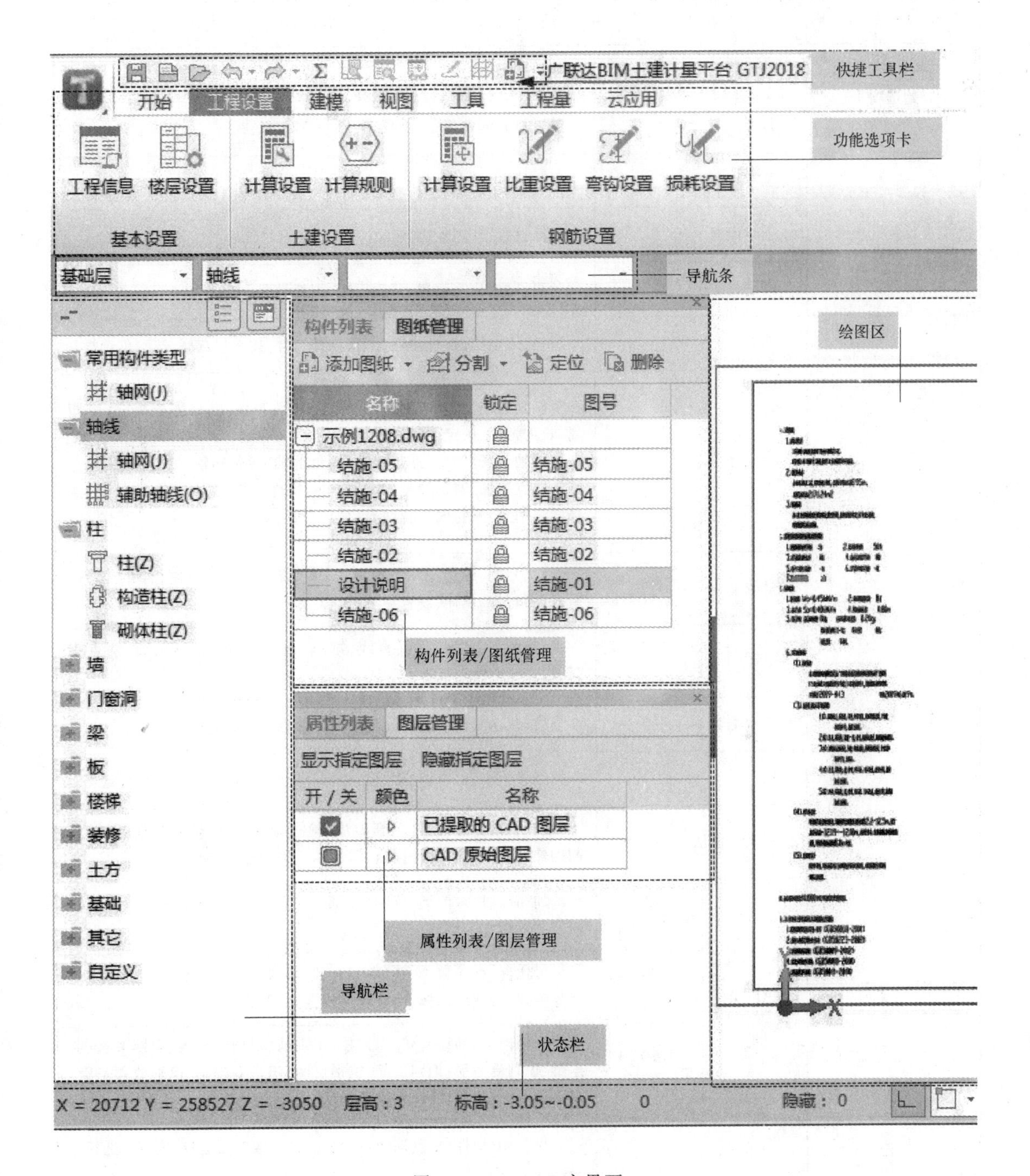

图 7-2　GTJ 2018 主界面

（3）导航栏。构件树状列表在软件的各个构件类型间切换。

（4）绘图区。绘图区是用户进行绘图的区域。

（5）状态栏。显示各种状态下的绘图信息。

表 7-1　GTJ 2018 各选项卡的标签及功能

选项卡	标签		功能
开始选项卡	新建工程		新建工程
	打开		最近打开的文件、云文件
工程设置选项卡	基本设置		工程信息、楼层设置
	土建设置		计算设置、计算规则
	钢筋设置		计算设置、比重设置、弯钩设置、损耗设置
建模选项卡	选择		选择、拾取构件、批量选择、按属性选择、按图层选择、按颜色选择
	通用操作		复制到其他层、从其他层复制、指定平齐板、自动平齐板、修改归属、长度标注、锁定、解锁、查找图元、图元存盘、图元提取、图元过滤、两点辅轴、平行辅轴、点角辅轴、轴角辅轴、转角辅轴、三点辅轴、起点圆心终点辅轴、圆形辅轴、删除辅轴、构件转换、复制到其他分层、选择同名图元、删除同位置图元、导出工程
	修改		删除、复制、镜像、移动、旋转、延伸、修剪、打断、分割、合并、偏移、对齐、多对齐、拉伸、设置夹点、闭合
	绘图		点、旋转点、点加长度、直线、矩形、圆、三点弧、两点大弧、两点小弧、起点圆心终点弧
	二次编辑		轴线、柱、墙、门窗洞、梁、板、楼梯、装修、土方、基础、其他
	构件		轴线、柱、墙、门窗洞、梁、板、楼梯、装修、土方、基础、其他、自定义
	定义与做法		做法刷、做法查询、自动套做法、检查做法、做法通用功能、层间复制构件、构件存档、构件提取、添加前后缀、删除未使用构件
	CAD 操作	图纸管理	添加图纸、插入图纸、分割(图纸)、定位(图纸)、删除(图纸)、图纸锁定和解锁
		CAD 通用操作	设置比例、查找替换、还原 CAD 线、补画 CAD 线、修改 CAD 标注、图片管理、按图层选择、按颜色选择、CAD 识别选项
		CAD 识别	识别轴网、识别柱大样、识别柱、识别墙、识别门窗洞、识别梁、识别连梁、识别受力筋、识别负筋、识别房间、识别基础梁、识别独立基础、识别桩承台、识别桩、识别筏板钢筋
视图选项卡	选择		选择、拾取构件、批量选择、按属性选择、按图层选择、按颜色选择
	通用操作		二维/三维、实体/线框/边面、动态观察、三维视图(俯视/仰视/左视)
	操作		显示设置、全屏、缩放、平移、屏幕旋转、显示选中图元、局部三维
	用户面板		导航栏(树)、图纸管理、构件列表、图层管理、属性、恢复默认

（续）

选项卡	标签	功能
工具选项卡	选择	选择、拾取构件、批量选择、按属性选择、按图层选择、按颜色选择
	选项	选项、检测更新、版本号
	通用操作	多边形管理、单位管理、设置原点、显示方向、调整方向、插入批注、记事本、检查未封闭区域
	辅助工具	计算器
	测量	查看长度、查看属性、查看错误信息、测量距离、测量面积、测量弧长
	钢筋维护	损耗维护、自定义钢筋
工程量选项卡	汇总	汇总计算、汇总选中图元
	土建计算结果	查看计算式、查看工程量
	钢筋计算结果	查看钢筋量、编辑钢筋、钢筋三维
	检查	合法性检查
	表格输入	表格输入
	指标	云指标
	报表	查看报表
云应用选项卡	汇总计算	云计算
	工程审核	云检查：整楼检查、当前层检查、自定义检查
		云指标

注：为了保持和软件操作界面文字描述一致，表中“其他”予以保留。

二、应用流程

GTJ 2018 主要操作流程，如图 7-3 所示。

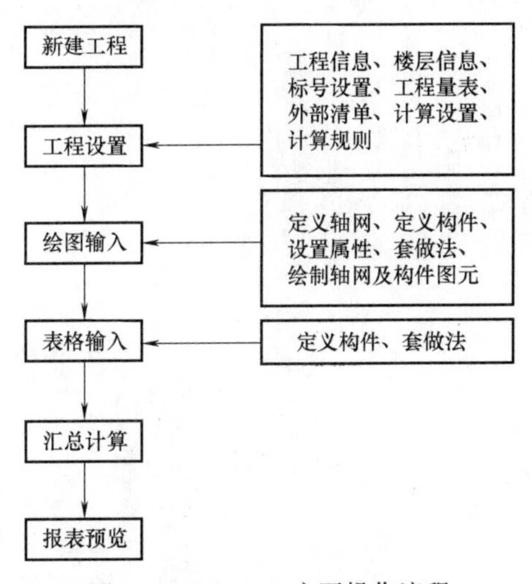

图 7-3　GTJ 2018 主要操作流程

三、计算示例

完成某工程首层框架梁模型后的计算汇总示例，如图 7-4 所示。

	楼层		名称	工程量名称						
				周长/m	体积/m³	模板面积/m²	数量/根	脚手架面积/m²	高度/m	截面面积/m²
5	首层	C30	KZ13	2.6	1.2675	7.8	1	7.8	3	0.4225
6			KZ14	2.6	1.2675	7.8	1	7.8	3	0.4225
7			KZ15	2.6	1.2675	7.8	1	7.8	3	0.4225
8			KZ16	2.6	1.2675	7.8	1	7.8	3	0.4225
9			KZ17	2.6	1.2675	7.8	1	7.8	3	0.4225
10			KZ18	2.6	1.2675	7.8	1	7.8	3	0.4225
11			KZ19	2.6	1.2675	7.8	1	7.8	3	0.4225
12			KZ2	2.6	1.2675	7.8	1	7.8	3	0.4225
13			KZ20	2.6	1.2675	7.8	1	7.8	3	0.4225
14			KZ21	2.6	1.2675	7.8	1	7.8	3	0.4225
15			KZ22	2.6	1.2675	7.8	1	7.8	3	0.4225
16			KZ23	2.6	1.2675	7.8	1	7.8	3	0.4225
17			KZ24	2.6	1.2675	7.8	1	7.8	3	0.4225
18			KZ25	2.6	1.2675	7.8	1	7.8	3	0.4225
19			KZ3	2.6	1.2675	7.8	1	7.8	3	0.4225
20			KZ4	2.6	1.2675	7.8	1	7.8	3	0.4225
21			KZ5	2.6	1.2675	7.8	1	7.8	3	0.4225
22			KZ6	2.6	1.2675	7.8	1	7.8	3	0.4225
23			KZ7	2.6	1.2675	7.8	1	7.8	3	0.4225
24			KZ8	2.6	1.2675	7.8	1	7.8	3	0.4225
25			KZ9	2.6	1.2675	7.8	1	7.8	3	0.4225
26			**小计**	**65**	**31.6875**	**195**	**25**	**195**	**75**	**10.5625**
27		**小计**		**65**	**31.6875**	**195**	**25**	**195**	**75**	**10.5625**

图 7-4 某工程首层框架梁模型后的计算汇总示例

参 考 文 献

[1] 规范编制组. 2013建设工程计价计量规范辅导［M］. 北京：中国计划出版社，2013.

[2] 全国造价工程师职业资格考试培训教材编审委员会. 建设工程技术与计量（安装工程）［M］. 北京：中国计划出版社，2019.

[3] 全国造价工程师职业资格考试培训教材编审委员会. 建设工程技术与计量（土木建筑工程）［M］. 北京：中国计划出版社，2019.

[4] 全国造价工程师职业资格考试培训教材编审委员会. 建设工程造价管理.［M］. 北京：中国计划出版社，2019.

[5] 全国造价工程师职业资格考试培训教材编审委员会. 建设工程计价［M］. 北京：中国计划出版社，2019.

[6] 赵斌，郭逦琦. 建设工程技术与计量（安装工程）［M］. 13版. 北京：中国计划出版社，2017.

[7] 夏立明. 建设工程造价管理［M］. 13版. 北京：中国计划出版社，2017.

[8] 柯洪. 建设工程计价［M］. 13版. 北京：中国计划出版社，2017.

[9] 赵荣江，吴静. 建设工程技术与计量（土木建筑工程）［M］. 13版. 北京：中国计划出版社，2017.

[10] 贾宏俊，吴新华. 建筑工程计量与计价［M］. 北京：化学工业出版社，2013.

[11] 严玲，尹贻林. 工程计价学［M］. 3版. 北京：机械工业出版社，2018.